农业景观

生物多样性保护的景观途径

刘云慧 等 编著

中国农业科学技术出版社

图书在版编目(CIP)数据

农业景观生物多样性保护的景观途径 / 刘云慧等编著. --北京：中国农业科学技术出版社，2022. 11

ISBN 978-7-5116-6024-4

Ⅰ. ①农… Ⅱ. ①刘… Ⅲ. ①农业-生物多样性-生物资源保护-研究 Ⅳ. ①S18

中国版本图书馆 CIP 数据核字(2022)第 217923 号

责任编辑　史咏竹
责任校对　王　彦
责任印制　姜义伟　王思文

出 版 者　中国农业科学技术出版社
　　　　　北京市中关村南大街 12 号　　邮编：100081
电　　话　(010) 82105169 (编辑室)　　　(010) 82109702 (发行部)
　　　　　(010) 82109709 (读者服务部)
网　　址　https://castp.caas.cn
经 销 者　各地新华书店
印 刷 者　北京建宏印刷有限公司
开　　本　185 mm×260 mm　1/16
印　　张　14.75
字　　数　350 千字
版　　次　2022 年 11 月第 1 版　2022 年 11 月第 1 次印刷
定　　价　76.00 元

《农业景观生物多样性保护的景观途径》
编著人员名单

主　　编　刘云慧

参　　编（按姓氏笔画排序）

王春雨　王美娜　伍盘龙　刘　鑫

宇振荣　张　鑫　张旭珠　段美春

序

生物多样性对于人类社会可持续发展的重要意义早已得到广泛的认同，国际上很早就制定了生物多样性保护的国际公约。但是，以往的保护更多关注自然生态系统，多注重自然保护区、特定濒危物种的保护，较少关注农业景观中生物多样性，也较少从景观保护的角度探讨农业景观生物多样性的保护。

根据 2017 年联合国粮食及农业组织（FAO）统计数据，农业景观占据全球陆地表面的 37% 左右，是人类生存和发展的重要空间，也维持了全球相当比例的生物多样性，甚至保护了很多濒危物种。农业景观中的生物多样性，不仅仅为人类生存提供所需的食物、纤维、药物等重要资源，也提供了农业可持续发展所需要的传粉、害虫生物控制、养分循环等重要生态系统服务，以及维持人类生存良好生态环境空间所需要的水质净化、防风固沙、休闲游憩等生态服务。因此，农业景观中的生物多样性也应成为生物多样性保护的重要领域。

现代农业集约化、工业化、城市化的快速发展，使得农业景观生境丧失且破碎化严重、环境污染加剧、生物多样性锐减及生态服务下降等问题突出，直接威胁到农业生产的可持续性和生态环境质量。探索农业可持续发展的新模式以及修复改善已受损的生态环境成为人类亟须解决的重要课题。我国经历改革开放后 40 多年的经济高速发展，人民对良好生态环境以及优质、安全农产品的需求不断提高，探索更具持续性的农业发展模式、修复受损的生态环境成为当下迫切需要解决的问题。同时，2021 年《生物多样性公约》缔约方大会第十五次会议筹备中国组委会（COP15 组委会）在中国召开，习近平总书记出席会议并作主旨讲话，随后中共中央办公厅、国务院办公厅印发《关于进一步加强生物多样性保护的意见》，重视和加强生物多样性保护正成为未来国内、国际共同努力的方向。

国际上现有的研究及西方的发展经验显示，保护和利用农业景观中的生物多样性，充分发挥和利用与生物多样性相关的各种生态系统服务，是在实现生态环境保护前提下、进一步提高粮食产量的重要途径，是未来农业发展的新模式——生态集约化农业，也是改善乡村生态环境、实现乡村振兴的重要举措，这也与党的十八大以后加快推进生态文明建设、山水林田湖草生态保护与修复的号召相契合。在此背景下，笔者结合多年

1

对景观生态、农业景观生物多样性保护和利用的研究和认识，在吸收和借鉴国内外相关经验的基础上编写了此书。从景观生态学视角，阐述了景观生态学、农业景观与生物多样性保护的关系，介绍了农业景观生物多样性保护的相关原理及理论基础；从地块尺度作物时空格局配置和管理、地块间尺度（地块间和乡村）生态基础设施建设和修复、景观尺度生物多样性保护规划3个方面，阐述不同尺度下农业生物多样性保护的景观途径；从国土空间治理的角度探讨农业景观生物多样性的保护策略，并介绍了国内外农业景观不同尺度生物多样性保护的景观管理和建设案例。希望此书的出版能够起到抛砖引玉的作用，吸引更多学者和读者加入农业景观生物多样性保护研究的队伍，共同推动相关理论、技术和方法的发展及完善，服务于我国农业景观生物多样性保护、农业可持续发展及乡村生态环境改善。

在本书的写作过程中，得到了国家自然科学基金委员会、农业农村部科教司资源环境处、自然资源部国土整治中心相关科研项目的资助。研究生张启宇、王静、孟璇帮助绘制了书中的插图，陈晨、魏岚、安瑜、黄亚星、李佳宁、唐文惠、王瑞、舒翰俊、李经纬参与了书稿的校定，在此一并表示诚挚谢意！

由于时间和编者水平有限，书中疏漏和不足之处在所难免，敬请有关专家和读者批评指正。

编著者
2022 年 10 月

目　　录

1

第一章　农业景观生物多样性保护与景观生态学

第一节　农业景观及其生态系统服务

一、景　观

景观（Landscape）一词最早见于希伯来语圣经《旧约全书》，其原意表示自然风光、地面形态和风景画面。汉语中的"景观"一词含义丰富，既反映了"风景、景色、景致"的含义，也用"观"字表达了观察者的感受。后来景观作为科学名词被引入地理学、生态学、风景园林等学科，其含义也不断得以发展，也就出现了不同学科对景观的不同解释。早期的地理学家把景观定义为一种能够体现综合自然地理要素的地表景象；艺术家把景观作为表现与再现的对象；风景园林师则把景观作为建筑物的配景或背景；生态学家把景观定义为生态系统；旅游学家把景观当作资源。

荷兰学者 Zonneveld（1995）从景观生态学的角度对景观的定义比较全面和容易理解，即包括 3 个方面：①感知景观或景观外貌（Perception Landscape）：指人们行走其间所能看到的景观。可以将其理解为景观的美学和经济价值，用于评估土地的价值，是土地开发和旅游的重要方面。②景观格局（Landscape Pattern）：这个概念普遍存在于各种景观属性中，如地貌学、土壤学、植物学，它是指地形的发生、土体及植被等可辨认的单元，通常有连续重复的格局。格局，是指景观镶嵌图案的类型，也是分类的重要基础特征。在利用遥感研究景观时，格局具有非常重要的判断价值。景观生态学就是研究各种各样的水平景观复杂排列与元素之间的关系。③景观（生态）系统（Ecosystem）：它是基于前面两个概念和系统特征延伸而来的。景观生态系统是由气候、土壤、水、岩石、生物和人类构成的一个综合体。

《欧洲景观公约》从更广阔和容易理解的视野解释了景观，"景观是一片被人们所感知的场所，该区域的特征是人与自然的活动或相互作用的结果；景观涵盖了一个国家和地区所有的地域，包括城市、城市周边、乡村和自然地域，以及水域和海洋；景观不仅包括具有吸引力的景观，也包括日常观测到的、退化的景观；强调景观是一个整体，是自然与文化结合在一起的，而不是分离的"（Council of Europe，2000）。

尽管当代各类学科研究的领域和尺度不同，但对景观的理解更趋综合。概括起来，景观是被人所感知的区域中自然环境、土地利用、历史文化等景观特征要素所形成的特定地域风貌，是人与自然的活动或相互作用的结果，是体现生态、经济、文化和其他多种社会功能和价值的综合体。

二、农业景观

农业景观（Agricultural Landscape）通常被定义为一个地区土地利用和管理系统的视觉结果（Kizos & Koulouri，2005）。尽管这一定义充分考虑了区域的农业和畜牧业，但是缺乏在景观水平分析时更为广阔的认知。既然景观中生物的栖息地、农业活动的变化会立刻在生物多样性上得以反映（Forman & Godron，1986），农业景观的定义中就应当考虑这些生态因素。同时，对于生存于农业景观的人们来说，农业景观是表现、构建和象征环境的媒介物，是可供参观、消费、想象等的代表性要素，还是一种象征和意识形态（Palang et al.，2005）。国际经济合作组织认为，农业景观是农业生产、自然资源和环境相互影响形成的可视结果，它们包含宜人的环境和事物、遗产和传统、文化和美学以及其他社会价值（OECD，2001）。在综合考虑上述定义的基础上，这里我们将农业景观定义为：农业用地和镶嵌其间的非农作自然、半自然用地、人文要素构成的景观镶嵌体，是由农业生产、自然资源和环境相互作用形成的可视结果，具有资源、环境、生产、生态、文化、美学等多重价值（图1-1）。

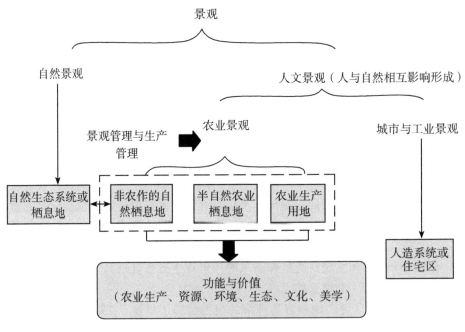

图1-1 关于农业景观的解译

（译自 OECD，2001）

同时，受地形、地貌、气候、人类干扰、历史文化等因素的影响，农业景观呈现不同的格局，进而会在一定程度上影响其功能。例如，在18世纪英国圈地运动后人们通过种植绿篱来划分园地，法国拿破仑民法典时期种植绿篱来明确产权，这些使得西欧农业景观中保存了大量的树篱结构。第二次世界大战后，欧洲国家为提高农业产量、增加生产面积，将大量的树篱、农田边界等半自然生境开垦为农业用地，由此带来了一系列如土壤侵蚀、洪水暴发、病虫害发生加剧等生态问题。19 世纪 70 年代以后，欧盟的共同农业政策不断加强对农业生态环境的保护，强调和重视对于农业景观树篱、农田边界等半自然生境的建设和保护，注重绿色生态网络的建设，并以此促进农业生物多样性保护；同时得益于欧洲温暖湿润的气候特点，大量自然、半自然生境与农田镶嵌形成的复杂景观在保持较高生产力和稳定性的同时，也呈现出一幅幅风景如画、欧洲特有的田园风光（图 1-2）。

图 1-2　德国哥廷根附近的典型农业景观

（刘云慧　摄）

三、农业景观的生态服务功能

Daily（1997）将生态系统服务定义为自然生态系统及构成生态系统的物种维持和满足人类生存的条件和过程。千年生态系统评估（MEA，2005）则将生态系统服务功能划分为供给、调节、文化和支持 4 种类型。具体而言，供给服务包含了食品、纤维、燃料、遗传资源、生化与天然药品药物、装饰品、淡水资源共 7 个子类别；调节服务包括空气质量调节、气候调节、水调节、侵蚀调节、水体净化与水处理、疾病调节、害虫调节、授粉、自然灾害调节共 9 个子类别；文化服务包括文化差异、精神与宗教价值、知识体系、教育价值、灵感、美学价值、社交关系、存在感、文化遗产价值、娱乐休闲与生态旅游共 10 个子类别；支持服务则包括成土过程、光合作用、初级生产、养分循环、水循环共 5 个子类别。

作为陆地表面重要的土地覆盖的农业景观，其功能和价值首先体现在供给服务上，为人类提供赖以生存的各种食物、纤维等资源与物质，是人类社会存在和发展的基础。进入 21 世纪以来，随着对生态系统服务功能及价值的深入研究，农业景观的非作物生产功能开始得以强调和重视。同时，农业景观在生态保育、生物多样性、科学和教育、休闲旅游、文化、视觉欣赏、增加农民收入、提供劳动就业机会等方面也发挥了重要的功能。例如，在德国，75% 的濒危物种由农业用地所维持；在北京地区，除了满足市民粮食需求方面的作用，农业景观在防止地面扬尘、生态旅游、增加农民收入、提供劳动就业机会等方面发挥重要的作用；哈尼梯田景观（位于云南省红河哈尼族彝族自治州元阳县）在发挥生产服务、生物多样性维持、赏心悦目的视觉欣赏功能的同时，也承载了哈尼人独特的文化历史。

农业景观中，因景观格局的不同，农业景观所提供的生态系统服务功能会存在差异（图1-3），例如，在一个以森林为主导而农业用地比例较少的景观中，提供的作物生产功能可能会很低，但是木材生产、土壤和生物多样性保护、水流和水质调节、碳固存等生态服务会很高（图1-3a）；而在一个高度集约化的农业景观中，作物生产服务会很高，但是其他生态系统服务功能却很低（图1-3b）。过去几十年间，全球为了满足不断增长的人口对粮食生产的需求，大量开垦自然、半自然生境用于农业生产，在提高农业景观供给功能的同时，却导致农业景观多样性降低，均质和破碎化加剧，极大地破坏了农业景观的调节、文化和支持功能，增加了农业生态系统的脆弱性，并最终可能威胁到农业景观供给服务功能（Zhang et al.，2007）。近些年，国际和国内对于可持续发展不断重视，如何合理地利用土地，在保证农业生产满足人类对粮食的需求的同时，保证农业景观多种生态系统服务功能的协同发展（图1-3c）成为农业景观土地利用管理的目标，也是农业和人类社会可持续发展的重要基础（Foley et al.，2005；Tscharntke et al.，2012）。

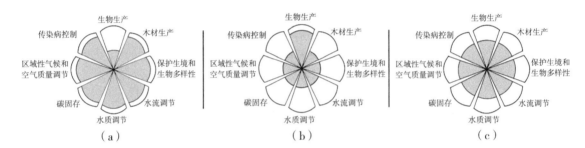

图1-3 农业景观格局、功能和价值功能

（改自Foley，2005）

第二节 农业景观生物多样性及其功能

一、农业景观生物多样性相关概念

（一）生物多样性

生物多样性（Biodiversity）一词最初出现在20世纪80年代自然保护刊物上。在《生物多样性公约》（Convention on Biological Diversity）中对"生物多样性"定义是"所有来源的、活的生物体中变异性，这些来源包括陆地、海洋和其他水生生态系统及其所构成的生态综合体；这包括物种内、物种之间和生态系统的多样性"。1995年，联合国环境规划署（UNEP）发表的关于全球生物多样性的巨著《全球生物多样性评估》中将生物多样性定义为"生物和它们组成的系统的总体多样性和变异性"。在《保护生物学》一书中，蒋志刚等（1997）给生物多样性所下的定义为："生物多样性是生物及其环境形成的生态复合体以及与此相关的各种生态过程的总和，包括动物、植物、微生物和它们所拥有的基因以及它们与其生存环境形成的复杂的生态系统。"综合各种定义，可以概括：生物多样性是生物及其环境形成的生态复合体以及与此相关的各种生态过程的综合，包括动物、植物、微生物和它们所拥有的基因，以及它们与其生存环境形成的复杂的生态系统。通常认为，生物多样性包括遗传多样性、物种多样性、生态系统多样性和景观多样性4个层次。

遗传多样性是种内基因的变化，包括种类显著不同的种群间和同一种群内的遗传变异，也称为基因多样性。种内的多样性是物种以上各水平多样性的重要来源。

物种多样性是指地球上动物、植物、微生物等生物种类的丰富程度。物种多样性包括两个方面，一方面指一定区域内的物种丰富程度，可称为区域物种多样性；另一方面指生态学方面的物种分布的均匀程度，可称为生态多样性或群落物种多样性（蒋志刚等，1997）。物种多样性是衡量一定地区生物资源丰富程度的一个客观指标。在阐述一个国家或地区生物多样性丰富程度时，最常用的指标是区域物种多样性。区域物种多样性的测量有以下3个指标：①物种总数，即特定区域内所拥有的特定类群的物种数目。②物种密度，指单位面积内的特定类群的物种数目。③特有种比例，指在一定区域内某个特定类群特有种占该地区物种总数的比例。

生态系统多样性主要是指生物圈内生境、生物群落和生态过程的多样化以及生态系统内生境差异、生态过程变化的多样性。生境是生物或者种群自然发生的地方。某一物种的生境也即是物种的栖居地，是物种适应并能够占领居住的地点。生境的多样性是生物群落多样性，甚至是整个生物多样性形成的基本条件。生物群落的多样性主要指群落的组成、结构和动态（包括演替和波动）方面的多样化。生态过程主要是指生态系统的组成、结构和功能在时间上的变化以及生态系统的生物组分之间及其与环境之间的相互作用或相互关系。

景观多样性是生物多样性的第四个层次。景观是一种大尺度的空间，是由一些相互作用的景观要素组成的、具有高度空间异质性的区域。景观要素是组成景观的基本单元，相当于一个生态系统。景观多样性是指由不同类型的景观要素或生态系统构成的景观在空间结构、功能机制和时间动态方面的多样化程度。

（二）农业生物多样性

农业生物多样性（Agro-biodiversity）是指与食物及农业生产相关的所有生物多样性的总称（FAO，1999）。

狭义的农业生物多样性是指物种水平上的多样性，即所有的农作物、牲畜和它们的野生近缘种以及与之相互作用的授粉者、共生成分、害虫、寄生植物、肉食动物和竞争者等的多样性；也可以指与食物及农业生产相关的所有生物的总称。具体来说，根据在农业生态系统发挥的作用和功能，狭义的农业生物多样性可以分为：①生产性的生物区系，包括由农民所选择的作物、树木和动物，这些要素决定了农业生态系统的复杂性。②资源性生物区系，包括通过授粉、生物控制、分解等过程有助于作物生产力提高的生物。③破坏性的生物区系，包括杂草、昆虫害虫、微生物病原体，也是农业生产者希望消除的这部分生物（Swift & Anderson，1993）。广义的农业生物多样性指所有与粮食和农业相关的生物多样性的所有成分，以及支持农业生态系统功能的所有成分，包括在基因、物种和生态系统水平上维持农业生态系统关键功能、结构和过程的植物、动物及微生物的多样性和变异性。

骆世明（2010）对狭义的农业生物多样性及广义的农业生物多样性作了更进一步的阐述，狭义的农业生物多样性包括农业生物的遗传多样性、农业生物的物种多样性和农业生态系统的多样性3个层次；广义的农业生物多样性则指与农业生产相关的全部生物多样性（表1-1）。

表1-1 农业生物多样性的内涵

多样性层次	狭义的基本范畴	广义的拓展范畴
农业生物遗传多样性	仅包含农业生物本身的遗传多样性，如各种水稻的传统农家种和现代高产种，包括杂交稻	农业生物相关的近缘种、野生种以及有潜在转化利用可能的其他生物基因。如野生稻、Bt抗虫基因、抗除草剂基因等
农业生物物种多样性	目前农业生产用的目标物种，如稻、麦、棉、豆、牛、羊、鸡、鸭	农业生产关联物种，以及可能利用的潜在物种，如病虫害及其天敌、土壤生物、草原、野菜、自然水产资源
农业生态系统多样性	农业生产涉及的生态系统，如农田、鱼塘、牧场生态系统。农业生产体系的布局，如农田、果园、菜地、鱼塘的布局	涉及农业流域的天然林生态系统、自然水域生态系统，农业流域从上游水保林到下游出海口营养化污染区的整体格局

资料来源：骆世明，2010。

与其他生物多样性的组成成分相比，农业生物多样性有如下几个鲜明的特点。

（1）农业生物多样性是由人类积极管理的。

（2）没有人类的干预，农业生物多样性的组成成分可能无法存活，并且本土知识和文化已经整合成农业生物多样性管理的重要部分。

（3）许多经济重要农作系统依赖于从其他地方引入的外来作物（如东南亚的橡胶生产系统），这造成了国家之间对于基因资源的高度依赖。

（4）对于作物多样性，物种内部的多样性与物种间的多样性具有同等重要的地位。

（5）由于人类的管理程度，生产系统中农业生物多样性的保护本质上是和可持续利用相联系的，自然保护区的保护与农业生物多样性保护的关联度不大。

（6）在工业化发展的农业系统中，很多作物多样性是保存在基因库中或者特定条件保存作为作物育种原料，而非直接存在于农业生产系统中。

（三）农业景观生物多样性

农业景观生物多样性（Agro-biodiversity in Agricultural Landscape）指农用地和非农作自然、半自然用地构成的景观镶嵌体中一切生物及其环境形成的生态复合体以及与此相关的各种生态过程的总和，包括动物、植物、微生物和它们所拥有的基因，以及它们与其生存环境形成的复杂的生态系统（图1-4）。具体地说，农业景观生物多样性包括：①农业景观多样性：指在以农业生产用地为基质的景观中，各种生境或生态系统类型的组成以及空间配置的多样性和复杂性。②农业生物物种多样性。③农业生物的遗传多样性。区别于农业生物多样性，农业景观生物多样性是指存在于农业景观中，现实发挥不同作用和功能的，既包括人类正在利用的，也包括人类仍然未知的，一切生物及其环境形成的生态复合体以及与此相关的各种生态过程的总和。

景观、物种多样性

植物、动物
基因多样性

草地、湿地
生境多样性

昆虫多样性

土壤生物多样性

水生生物多样性

图1-4　农业景观生物多样性组成示意
（王静　绘）

同自然生态系统一样，农业景观生物多样性各组分之间也有着复杂的相互作用。目前，人类对这些相互作用的了解和认识仍然局限于很少的一部分。但是长期的生产和研究结果显示，农业景观多样性、农业生态系统多样性影响和决定农业生物物种和农业生物遗传的多样性。在景观水平，保持多样化的景观格局对生态系统、生物物种和基因水平的多样性乃至物种间相互作用及生态系统功能均有重要意义；在生态系统水平，则须合理地管理发挥、利用生物之间的关系，以提高农业生产的生产效益、减少环境负效应。农业景观生物多样性保护不能仅局限于服务当前生产发展的需求，还需要从系统和长远的视角，尽可能保护看似与生产无关甚至竞争的非农作的自然、半自然用地，为农业景观的一切生物类群提供栖息地和生活场所，因为也许随着对生物和生态系统认识和理解的深入，人类会对这些物种和生境的功能和作用有不同的认识和理解。

二、农业景观生物多样性的功能

农业景观的生物多样性具有多功能性，这种功能可以体现在不同方面（Clergue et al.，2005）。

（一）农业功能

从农业生产的角度，农业景观生物多样性有如下功能。

1. 粮食安全的保障

毋庸置疑，作物和动物的多样性是农业生产的基础，也是人类食物多样性、品质、营养保障的基础，也为不利条件（如气候）下人类的食物安全提供替代的选择和保障。

2. 提升农田生态系统对生物压力的抗性

①害虫控制：生物多样性可以通过两种机制促进对害虫种群的控制，一方面植物多样性增加意味着寄主物种的降低（自下而上效应），另一方面植物多样性增加可以增加天敌的多样性而促进对害虫种群的控制（自上而下控制）。②疾病和线虫控制：植物和土壤生物的多样性可以有助于病原微生物、植物寄生线虫的控制。通过生物多样性控制病害，还有助于减少农药的投入。作物多样化种植和有机改良剂中的生物多样性有助于增加土壤生物活性，例如，可以通过多品种混合种植来控制减少小麦病害，而堆肥使用可以增加土壤生物活性，控制草坪病害。

3. 提升农田生态系统对非生物压力的抗性

①改进土壤属性。土壤生物能够调节很多生态过程（如凋落物分解、养分循环、病原生物控制、矿物风化等），能够影响土壤结构，从而改善土壤养分和环境，促进作物的生长。②改善农业生态系统的微气候。农业景观中的树篱、防护林、草地、池塘等可以改善局部的气候，促进农业生产。

4. 促进授粉

很多作物的生产依赖于昆虫的传粉，研究显示农业景观中的野生传粉者的多样性对作物生产的促进作用比人工饲养的蜜蜂作用更为有效，并更能在不利的气候条件下（如低温、阴天）发挥作用；农业景观生境多样性是野生传粉者多样性的基础，满足了不同传粉者对生境和食物资源的需求。同时，传粉也是植物有性生殖、保证基因多样性的途径，而基因的多样性能够增加植物对环境压力的适应性。

（二）生态功能

1. 生物生境

农业景观所维持的大量生物，本身就是地球表面重要的生境，农业景观的生物多样性也意味着生境的多样性，也更加有利于维持地球表面更多的生物多样性。

2. 指示功能

生物多样性包括很多与生态过程有联系的特定物种，一些生物可以用作生态系统健康的间接指标，一些生物则在维持生态系统功能或其他物种种群方面具有重要作用。因此，认识、了解、监测农业景观生物多样性的状况，可以指示农业生产与农业生态系统的健康和可持续状况。

3. 生态系统的稳定性

生物多样性与生态系统物质、能量、养分循环等过程密切关联，从而影响生态系统的稳定性。当生物多样性丧失到一定的程度，将打破系统的稳定性，生态系统将会受到威胁。

（三）文化功能

生物多样性影响到景观的美学价值，这种美学功能包含自然和文化的要素，为人类创造了游憩的场所；景观中的生物多样性也提供许多经济活动的机会，如户外运动、狩猎、垂钓、乡村旅游等；具有高生物多样性的景观通常更具吸引力，能够激发人们的满足感和幸福感，也是人类很多灵感的源泉。

三、农业景观生物多样性与粮食安全

20世纪石油化学农业的发展极大地促进了单位面积产量的提升，满足了全球对粮食产品的需求。据估计，到2050年全球将达到90亿人口，对粮食的需求将增加70% ~ 100%。与此同时，以大量化学投入和灌溉为特征的传统集约化农业所带来的自然生境丧失、农业景观均质化、生物多样性丧失、生态服务功能降低等问题日益突出。全球范围内农业生产力的提升已经停滞不前，难以满足人类对粮食产品需求的增加，也难以应对未来气候、经济和社会可持续发展需求的挑战，亟须寻求更加可持续的农业发展模式。

粮食产量可以看作是生态系统的供给服务，理想状态下，特定地点作物的最大产量取决于当地的太阳辐射和温度。但是，实际情况下产量的水平受到水分、养分、病虫害、杂草和授粉管理状况的影响，与实际产量存在着差异，而这些因素在很大程度上是由生态系统服务所调节的（图1-5）。因此目前，国际上提出以生态集约化（也称作生态强化）为主要途径，应对人类面临的解决粮食增产并减少对生态环境负面影响的挑战。生态集约化指通过将生物多样性所提供的生态系统服务的管理集成到作物生产系统中，为农业生产提供可量化的直接或间接的贡献，使生产力最大化，同时减少无机肥料、杀虫剂、能源和灌溉等人为投入，减少对环境的负面影响。

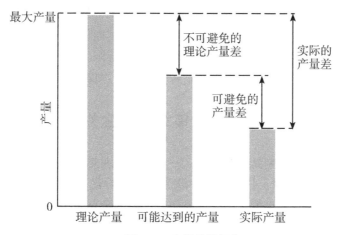

图1-5　产量差的概念

（改自 Bommarco *et al.*，2013）

在许多发达国家，农业生产率已经接近最大水平，但是这依赖于不可持续的高水平外在投入，增加了能量的消耗、杀虫剂的抗性，同时降低了土壤的碳水平，从而威胁到产量的稳定性和弹性。在这些地区，面临的挑战是通过重建土壤和农田景观周围的生态系统服务，保持较高的、稳定的生产力水平（图1-6a）。但是在世界大部分地区，生产力水平低，实际产量与潜在产量之间存在很大差距。未来农业生产的挑战将是优化低投入农业生态系统服务，并不是不投入（图1-6b）。生态集约化与集约化并不是相互排斥的，可以二者结合起来缩小产量差。

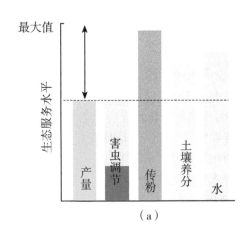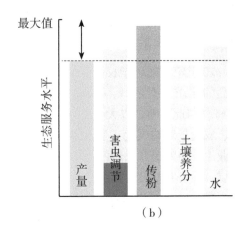

图1-6　调节和支持服务对供给服务（作物生产）的贡献的概念模型

（改自 Bommarco *et al.*，2013）

　　注：（a）情境下，通过生物多样性（如天敌，绿色柱体部分）而不是人为投入（如杀虫剂，红色柱体部分）部分替代了几个基本生态系统服务；产量总体保持不变，但生物多样性提供了更多的调节和/或支持服务；（b）情境下，通过生物多样性（绿色柱体部分）而非人为投入（红色柱体部分）提高若干基本生态系统服务的水平（如虫害管理），其结果是产量全面增加。

　　要保证粮食生产的库存、稳定和恢复力，同时还要使对环境、生物多样性和农业景观提供的生态系统服务的影响最小化，这种权衡仍然是当前人类面临的一个严峻课题。这需要研究确定在不同地区生产最大化与生态服务维持之间平衡的界限，并研究开发各种生态系统服务管理的策略和措施，同时还必须与其他抑制需求的措施（如减少粮食浪费）相结合。

第三节　农业景观集约化与生物多样性

　　农业对生物多样性的影响具有双重性。一方面，农业是生物多样性丧失的一个主要驱动力，尤其是20世纪以来，传统农业逐渐为现代集约化农业所取代，在极大地改善全球粮食安全问题的同时，也带来诸多环境问题，成为全球生物多样性丧失的重要原因之一。另一方面，农业景观中作为陆地景观的重要组成部分，为诸多生物提供了重要的栖息地，维持了相当比例的生物多样性；在合理和适宜强度的农业生产方式下，也有利于一些特定物种和景观的维持，对生物多样性的保护和可持续利用也有其重要贡献。

一、农业集约化生产与生物多样性丧失

　　农业集约化生产对于生物多样性的破坏作用可以体现在局部和景观两个尺度上

（Tscharntke *et al*.，2005）。

（一）局部尺度影响

在局部尺度上，农业生产和管理措施从以下几个方面改变农业景观生物多样性。

1. 集约化种植和养殖的影响

农业生产单一化的种植模式导致生物多样性的急剧下降，据联合国粮食及农业组织估计，在过去的一个世纪里，在农作物中发现的遗传多样性大约有 3/4 已经消失，而且这种遗传多样性的丧失还在继续；截至 2016 年，在 6 190 种用于食品和农业的驯养哺乳动物中，有 559 种已经灭绝，至少 1 000 多种受到威胁。此外，许多对长期粮食安全具有重要意义的农作物野生亲缘缺乏有效的保护，家养哺乳动物和鸟类野生亲缘的保护状况日益恶化。栽培作物、作物野生亲缘和家养品种多样性的减少意味着农业生态系统对未来气候变化、害虫和病原体的适应能力较差（IPBES，2019）。

2. 耕作的影响

除了通过改变生境条件影响物种多样性，频繁的耕作会直接影响一些生物物种的生存，如伤害或者直接导致一些在地表筑巢的鸟类、小型哺乳动物和土壤生物的死亡。

3. 化学农药的影响

长期使用除草剂，农田中植物物种的多样性明显减少，同时邻近的草地和林地的植物多样性也受到影响。植物多样性减少，会导致一些与之相关的动物也受到相应的影响，在美国安大略地区的果园中，杂草的花对膜翅目昆虫具有保护作用，膜翅目昆虫对冷蛾幼虫和天幕毛虫攻击性的寄生活动均有重要作用，使用除草剂后大部分杂草死亡，从而使这些昆虫的活动也受到影响（陈欣等，1999）。杀虫剂的使用更是对生物多样性有显著的影响，在杀死靶标生物的同时，也导致了一些非靶标生物的死亡或者其行为被影响等，如广谱杀虫剂对一些有益的无脊椎动物和蜜蜂种群有显著的破坏性影响（Greig-Smith *et al*.，1995）；而无脊椎动物是农田鸟类在繁殖季节的必需食物，通过食物链作用，杀虫剂的使用可以进一步导致农田鸟类的减少（Potts，1997）；杀虫剂对蜜蜂学习和记忆行为、种群健康都具有负面影响（Siviter *et al*.，2018；Zawislak *et al*.，2019）。

4. 施肥的影响

合理的施肥有利于增加土壤肥力、提高生态系统的生产力，使系统维持较高的物种多样性（冯伟等，2006），但是不合理的施肥方式不仅可以改变土壤性状，影响土壤生物多样性，还导致农业面源污染和水体富营养化，成为水体生物大量丧失的重要根源。

5. 农业设施的影响

①设施农业的屏障作用，减少了当地昆虫包括授粉昆虫（蜜蜂、蝴蝶等）的食源，由此引起取食植物的昆虫和鸟类的减少，授粉昆虫的减少也使得部分野生植物无法远距离传粉，而且设施农业的发展减少了各种杂草的生长环境。②温室大棚栽培的复种指数高、无雨水淋溶，加之化肥的大量施用，造成养分富集化，导致了土壤的酸化趋势和次生盐渍化，这两大因素直接影响了大棚土壤中的微生物活菌数，细菌、真菌和放线菌的数量均比棚外明显减少。

（二）景观尺度的影响

在景观尺度，农业开垦导致生境的丧失是导致生物多样性降低的重要原因。从大约

8 000年前开始，农业扩张和集约化导致许多生物群落的生物多样性丧失（UNCCD，2017）。据估计全世界被开垦用于耕地、永久性草场、农林业和淡水养殖业的陆地表面已经达到陆地总表面积的35%（MEA，2005），这一数据在2017年达到37.1%（FAO，2020）。1985—2005年，全球农用地的开垦主要发生在东南亚、南亚、东非的大湖区、亚马孙盆地、美国的大平原区，尤其近些年来在巴西等一些生物多样性高的热带地区，为种植油料作物而开垦森林从而对生物多样性造成的潜在威胁尤为引人关注（Foley et al., 2011）。

集约化农业生产为提高农业生产效率而进行的地块合并和扩大导致了景观的同质性和非农业用地的消失（图1-7）。这些非农业用地主要为一些残存的自然、半自然用地（如树篱、农田边界等），在农业景观中扮演物种库、越冬地、避难所等重要角色，其消失导致生物多样性的负面影响已有大量报道（Mason et al., 1987；Meek et al., 2002）。集约化农业生产还增加了景观的破碎化程度，通过改变景观的空间格局和景观的连通性，影响物种的扩散、迁移和建群，从而缩小了物种的分布范围，增加近亲繁殖机会，降低个体和种群存活率。

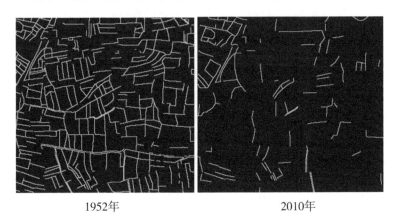

1952年　　　　　　　　　　　　　　2010年

图1-7　法国某地1952年和2010年农业景观树篱变化

（资料来源：J. Baudry）

二、通过农业提高生物多样性

在生物多样性保护领域，原始和自然生境往往被放在优先保护的地位。但是受人类干扰的现象已经遍及全球大部分角落，农业景观为陆地表面重要土地利用类型，仍然是很多生物的重要生境。例如，在德国，占国土面积2%的保护区维持了大约25%的濒危物种，但是剩余75%的濒危物种则由农业用地（占国土面积的50%）和林业用地（占国土面积的30%）所维持（Tscharntke et al., 2005）。在欧洲，存在很多粗放管理的农业景观，具有重要的自然价值的农田（图1-8），维持着比未受管理的生态和天然林更高的物种多样性（Blondel，2006；Lindborg & Bengtsson，2008），这些农业景观的弃耕甚至会导致生物多性丧失（Plieninger et al., 2014）。同时，一些情况下农业景观较自然景观有着更高的生产力，在一定程度上也意味着更多的食物资源，有利于生物多样性的维持。如农林业通常具有多样化的果实以吸引鸟类（Wunderle，1998）；在油菜花占很高比重的景观中，蜜蜂种群数量得以增加（Westphal et al., 2003）。

图1-8　德国哥廷根附近受保护的高自然价值农田

（刘云慧　摄）

　　此外，通过合理的农业管理也可能提高和加强生物多样性和生态系统功能。如通过保护和建设多花带、树篱等，合理地配置这些要素在景观中的布局，可以增加景观的多样性，为天敌、传粉昆虫提供栖息地、食物来源等，从而增加天敌、传粉昆虫多样性，提升害虫生物控制、传粉、美学、微气候调节、休闲娱乐等生态服务功能；施用有机肥、免耕、秸秆还田、作物覆盖等可以提高土壤营养自我调节功能、壮大有益节肢动物群落多样性、改善土壤结构和物质循环，构建健康的土壤环境和养分状况，促进作物持续生产；合理的作物类型布局、作物栽培模式、杂草防除等可以促进病虫害的防控、实现养分合理利用（图1-9）。通过合理的田间管理和景观优化技术，在丰富农业景观生物多样性的同时，维持农业景观较高的生产力和稳定性成为生态学家和农学家等研究的重要内容。

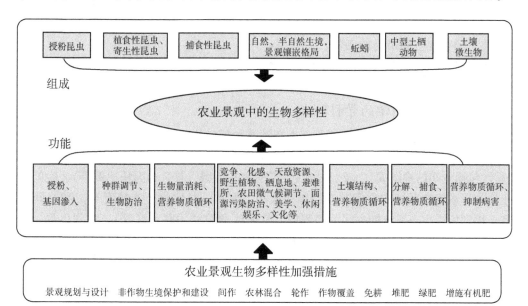

图1-9　农业景观中生物多样性组成、功能及提升方式

（改自 Altieri *et al.*，1999）

第四节　景观生态学与农业景观生物多样性保护

一、景观生态学的研究内容和学科特点

(一) 景观生态学的研究内容

1939 年，德国科学家 Troll 在利用航空相片解译研究东非土地利用时，首次提出了"景观生态学"这一新的生态学研究范畴，明确指出运用自然 (地理学思路)—生物 (生态学思路) 相结合的方法，综合研究景观的内在规律。进入 20 世纪 70 年代以后，景观生态学逐步作为一门新兴生态分支得以确认。景观生态学的产生和发展得益于对大尺度生态问题的重视，也得益于现代生态科学、地理科学的发展以及其他科学领域的知识积累，是一个典型的宏观生态学的分支学科。景观生态学主要研究异质性地表景观的格局、功能和动态过程，尤其突出空间格局和生态过程的多尺度相互作用研究，注重人为活动效应及应用研究 (曾辉等，2017)。概括起来，景观生态学主要关注以下几个方面的研究内容。

(1) 景观格局：景观组成单元的类型、多样性及其空间关系。例如，景观中不同生态系统或土地利用类型的面积、形状和丰富度，它们的空间格局以及能量、物质和生物体的空间分布等。

(2) 景观功能：即景观结构与生态学过程的相互作用，或者景观单元之间的相互作用。这些作用主要体现在能量、物质和生物有机体在景观镶嵌体中的运动过程。

(3) 景观动态：指景观在结构和功能方面随时间的变化。包括景观的组成成分、多样性、形状和空间格局的变化。

景观格局、功能和动态相互依赖、相互作用，结构在一定程度上决定功能，而结构的形成和发展又受到功能的影响。

(二) 景观生态学的学科特点

1. 强调空间异质性及空间格局与生态过程和功能的相互作用

与传统生态侧重均质系统的研究不同，景观生态学明确强调空间异质性。景观的空间异质性包括空间结构组成 (土地利用或生态系统的类型、数量和面积比例等)、空间格局 (土地利用或生态系统的空间分布、斑块大小、形状、对比度、连接度等) 和空间相关 (各土地利用或生态系统的空间关联程度、整体或参数的关联程度等)。空间格局、异质性对景观功能和过程有重要影响，并且同景观的抗干扰能力、恢复能力、系统稳定性和生物多样性有密切关系。对景观格局、异质性与过程、功能关系的认识，在指导空间规划、景观设计和管理等方面具有重要的意义，因此景观生态学也被称为空间生态学。

2. 强调尺度和等级特征

景观生态学强调等级层次，重视多尺度的研究。等级理论认为客观世界的结构是有层次性的，任何系统都是其他系统的亚系统，同时由许多亚系统组成，某一等级上的生态系统，受低一等级水平上的组分行为约束，又受高一水平上的环境约束。事实上，景

观的格局和过程都有尺度依赖性，在某一尺度上的问题往往需要在更小尺度上去揭示其形成原因和制约机制，并在更大尺度上寻求解决问题的综合途径，这与等级理论的内涵相契合。等级理论大大增加了生态学家的"尺度感"，为深入认识和解译尺度的重要性以及发展多尺度的研究方法起了促进和指导作用，也促进了系统、整体观点在解决生态学问题中的应用。

3. 注重人类活动效应及应用研究，明确考虑干扰在景观系统的作用

在景观生态学研究和涉猎的空间尺度上，人类活动往往是景观格局、功能及其动态变化的决定性影响因素之一，因此对人类活动影响的研究必然成为景观生态学研究的重要内容。同时景观生态学明确地将干扰作为系统的一个组成部分来考虑，承认干扰在生态系统或物种进化中的积极作用，关注干扰与景观格局的互作，以及干扰发生的时间、空间尺度对景观动态和景观平衡的影响，主张通过模拟自然干扰或者合理地管理干扰的时间和空间尺度来保障资源合理利用和景观平衡协同。

二、景观生态学视觉下的农业景观生物多样性保护

（一）农业景观多样性保护是生物多样性保护重要内容

景观多样性是生物多样性的重要方面。农业景观作为陆地表面重要的景观类型，也有其多样性和复杂性，除了具备生产功能，也具备维持其他层次生物多样性的作用，同时还具备支持、调节、文化、美学、休闲娱乐等功能。农业景观的这些功能的协同发展，不仅关系到农业可持续发展和人类粮食安全，也直接关系到全球生物多样性保护目标的实现与否。因此，重视农业景观多样性保护也是生物多样性保护中的重要层次和内容。

（二）农业景观格局管理促进生物多样性保护

生物多样性的保护是从物种的保护开始，但是一系列的经验表明，单一物种的保护并不能实现生物多样性保护的目标，景观生态学的发展为生物多样性保护的研究提供了新的内容，也为生物多样性保护带来了新的方法和途径（李晓文等，1998；俞孔坚等，1998）。由于景观多样性不仅仅是生物多样性的另一个层次，也在较大的时空尺度上构成了其他层次生物多样性的背景，制约着较低层次生物多样性的时空格局及其变化过程。因此，农业景观生物多样性的保护不仅仅包括传统意义上的个体、种群、群落和生态系统的保护，还应当包括整个景观系统的保护，关注宏观尺度上景观的格局及其动态变化对不同层次生物多样性与功能的影响，尤其关注景观中重要生境的组成特征、配置特征以及景观中各要素共同形成景观配置特征对不同层次生物多样性的影响。这使得传统以物种为对象的保护转变为对物种生存所需的生境和景观要素的保护，推动从物种层次的保护转变到区域景观层次的物种保护，从保护的方法上来看，也更多地重视通过优化景观格局、构建有利于生物多样性保护景观要素组成及景观配置来实现生物的多样性保护。

同时，基于景观观点的生物多样性保护与生物多样性的利用是高度协同的。一方面，格局的多样性和优化伴随着生态系统功能的优化和稳定性的提高，是景观尺度上对于生物多样性的利用；同时格局的优化过程，也是有目的地利用和管理生物多样性的过程。基于景观观点的生物多样性利用可以是直接的生物多样性利用，例如，局部尺度上

有意识地设计和保护某类植物，吸引有益的节肢动物，促进农田传粉和害虫控制服务功能，也可以是通过生境条件的改善，为生物多样性提供良好的栖息、避难、繁殖或食物资源，间接地保护生物多样性，进而可以进一步利用与生物多样性相关的各类生态系统服务。

（三）多尺度和层级的农业景观多样性保护途径

景观生态学等级层次和多尺度观点应用到生物多样性保护研究中不仅推动了从多时空尺度上来研究生物多样性的影响机制，还推动生物多样性保护的多尺度保护策略的制定。例如，重视不同物种对于景观格局的响应尺度问题（图1-10），可根据物种响应尺度，在合适的尺度上制定物种的保护策略。农田内部生物多样性的保护，不仅仅需要考虑地块内部状况，还需要考虑地块周边生境的组成和构成状况，考虑区域的自然、地理、土地利用状况等因素。而当前的生物多样性，不仅仅受当前土地利用状况的影响，也可能受历史土地利用状况的影响，生物多样性保护策略的制定，需要考虑历史的土地利用状况，或者未来生物多样性保护策略的制定，需要考虑当下土地利用的长期影响（Le Provost，2020）。

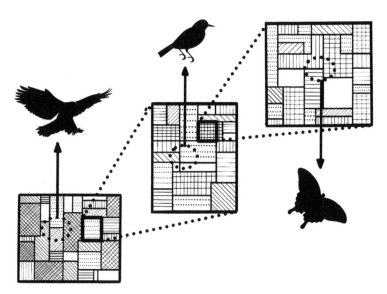

图1-10 不同生物对景观格局的响应尺度和认知差异

（改自邬建国，2007）

（四）农业土地利用与生物多样性保护的协同

由于景观生态学重视人为活动效应的影响，在农业景观格局对生物多样性影响的研究中，农业土地利用导致的生境丧失、生境破碎化、生境隔离对生物多样性的影响研究成为国内外研究的热点（中国生态学会，2018）。人类活动的影响既有积极的方面，也有负面的影响，而推动人类干扰和自然生态系统的互利共生、和谐发展应该是发展的主流方向。因此，如何发挥人类干扰在生态系统或物种进化中的积极作用，避免土地利用的负效应，通过合理的土地利用规划和合理的土地利用强度管理促进生物多样性保护、利用与人类生产发展的协同，将人类活动对于景观演化的影响导入良性循环，成为农业景观生物多样性保护和利用需要重点解决的问题，其中景观的管理、重建、重构、修复将成为实现这一目标的重要途径（肖笃宁等，2010）。

三、农业生物多样性保护的景观途径

现代景观生态学的研究显示，人类活动引起的生境减少和景观格局的变化是导致生物多样性丧失的重要原因（Higgins，2007）。传统的以单一濒危物种为中心的自然保护途径不适应于农业景观生物多样性保护及相关生态系统服务功能的维持，这推动了以景观乃至以整个生态系统保护为目标的生物多样性景观保护途径的发展（俞孔坚等，1998）。在农业景观中，虽然保护生物多样性的最直接途径是改进农业措施，如改变农业耕作方式、减少化学农药使用、采用生物农药，发展有机农业等。但是，局部的改进措施，并不能保障整个农业景观范围的生物多样性，景观范围多尺度、基于生物生境的保护能够更加系统、全面地实现对生物多样性的保护，也更加有利于在推动生物多样性保护的同时促进与生物多样性相关生态系统服务功能以及农业景观多种生态系统服务功能的实现，最终推动可持续发展目标的实现。因此，从景观管理的角度对农业景观生物多样性保护的过程，也是一个优化景观结构、利用生物多样性改善农业景观服务和功能的过程，而农业景观服务和功能的提升也必然促进生物多样性的维持，二者互为协同和促进。在农业景观实现生物多样性保护的景观途径可以从地块内尺度、地块间尺度和景观尺度3个不同尺度分别展开（表1-2）。

表1-2　景观管理提升农业景观生物多样性的内容、要点及可能措施

景观管理内容	要点	具体措施
地块内尺度管理	通过增加农田地块内作物种类或品种的多样性，实现农作物的田间保护；通过农田作物、非作物植物多样性、植被结构的多样性和异质性的增加，为有益生物构建更加适宜的生存环境、资源条件，直接提高地块的生物多样性；或者通过种植作物多样性和植被结构多样性，提升农田系统的害虫控制、养分循环、气候调节等生态系统服务功能，减少系统对外界物质和能量投入的需求，从而降低人类干扰对生物多样性的负面作用，间接地保护地块内生物多样性	作物的间作、套作、轮作以及作物与非农作的混合种植、填闲作物的种植
地块间尺度管理	通过增加地块间非作物生境类型的多样性、非作物中植物物种或结构的多样性和复杂性，或者有选择性地种植有利于有益生物的植物，为农田生物，尤其是有益生物提供避难所、栖息地、食物来源，从而达到保护生物多样性的目标；修复农业景观中受破坏或退化的生物生境，提升农业景观的生态环境质量甚至多功能性	保留、重建、修复田间生态基础设施，如防护林、植物篱、河岸缓冲带、农田边界的草地或花带，以及未利用的裸露地、沟渠、池塘；广义的地块间管理也可以包括村庄周围或内部绿色基础设施的营建、修复

（续表）

景观管理内容	要点	具体措施
景观尺度管理	在景观尺度上，通过农业景观土地利用类型、数量、配置、干扰空间格局的优化实现生物多样性保护和生态系统服务功能提升	景观尺度上生态用地划定、保护和网络建设；土地利用类型组成、数量、配置的设计和优化；土地利用强度空间格局的设计和优化等

（一）地块内的管理

地块内生物多样性的保护可以体现在两个方面，一方面通过田间作物/植物的多样性，直接提升地块的作物/植物多样性，并通过作物/植物多样性的增加和食物链效应，促进地块内其他营养层次生物多样性的增加；另一方面由于作物多样性的增加，提高系统的生物害虫控制、传粉、养分循环利用等生态系统服务，有利于农田杂草、虫害的自然控制，在利用这部分生物多样性所提供的生态系统服务的同时，减少农田生态系统对化学农药的依赖，降低化学投入对生物多样性的负面效应，对生物多样性起到间接的保护作用。因此，在地块内可以通过规划作物的时间与空间分布，采取间作、套作、轮作、混作、种植填闲作物等方式，实现田间种植作物在空间和时间上的多样性，促进物种多样性的保护和农田系统的稳定性。

（二）地块间尺度的管理

地块间非农作性生境的过渡带，如农田边界、灌木带、林地、池塘、沟渠等的保留能够满足农田生物持续存在的多种需求，包括为农田生物提供物种源、避难所、繁育场所、迁移的廊道等，从而实现农田景观物种多样性的保护。其中探讨最多的非农作性生境是农田边缘带（Field Margin），其对农业景观物种多样性的保护和恢复具有显著的效果（Woodcock *et al.*，2005）。这些非农作性的生境可以视作是田间的生态基础设施，支撑和提供农业景观的可持续发展必需的各项生态系统服务。因此，在地块间尺度上主要的生物多样性管理措施将是重视各类生态基础设施的建设，构建带状非农作性生境连接不同的地块以形成高异质性的农业景观镶嵌体。在欧洲地区尤其重视各类生态基础设施的建设（Buskirk & Willi，2004；Macdonald *et al.*，2007），例如，德国和荷兰的自然保护计划都极为重视农田边界的管理，采用多种措施鼓励农民建立农田边界（Wilson *et al.*，2005）。目前，欧洲国家已成功地建立了多种类型的人工播种的农田边缘带，包括播种的多年生草地、草地和野生开花植物的混生植物带、野生开花植物和自然再生植物的混生植物带（Haaland *et al.*，2011；Tscharntke *et al.*，2011）。

此外，随着对多功能农业景观建设、乡村生态环境及人居环境改善的重视，乡村周围及内部生态基础设施的建设也在促进农业景观生物多样性保护方面发挥了重要作用。同时，除了保护和营建地块间和乡村周围及内部的生态基础设施，恢复和修复地块间和乡村周围各类退化或受破坏的非农生境，也对促进农业景观生物多样性的保护具有积极促进作用。

（三）景观尺度管理

在景观尺度上保护生物多样性，可以通过合理地规划土地利用的组成、保护和增加景观的多样化和异质、优化景观空间格局来实现。具体措施可以包括景观尺度上划定保护的优先区域，或者设计或建设用于生物多样性保护的生态基础设施，如规划、保护和重建具有重要生物多样性保护价值的非农作生境，规划和设计区域的农业景观生物多样性保护网络；保持农业景观的连接度，防止生境隔绝导致的局部种群灭绝，或为气候变化情况下物种的运动和迁移提供通道；合理地规划和配置不同的土地利用类型，构筑多样化和异质化的农业景观，防止集约化生产导致的过度均一化的景观。同时，由于不同类型农业用地生物多样性状况不同，以及不同生产管理强度下生物多样性状况的差异，合理地规划管理强度、规划农用地类型或农用地类型之间的转换，规划制定生境保护和修复方案也是农业景观生物多样性保护的重要途径。

目前通过景观途径保护农业景观生物多样性和生态系统服务在科学研究与实践中得到重视。但是研究和实践显示，不同景观管理策略对于生物多样性及生态系统服务的影响呈现差异化的结果，例如，过去20多年的研究表明，在大多数情况下，欧洲农业环境计划（Agri-environment Schems，AES）对农田中生物多样性是有益的（包括传粉昆虫），目前物种数量较以前有适度的增加，一些国家生物多样性丧失的速度在减小（Batáry et al.，2015）。比较中欧和北欧野花带的种植效果，研究发现与作物生境、其他种植或自然草带相比，野花带有显著性更高的昆虫多度和多样性（Haaland et al.，2011），但昆虫类群对不同野花带类型的响应区别较大，受花多度、种子组合、植被结构、管理、野花带建立年限及周围景观状况等影响；在农场尺度，由于不同类群传粉昆虫对开花植被的喜好不同，导致它们对农业环境计划相反的响应（Wood et al.，2015）。在罗马尼亚的传统管理农田中发现，在急剧集约化农田周围仅通过小块花带并不能有效地重建农业景观中传粉昆虫群落，因为其提供的开花资源仍不能满足基本需求（Kovácshostyánszki et al.，2016）。因此，在采取景观管理策略促进生物多样性和生态系统服务的同时，需要充分考虑实施过程中开花生境的植被物种组合、管理方式、景观背景、研究尺度及关注的昆虫类群、研究区等的差异，这些尚需要对于景观格局、生物多样性、生态系统服务之间关系等更加深入研究和认识，以促进适宜不同地区、不同环境条件下、不同保护和利用目标的生物多样性保护策略和景观管理策略的制定。

随着生态文明成为国家战略，以及"人与自然和谐共生""美丽中国建设""山水林田湖草综合治理"等理念的提出，通过景观管理，从不同的尺度系统全面地来实现生物多样性的保护，在保护中利用生物多样性来改善、提升农业景观的各种生态系统服务功能对推动我国农业和农村地区的生态环境保护和修复以及绿色发展、实现美丽乡村和乡村振兴的发展目标都将具有重要促进作用，必将成为生态文明建设的重要组成部分。

第二章 农业景观格局、生物多样性和生态系统服务

第一节 农业景观的基本组分与景观格局

景观组分指地球表面相对同质的生态要素或单元。Forman 和 Godron（1986）在观察和比较不同景观的基础上，认为组成景观的组分不外乎 3 种：斑块、廊道和基质（图2-1），农业景观的基本组分也可以归纳为此 3 种基本类型。

（a） （b）

图 2-1 农业景观的基本构成

注：（a）为北京密云农业景观；（b）为英格兰南部农业景观。

一、斑块（Patch）

斑块泛指与周围环境在外貌或性质上不同，并具有一定内部均质性的单元。这里所谓的内部均质性是相对于周围环境而言。不同类型的斑块的大小、形状、边界及内部均质程度都会表现出很大的差异。

农业景观中常见的斑块是种植斑块，是由于人类种植活动而形成的斑块，如麦田、果园、菜地等。种植斑块内物种的动态及斑块的寿命主要取决于人类的管理活动，如果人类的管理活动停止，斑块可能由于基质物种的入侵和定居而消失。此外，坑塘、片林、田间岛屿、散点状分布的树木等也是农业景观中常见的斑块形式，这些非农作的斑块在农田景观中为生物多样性发挥着提供越冬场所、替代食物来源和栖息地等作用，具有重要的保护价值。

二、廊道 （Corridor）

廊道是指景观中与相邻两边环境不同的线性或带状结构，可以看作为被"拉伸"的斑块。廊道具有通道、资源（栖息地、源、汇）、保护（屏障、过滤）和美学等方面的功能。廊道可以是孤立的带，将景观单元分割；也可以起纽带作用，将相似组分的景观单元相连。廊道在很大程度上影响景观的连通性，进而影响景观内物种、能量和物质的交流。农业景观中常见的廊道包括农田间防风林带、树篱带、河流、道路等。其中，具有较宽的宽度和结构复杂的植被带，可以视作森林廊道，在农业景观中具有重要的生态功能，包括保护生物多样性、过滤污染物、防止水土流失、防风固沙、调控洪水等。森林廊道通常和河流廊道结合，形成生态廊道来实现生物多样性保护、污染物控制等多种生态功能，同时满足环境美化、娱乐休闲等需求，目前已成为生态建设和景观规划考虑的重要环节和内容。

三、基质 （Matrix）

基质是指景观中分布最广、连接性最大的背景结构。Forman 和 Godron （1986） 提出判别基质有以下 3 个标准。

（1）相对面积：当景观的某一要素比其他要素大得多时，这种要素可能就是基质，因此，基质中的优势种也是景观中的主要种；当一种景观要素类型在一个景观中占的面积最大时，即认为它是该景观的基质。一般来说，基质的面积应超过其他所有类型的面积总和，或者说应占总面积的 50% 以上。如果面积在 50% 以下，就应考虑其他标准。

（2）基质连接度：基质的连接度较其他景观要素类型高。如果一个空间未被分为两个开放的整体（即不被边界隔开），则认为该空间是连通的。

（3）动态控制：基质对景观动态的控制程度较其他景观要素类型大。在农业景观中，农田占据主要的类型，决定整个景观的动态，也具有最高的连接度，因此构成了景观的基质部分。

在实际研究中，要确切地区分斑块、廊道和基质有时是困难的，也是不必要的。例如，许多景观中并没有在面积上占绝对优势的植被类型或土地利用类型。再者，因为景观结构单元的划分总是与观察尺度相联系，所以斑块、廊道和基质的区分往往是相对的。

四、景观格局 （Landscape Pattern）

景观格局指的是景观的空间结构特征，它是景观要素（斑块、廊道、基质）的数量、大小、类型、形状及其在空间上的组合形式，它表现在不同的尺度上。具体地说，景观格局包括景观两个方面的特征：一是景观的组成（Composition），即是景观的构成要素（Element）及其数量；二是景观的空间构型（Spatial Configuration），即景观的构成要素在空间的分布组合状况。以图 2-2 的景观为例，景观组成可以是各种景观组成要素，即自然林、人工林、荒草地、果园及其他用地的面积或面积比例；而景观的空间构型，则可以是各种景观要素，如自然林、人工林的连接度，形状复杂性，斑块大小分布与密度等方面的信息。当我们观察一个景观时，我们头脑中反映的是一个真实的景观综合体，绝不仅是由景观要素相加构成。景观要素构成各种镶嵌体（构型），形成一定的空间格局（图2-3）。肖笃宁等（2003）对景观格局构型进行了综述，将景观格局分为9种类型，分别是镶嵌格局（Mosaic）、带状格局（Zonation）、交替格局（Alternation）、指状格局（Fingerlike）、散斑格局（Scattered Patch）、散点格局（Dot）、点阵格局（Dot-grid）、网状格局（Network）。还有一种特殊的网络格局是水系格局（Drain-

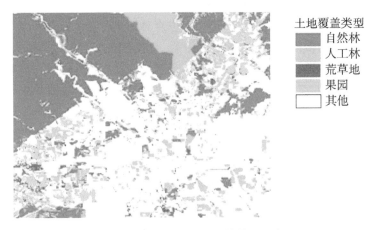

图 2-2　北京昌平附近的景观示意

图 2-3　农业景观常见景观格局

注：（a）为甘肃武威地区不同作物种植斑块形成的镶嵌格局；（b）为江西南昌附近半自然和农田构成的镶嵌斑块；（c）为北京昌平果园果树的点阵格局；（d）为云南元阳梯田形成的带状格局。

age），是一种重要的地物要素，在地貌分类中具有重要的意义，它连接了景观，也是识别土地单元的依据。对于农业景观而言，镶嵌格局及点阵格局是最为常见的格局，例如，平原上种植的不同作物（图 2-3a）、丘陵地区农田和林地（图 2-3b）呈现镶嵌格局，果园的果树以及许多人工种植形成的景观呈现点阵格局（图 2-3c）、山区梯田呈现的带状格局（图 2-3d）为最为常见的格局。

第二节 农业景观中的生物运动

生物在景观中的运动和迁移直接影响物种的生存，影响到生态系统物种的多样性及与生物相关的多种生态服务功能，研究揭示物种在景观中的运动影响因素对于认识物种对景观格局变化的响应及与之相随的生态系统服务功能的动态变化具有重要意义。

一、动物的运动

农业景观中，动物运动的类型主要有两个，即觅食性运动和迁移性运动，其根本目的都是为了生存，寻找食物或更适合自己的栖息地。

Forman 和 Godron（1986）回顾了 10 种在景观水平上的动物物种运动模式，认为动物在景观中的运动方式主要有 3 种。

（1）在巢域范围内运动。大多数脊椎动物有其进行栖息、取食和其他日常活动的巢域（Home Range）。在巢域范围内的运动与动物适宜栖息地面积的变化、景观格局的变化或人类干扰有关，并可能随昼夜或季节而变化。例如，土壤无脊椎动物在土壤中存在昼夜垂直迁移的情况。在美国伊利诺伊，臭鼬通常在耕地建立巢穴，并在其洞穴周围 1 km² 范围内取食小型哺乳动物和其他灌木篱墙上的小动物。它们特别喜欢沿灌木篱寻找食物，在玉米地里活动，因为成熟的作物为它们捕食提供了有效的掩护，而裸露的农田土壤便于移动，并提供了丰富的食物（节肢动物）（Burel & Baudry，2003）。

（2）疏散（Dispersal）运动是动物个体从其出生地或发生地向四周扩散的运动，以寻求更加适宜的栖息地，并避免同种竞争。例如，接近成年的个体从物种比较集中的源地向四周扩散，以占领更多领地，避免同种竞争。

（3）迁徙运动是动物在不同季节、不同区域栖息地间进行的周期性运动，受食物资源和繁殖需求的影响，是一种对气候及相关环境条件的适应性反应。例如，许多鸟类随季节的变化而发生迁徙。

作为受人类活动主导的生产性景观，农业景观处于不断的动态变化中。这种变化发生在一系列不同的时空尺度上，在较短的时间尺度上包括种植活动的季节性变化，作物生长及收获的季节变化，树木开花、结果的季节变化，湿地淹没和干旱的变化等；在较长的时间尺度上，包括作物轮作和休耕的变化，新的作物和品种的引入（Forman，1995）。这种资源和景观的动态变化和异质分布，驱动物种在景观中迁移和疏散，在农业景观大量种植油菜花，使得在油菜开花的季节，一些传粉者迁移到农田采蜜，稀释了景观范围内传粉者的密度，进而影响野生植被的授粉（Holzschuh et al.，2011）。一些情况下，人类干扰和生活活动使得资源的获取和景观结构的变化不利于物种的生存，可能导致物种在适宜栖息地间运动的增加，不得不扩大其活动范围，从而增加动物寻找资源过程的风险，导致物种适应度和繁殖成功率降低或者物种死亡率增加；也可能造成物种为规避不利的环境而减少运动，增加种群隔离和近亲繁殖，从而导致种群的灭绝（Doherty & Driscoll，2017）。

此外，动物在农业景观中的运动，也受动物自身特性的影响。许多物种的生存需要多种生境，这也会驱动生物在不同的生境间运动。Papillon 和 Godron（1997）指出野兔生存需要在一定的范围内有一系列资源的供给，而这些资源的供给依赖于几种不同景观要素的同时存在，以保证野兔能找到食物、藏身处以及繁殖后代的处所。Fry（1995）根据昆虫对景观的利用提出了几种模式：①在特定栖息地度过整个生命周期的特殊物种，如很多迁移能力弱的土壤动物；②生活在非农业景观要素中，但到周围的农田中进行取食；③在农田边界冬眠，其余时间在田间度过，例如，天敌会在作物生长季节迁移至农田取食并发展种群，在农田作物枯萎或收获后转移至农田周边的半自然生境（图2-4）；④在一年中有部分时间扩散到距离农田很远的地方，并在移动中利用所有

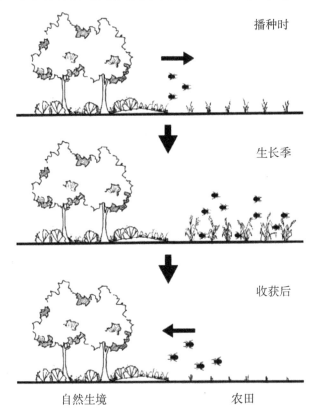

图2-4 农业景观中食物资源获取性引起农田天敌在农田及其周围自然、半自然生境间的溢出

（改自 Rand *et al.*，2006；张启宇 绘）

注：天敌生物首先从邻近的自然、半自然生境中向农田基质迁移定居，并在作物生长季节在农田基质捕食害虫而建立发展种群。最后由于收获后农田中资源衰竭，天敌生物迁移到邻近的自然、半自然生境，导致局部的天敌多度增加。

景观要素，例如，很多双翅目的昆虫，幼虫几乎都生长在未受干扰的土壤中，成虫则扩散到景观中很多要素中，扮演捕食者或传粉者的角色。

二、植物的运动

与动物的迁移和运动模式不同，植物通过再繁殖进行运动或迁移，植物传播是指繁殖体（种子、果实或孢子）运动的过程。一种植物只有在新生境成功定植后，才被认为是传播。植物的传播过程往往需要借助于外界的物质流和运动力来实现。植物繁殖体媒介物有风、水、动物和人。植物的运动范围从几米、几百米到数千千米，甚至漂洋过海。

大范围植物群在景观内有 3 种基本的运动形式（傅伯杰等，2011；赵羿和李月辉，2001）。①受周期性环境变化的影响，植物群分布的边界发生变动，一般表现为植物面积的扩大或者缩小。如因降雨的变化，农牧交错带会在牧场和农田之间发生转变。②人类有意或无意将一个植物物种带入一个新的地区，植物能很好地适应新的环境，从而成功定居和繁殖，并广泛传播。例如，水葫芦原产于南美洲亚马孙河流域，20 世纪初因观赏和净化水质的目的引入我国后，大量繁殖带来了系列生态环境问题。③为适应长期气候变化，植物在不同纬度或不同海拔之间的迁移。如第四季冰期曾发生植物群南北向的大迁移，以适应全球气候的变迁；近一个世纪以来的全球气候变化引起全球植被带向高纬度和高海拔的迁移，导致山地林线上升。而在农业景观中，气候变化也可能导致作物分布格局的变化（李阔和许吟隆，2017）。

农业景观中，人类对植物扩散的影响更加强烈，表现在 4 个方面（傅伯杰等，2006）。①农业生产对植物扩散的影响：农业生产方式的改变是影响农业景观植物扩散的最直接原因，农业用地的开垦，直接改变和破坏了植物的生境，使得景观中的植物物种逐渐减少；农业的引种也直接改变景观中植被的组成，可能将播种种子无意引入植物物种，使得物种在景观中广泛传播开来；此外，从原始的耕作模式到传统农业、再到现代集约化农业，生产方式对植物本身及环境的改变都是巨大的。②人类历史上，很长一段时间依赖于动物粪便和植物绿肥，这些有机肥的使用为植物种子的扩散和传播提供了新的途径。③收获、灌溉活动也使得植物的种子，尤其是杂草的种子，在更大的范围内扩散。④家畜的运动会带动植物的扩散，甚至是一些入侵植物的扩散。此外，由于景观的变化进而导致野生生物运动和扩散的改变，也会影响农业景观植物扩散。

三、景观生态学视觉下生物运动

生命的本质是运动。生物的运动与很多行为相关，比如资源的获取（取食行为）、生境的选择、繁殖、传粉等。景观中，由于环境条件、栖息地、食物和配偶在景观中分布的不均匀性，生物个体（或繁殖体）必然对这种不均匀性作出响应，在景观中进行相应的迁移和重新分布。

一般来说，动物在景观中的运动通常涉及至少 3 个过程，即从斑块迁移出、穿越基质、进入新的斑块（Bowler & Benton，2005）。一系列环境和景观的因子可能会影响每一阶段物种的运动选择。生物在景观中的运动会受到许多景观结构的影响（图2-5）。物种是否会从斑块迁出，可能会受到斑块资源的状况、斑块的质量、迁移的距离、被捕食者发现的概率、社会环境（性别比等）等状况影响。斑块边界的对比度（生境边界和周围基质结构的差异程度）、斑块边界的形状、物种自身运动行为都会影响物种能否成功地穿越斑块边界。基质对于物种运动的阻力会降低种群或斑块的连通性，即使是在斑块或种群之间的距离是在生物的迁移能力范围内的情况下，受基质阻力的影响，斑块或种群间也可能变得隔绝。廊道的存在可以改善斑块或种群的连接度，但是前提是物种穿越廊道时较穿越基质时有较低的死亡率、更低的迁移耗费，这些会影响物种是否选择利用廊道，对于一些能够快速穿越基质的物种，可以通过构建生境垫脚石而不是连续的廊道生境来促进连接度。而物种是否能够在斑块中定居受物种同种吸引力、斑块的大小、形状朝向、生境质量等的影响。此外，植物的扩散可以通过风流和水流进行传播，也可以通过动物的运动进行传播，因此植物的扩散更为复杂，也必然受到景观特征的影响。因此，认识景观要素的格局特征的变化对生物行为的影响是生物多样性保护、规划管理的重要基础。

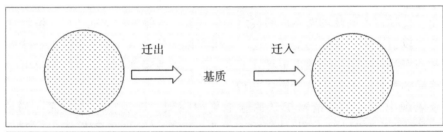

斑块属性	基质属性	斑块属性
面积 形状（边缘面积比） 生境或土地利用类型 生境质量 资源丰富度 边缘结构 斑块背景	组成 基质生境的配置 廊道 道路和其他屏障	面积 形状（边缘面积比） 生境或土地利用类型 生境质量 资源丰富度 边缘结构 斑块背景 斑块朝向 斑块隔离度

图2-5　影响生物在斑块间运动的景观因素
（改自 With，2019）

物种的运动可能发生在不同的尺度上，可能是在小尺度上觅食行为，也可能是更大尺度上在种群、群落和生态系统之间的扩散行为。生物个体或繁殖体的运动行为代表了最小尺度上生物对景观格局的响应，而诸如生境选择这样较大尺度上的运动通常受小尺度上资源可获取性的影响。不同的物种运动可能发生在不同的尺度上，通常体型较大的物种在更大的范围内运动或在更大的尺度上感知景观，因为它们通常比体型小的物种运动更快、更远、活动范围更大。无论这些运动发生在什么尺度上，我们可以利用物种运动对环境异质性的响应来确定物种对景观结构的感知。而认识和理解不同尺度上影响物种运动的因子，对于制定生物保护的策略具有重要意义。例如，在美国中西部地区狼的生境适宜性不仅仅取决于局部尺度上植被的情况和猎物密度，在景观尺度上还会受到道路和居民点状况的影响。虽然狼主要定居于高质量的生境中，但是它们也需要在整个景观范围内运动，需要在不适宜的生境穿越（Turner et al., 2001）。因此，狼的保护不仅仅要注重局部程度上的植被情况，也需要景观尺度的道路密度、居民区分布的合理规划。而在农业景观中，认识生物运动和相应的尺度同样重要，例如，农田中常见的天敌步甲通常在 50 m 的范围内运动（Welsh，1990），因此欧洲通常在田间每隔 100 m 建立一条甲虫带，以方便甲虫在农田和甲虫带间迁移。

另一方面，生物种群或群落的状况也可能反映景观格局的状况，例如，物种的有无可能反映其所需景观资源的存在与否；而扩散过程影响基因流反映了景观中种群的基因结构，因此种群的基因流也可以用来衡量景观连通性的状况。

由于生物的迁移、运动本身是一个复杂的问题，虽然已经发展了一些跟踪的方法来研究，但是目前相关的研究严重不足。而生物运动对于景观格局的响应则更为复杂，目前更多的研究是探讨物种或群落多样性或相关生态服务对景观格局的响应，我们将在后面的章节中加以介绍。此外，物种的运动过程和很多生态过程与生态服务密切相关，如传粉者的取食运动和作物传粉与传粉服务相关，天敌的捕食运动和害虫控制与生物害虫控制服务相关，由于景观结构的度量比生态过程的观测和度量更容易，如果可以建立二者之间的可靠关系，在实际应用中就可以通过格局的特征来预测生态过程的特征，进而可以通过景观建设和规划来维持生态过程的正常运行。当然，格局—过程关系常常也很复杂，存在非线性关系、多因素的反馈作用、时滞效应以及一种格局对应多种过程的现象，但是格局—过程关系的研究依然是景观管理和规划促进可持续发展的重要基础，是目前生态学研究和应用的重要方向。

第三节　景观组分特征对生物的影响

景观中基本要素的结构特征会影响其功能，其中也包括对生物的影响。本节中我们将重点介绍景观生态学中一些关于景观要素的特征对生物影响的经验认识，这些认识可以帮助我们更好地理解如何通过景观管理途径促进生物多样性，并为景观管理和规划保护生物多样性策略的制定提供参考和依据。

一、斑块特征对生物的影响

（一）斑块大小和空间异质性的影响

大量生物和不同地理区域的研究结果证明，面积大的斑块支持更多的物种数量，斑块内部异质性增加（如垂直复杂性、微气候的多样性）通常能够增加物种的数量。同样的生境类型中，大斑块比小斑块包含更多物种和更多的生物个体。根据物种—面积关系的研究，很自然得出这一结论，这主要是因为以下原因。

（1）斑块越大，生境空间异质性和多样性增加。斑块越大，局地微气候、地形地貌、水热特征在斑块内部会存在差异，环境特征变化会导致生境空间异质性增强，生境多样性也会随之增加。更加异质和多样的生境一方面适宜不同生态位需求和抗性的多个物种，有利于维持更多的生物个体生存，并增加遗传基因的多样性；另一方面大的斑块可为生物个体提供更多的避难所，对物种的绝灭过程有缓冲作用，并可能作为源地（Sources）为基质或者其他斑块提供种源（Turner et al.，2001）。

（2）斑块越大，内部生境比例往往较大。对环境变化敏感的物种往往需要较稳定的环境条件，而大面积的斑块通常拥有较稳定的内部生境，能够为这部分敏感物种提供保护场所。在现实景观中，各种大小的斑块往往同时存在，它们具有不同的生态学功能（邬建国，2007）。大的斑块，如大的森林斑块，有利于生境敏感物种的生存，为大型脊椎动物提供核心生境和躲避所，为景观中其他组成部分提供种源，能维持近乎自然的生态干扰体系，在环境变化的情况下，对物种灭绝过程有缓冲作用。

但是，小斑块亦有重要的生态学作用，它可以作为物种传播以及物种局部灭绝后重新定居的生境和"踏脚石"（Stepping-stone），从而增加景观的连接度，为物种源的保留、物种的迁移、再生等提供了更多的机会，可以避免灾害性事件发生而导致物种发生灾难性的灭绝（Turner et al.，2001）。多个小的斑块与同等面积大的大斑块相比，在一些情况下也可能维持更高的生物多样性。如图2-6所示，在德国石灰质草地的研究显示，在总面积一定的情况下，更多数量的小斑块可能覆盖了更加异质的生境，从而能够比同样面积的少数几个大的斑块维持更高的生物多样性（图2-6a），甚至是维持更多的濒危物种（图2-6b）（Tscharntke et al.，2002）。因此，在景观规划的过程中，需要在强调保留大的斑块的同时，保留一些小的斑块，构建大斑块与小斑块镶嵌形成的景观镶嵌体是生物多样性保护和维持的重要措施。

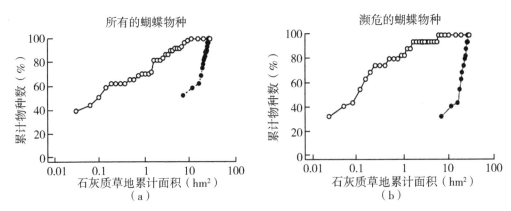

图2-6　33个石灰质草地生境片段中累计物种数与累计面积的关系

（改自 Tscharntke et al.，2002）

注：（a）随斑块累计面积增加，斑块中所有物种的数量占所有取样斑块的物种数比例（$N=61$）；（b）随斑块累计面积增加，斑块中在红色名录物种数量占德国下萨克森州红色名录中蝴蝶物种数的比例（$N=38$）。面积以两种方式累加，一种是从最小的斑块，逐步累加直至面积等于 10 hm² （空心点），另一种是从最大的面积开始累加，逐步累加直至面积等于 10 hm² （实心点）。

（二）斑块数目的影响

景观中斑块的数量和面积一样也是决定景观中物种动态和分布的重要因素。斑块的数量和密度（单位面积内斑块的数量）是野生动物保护和林业管理中考虑的重要因素。一般而言，应当尽可能保持较高的斑块数量，这主要是因为：①斑块数量的减少往往导致生境的丧失，从而减少了依存于这些生境类型的种群，导致生境多样性和物种多样性的减少。②斑块数量减少的同时减少了复合种群的大小，因而会增加局部斑块间种群灭绝的概率，降低生物再定居的过程，减少复合种群的稳定性。但是，通常应当避免将现存较大面积的生境斑块人为分割成多个斑块，因为这将会导致斑块内部生境的减少，增加对斑块面积变化较敏感物种的灭绝概率，进而导致种群变小和内部物种数量减少，而这些内部物种一般具有较高的、重要的保护价值。

（三）边界形状和斑块性状的影响

斑块边界的形状影响基质与斑块间或者斑块与斑块间的生态流（Forman & Godron，1986）。就生物流而言，斑块边界的形状可以影响斑块内物种的多样性。这是因为，两种覆盖类型交界处、边界或群落交错带的形状与斑块大小密切相关。边界形状也可以影响物种的定居、迁移和取食等行为。Hardt 和 Forman（1989）研究了未被干扰森林和开垦的采矿区域边界不同的形状对采矿地区干扰恢复的影响，这些森林是演替过程中植物繁殖体的来源。在比较凹、凸和直3种形状下繁殖体定居的数目时发现，在有凹形的边界地区，繁殖体定居的数量是其他形状地区的2.5倍。Forman对新墨西哥北部矮刺柏林和草原的交接边界的形状对野生动物利用边界和穿越边界行为的影响进行了长期的研究。研究显示，麋鹿和鹿对边界的利用沿边界的弯曲度增加，运动则沿边界的弯曲度减少（Forman，1995）。但是，穿越边界的情况随边界弯曲度的增加而增加，直线的边界看上去仅仅部分地起到了边界的功能。大量的证据也表明，动物更多地取食凸形边界的植被。这些结果显示，凸形的边界形状更容易导致快速的演替。

斑块的性状越复杂，与周边基质之间的相互作用就越多。具有高度复杂边界的斑块会有更大的边缘生境，但边缘生境数量的增加，却引起了内部种的数量的减少，特别是一些需要保护的目标种。当面积一定时，圆形具有最小的边缘生境；非常狭长形状的边缘生境面积更大，甚至可能完全是边缘生境（图2-7）。由于一些生物仅仅生活于边缘生境中，而一些生物则需要核心生境，这种形状的差异可以导致核心生境和边缘生境面积的差异，从而影响斑块中物种的多样性，斑块的形状对生物群落具有重要的影响。

（四）生境连接度的影响

景观连接度是描述景观中廊道或基质在空间上如何连接和延续的一种指标（Forman & Godron，1986），反映景观利于或不利于生境缀块间运动的程度。植物和动物需要适宜其运动和迁移的生境以维持种群。无论是动物还是植物，其迁移能力是不同的，尽管植物只是在种子阶段发生迁移。一旦确定了所关注生物的适宜生境，下一个问题就是确认生境在空间上是否是连通的。

连接度对于生物有重要的影响。对小型哺乳动物的研究显示了栖息地连接度对小型哺乳动物的重要性。在加拿大具有稀疏林地的农田景观中，由于周围完全被农田所环

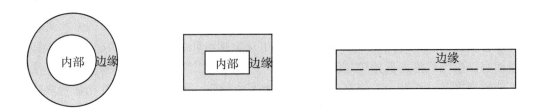

图 2-7　相同面积情况下不同形状斑块的内部区域和边缘区域构成情况
(引自 Forman & Godron, 1986)

绕，有的林地是相互隔离的，有的林地则通过沿农田边界种植的乔木和灌木组成篱笆连接起来。研究显示，在这样的景观中花栗鼠和白足老鼠（*Peromyscus leucopus*）经常沿篱笆运动，但是很少穿梭于林地间，也很少穿过空旷的农田。鸟类也很少飞越林地之间的空旷农田，而是更倾向于沿篱笆飞行（Turner *et al.*，2001）。当林地被消除后，每年都有局部的灭绝发生，因为在林地被消除之后，能够越冬的动物相对较少。将花栗鼠活捉并从林地中移走，然后发现在林地中花栗鼠重新定居的速率决定于该林地与其他林地间的连接度，也就是重新定居取决于这些斑块是否与其他的斑块相互连接或通过其他连接起来。花栗鼠在有篱笆连接的林地间重新定居的速度比隔离的林地间更快些。一些节肢动物，尤其是需要多个生存生境的节肢动物，它们的多样性也受到生境连接度的影响。例如，与森林连接的草带上黄蜂的多度比轻微隔离的草带上高出 270%，比高度隔离的草带上高出 600%；捕食毛虫的蜾蠃在连接的草带上比在轻微和隔离的草带上高出600%；在连接的草带上蜾蠃的物种数比高度隔离的草带上也提高了 180%（Holzschuh *et al.*，2009）。

连接度同样影响大型生物对适宜生境的利用。Milne 等（1989）研究了生境破碎对越冬白尾鹿的影响。运用包含 12 个景观变量的基于 GIS 的模型，对 22 750 个连续的 0.4 hm² 栅格组成的白尾鹿栖息地进行了独立预测。将预测数据和经验数据进行比较，结果显示白尾鹿不会利用与其适宜生境相隔离的生境，虽然这些生境可能同样拥有适宜它们生存的环境。

在达到生境连接度丧失临界值之前，生境的消失对动植物的负效应不会显现出来。但一旦超过这一临界值，这种负效应会立即显现出来，因为生物的需要在破碎化的景观中难以得到满足。临界值的多少取决于生物自身、生境的数量、生境的空间聚集程度以及基质的本质。在同样的景观中，不同的物种会有不同的临界值。因为适宜生境的连接度决定了某些区域的通达性和不可通达性从而限制了物种的空间分布，了解生境连接度对于生物的重要性对生物保护策略的制定非常重要。

二、廊　道

廊道被认为能够减少甚至抵消由于生境破碎化对生物多样性产生的负面影响。廊道可以具有如下几个方面的功能：①为生物体提供繁育的场所，从而通过保持基因流起到与更大种群连接的作用。②可能作为唯一的扩散生境，因此方便生物在较大生境缀块间运动。③作为预防或阻止生物穿越廊道的障碍物或过滤器。廊道可以使破碎化的景观得以连接从而减少物种的灭绝（Diekotter *et al.*，2008），在农业景观中，廊道可以为农业景观中小型哺乳动物（Kromp，1999）、鸟类（Cai *et al.*，2007）等多种生物所利用。同时，廊道对景观连接度有显著影响，其组成物质、宽度、形状、长度都将影响景观连接度的水平（Hardt & Forman，1989），而农业景观的连接度也是决定物种空间分布和多样性的重要因素（Meek *et al.*，2002）。

在破碎化的景观中正确地设计和运用廊道是物种管理的一个有用而又有效的手段。但是要实现廊道的有效性，需要考虑廊道内生境结构、廊道的宽度和长度、目标物种的生活习性等。

（一）廊道宽度的影响

廊道宽度对沿廊道或穿越廊道的物种迁移、生物多样性维持及物质能量流有重要的影响。Baudry 和 Forman 曾假定边缘种和内部种的物种多样性格局与廊道宽度呈图 2-8 所示的函数关系（Forman & Godron，1986）。可以看出，廊道宽度不同，边缘效应的影响不同，边缘物种及内部物种变化的幅度也不同，因而导致生物多样性格局的变化（图 2-9）。非常窄的廊道几乎不存在内部种，而较宽的廊道会包含这个区域大多数的边缘种，但仍然几乎没有一定的微环境（核心区）来支持许多内部种，非常宽的廊道才会拥有较好的微环境（核心区）来支持内部种。事实上，从图 2-8 中也可以发现横轴（廊道宽度）需要延伸很远，内部种曲线才有可能趋向稳定，但这时的廊道应该被称作斑块了。

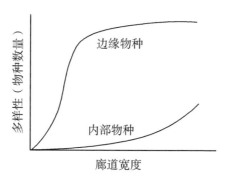

图 2-8　廊道宽度对边缘种和内部种的假定影响关系

（改自 Forman & Godron，1986）

在景观的管理中，保护目标物种不同，廊道设计的宽度也应不同。朱强等（2005）总结提出了生物保护适宜的廊道宽度和保护河流生态系统适宜的廊道宽度（表 2-1）。一般而言，目标物种体型越大，方便其迁移并为其提供潜在栖息地所需廊道的宽度也越大；随廊道长度增加，宽度也应相应增加。根据对廊道功能需求的不同，廊道设计的宽度也应有所不同。

实际工作中，生态廊道的宽度由廊道建设目标、廊道植被构成情况（包括植被垂直分布、水平分布、年龄结构、多样性、密度、盖度等）、廊道其他功能（如游憩、文化遗产保护、交通运输、过滤等）、廊道的长度、地形等多个因素共同决定，且往往没

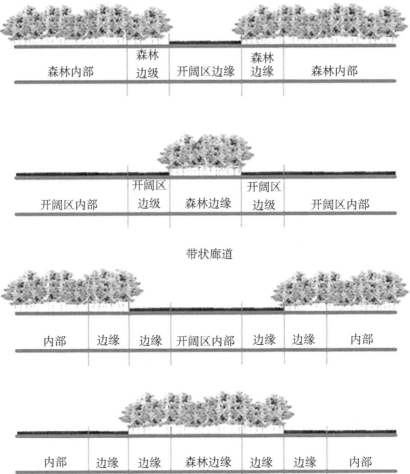

图 2-9 线状廊道与带状廊道区别
（张旭珠 绘）

有足够的信息和时间来进行详细实验研究，需要综合考虑上述各个因子的影响，并参考相应的研究结果及经验值来确定出合适的廊道宽度。

表 2-1 生物保护廊道适宜宽度

宽度值	功能特点
3~12 m	基本满足保护无脊椎动物种群的需求；对于草本植物和鸟类而言，12 m 是区别线状和带状廊道的标准。12 m 以上的廊道中，草本植物多样性平均为狭窄地带的 2 倍以上

（续表）

宽度值	功能特点
12～30 m	能够包含草本植物和鸟类多数的边缘种，但多样性较低；满足鸟类迁移；保护无脊椎动物种群；保护鱼类、小型哺乳动物
30～60 m	含有较多草本植物和鸟类边缘种，但多样性仍然很低；基本满足动植物迁移和传播以及生物多样性保护的功能；保护鱼类、小型哺乳、爬行和两栖类动物；30 m 以上的湿地同样可以满足野生动物对生境的需求；为鱼类提供有机碎屑，为鱼类繁殖创造多样化的生境
60～100 m	具有较大的草本植物和鸟类多样性和内部种；满足动植物迁移和传播以及生物多样性保护的功能；满足鸟类及小型生物迁移和生物保护功能的道路缓冲带宽度；许多乔木种群存活的最小廊道宽度
100～200 m	保护鸟类，保护生物多样性比较合适的宽度
≥200 m	能创造自然的、物种丰富的景观结构；含有较多植物及鸟类内部种；通常森林边缘效应有 200～600 m 宽，森林鸟类被捕食的边缘效应大约范围为 600 m，窄于 1 200 m 的廊道不会有真正的内部生境；满足中等及大型哺乳动物迁移的宽度从数百米至数十千米不等

资料来源：朱强等，2005。

（二）廊道的间断的影响

廊道间断区的存在情况和分布格局极大地决定了廊道是具有通道功能还是屏障功能。间断区一般可阻止物种沿廊道的迁移，而且间断区的长度和间断所影响的范围的大小是决定物种是否受到影响以及哪些物种受到影响的决定因素。廊道的间断可能与宽度共同作用，影响物种的迁移状况。如带状廊道通常对一些物种的穿越起到屏障作用，但是间断可能促进这些物种穿越廊道（图2-10）。同时，间断区的适宜性也是决定物种沿廊道或穿越廊道迁移的重要因素，可能起到促进或阻止的作用。

（三）廊道构成的影响

构成是指生态廊道的各组成要素及其配置。廊道功能的发挥与其构成要素有着重要关系。构成可以分为物种、生境两个层次。

廊道建设过程应避免建成单一植被类型的带状廊道，并尽量将廊道设计成宽阔的连接区，这样廊道可以连接物种需要的不同类型栖息地，来加强栖息地之间的连通度，或有助于在生态连通中维持各种生态系统过程（如气候变化、种子散播等）。最好能使廊道在植被结构和植物种类上均能与大斑块保持相似，使廊道能够满足物种在大斑块之间迁移的需要，保证廊道生境和生态功能的连通性（Dramstad et al.，1996）。除此之外，廊道应该由乡土物种组成，而且通常应该具有层次丰富的群落结构。

（四）廊道曲度的影响

廊道曲度也是影响廊道功能的重要特征。曲度对沿廊道的移动影响较大。廊道曲度是廊道的弯曲程度，弯曲的廊道能够创造更多的异质生境。例如，河道的弯曲处可以形成一些小洼地，有利于沉积物的截留和有机物的积累，同时可为水生动物提供觅食和繁殖的场所，或者提供躲避湍急水流和捕食者的避难场所，也可为许多水生无脊椎动物提供食物（Sedell et al.，1990），因此弯曲的廊道有利于廊道内物种多样性的维持，目前

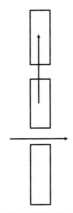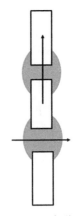

易通过的廊道间断区，
促进沿廊道和穿越
廊道的迁移（各方向
均有被阻止的物种）

阻止通过的廊道间断区，
阻止沿廊道的穿越的迁移

图 2-10 带状廊道间断对物种运动的影响

（改自 Forman & Godron，1986）

在欧洲的乡村景观建设的过程中都强调对河流廊道自然弯曲度的保留（图 2-11）。

**图 2-11 欧洲景观建设过程对沟渠廊道的管理经历了从裁弯取直（右）到保留
自然弯曲度以保护生物多样性和自然的水流（左）的过程**

（图片来源：Jan C Axmacher）

三、基质的结构特征及其生态功能

基质 3 个方面的结构特征，即孔隙度（Porosity）、边界形状（Boundary Shape）和网络节点对景观中生物有重要影响。

（一）孔隙度（Porosity）

孔隙度是指单位面积内的斑块数目，其与斑块大小无关。斑块在基质中即是所谓的"孔"，所以孔隙度与斑块数量有密切联系，但在计算孔隙度时只计算有闭合边界的斑块。如图2-12a，基质被开口边界斑块通过，孔隙度为0；而图2-12b中有一个封闭的斑块被基质包围，其孔隙度为1；同样我们可以看到图2-12c至图2-12f，其孔隙度分别是2、3、4和2。孔隙度与连通性无关，图2-12a至图2-12e景观孔隙度不同，但连通性保持不变。图2-12c和图2-12f孔隙度都为2，但连通性不同。

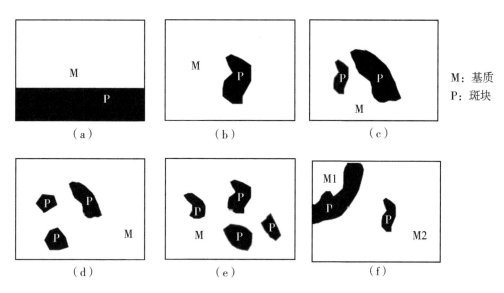

M：基质
P：斑块

图2-12 基质的孔隙度和连通性
（改自 Forman & Gordon，1986）

基质的孔隙度在一定程度上表明基质中不同斑块的隔离程度，而隔离程度影响到动植物种群间的遗传变异，进而影响动植物种群的发展。因而，孔隙度可提供景观中现存物种隔离程度和潜在基因变异的总线索。通常，孔隙度是边缘效应的总量指标，对野生动物管理具有许多指导意义，对能流、物流和物种流有重要影响。孔隙度低的基质（生境）对于需要远离生境边界的动物避免生境的边缘效应带来的干扰来说是非常重要的。例如，在森林景观中由采伐而产生林窗，人为干扰导致森林景观基质孔隙度的差异会对林中生物造成干扰，这时采伐前就需要充分考虑林中生物对孔隙度的需求，规划和设计采伐林窗的分布格局（Vargas et al.，2013）。

（二）边界形状（Boundary Shape）

基质也可以看作景观中具有支配功能的、范围最广的特殊"斑块类型"（Forman，2001），因而也拥有斑块的形状及功能，其边界的形状将会影响基质与斑块之间的相互关系，对生物、能量、物质流的迁移产生重要影响。通常具备最小周长与面积之比（如圆形）的形状不利于能量与物质的交换，是节省资源的系统特征；而周长与面积之比大的形状则有利于与周围环境进行能量和物质的交换。

（三）网络节点（Node）

廊道的交点或终点称为网络节点。这些节点往往与廊道具有相同的组成成分，但比廊道宽。网络节点在"流"沿网络廊道移动过程中是源或者汇，可起到中继点（站）的作用（Forman，2001），如在物种迁移过程中，它们可提供暂时栖居和繁殖的场所，提高迁移物种的存活率；另外，网络节点上的物种丰富度一般比廊道其他地方多（图2-13）。

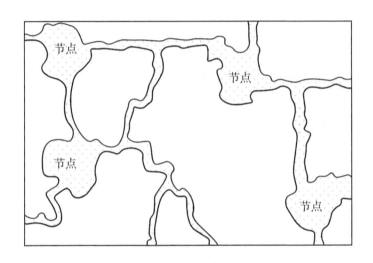

图 2-13 网络及网络节点

（改自 Dramstad *et al.*，1996）

第四节 农业景观格局对生物多样性及生态系统服务的影响

在过去的几十年中，农业景观格局对于生物多样性的影响引起研究者的广泛重视，这些研究主要从地块内、地块间和景观 3 个尺度上展开。

在地块内尺度，大量研究主要关注作物多样或地块内植物多样性的影响。在地块间尺度上，主要侧重对不同动物群落在农业景观中不同类型的景观要素中的分布和多度的情况展开研究，尤其关注农业景观中自然、半自然斑块，如景观中森林或林地斑块及树篱、河流、路旁植被等线性结构对动物群落的影响（Hinsley & Bellamy，2000）。这些研究确定了景观要素的特征，如面积、形状、宽度、植被类型和管理方式对其中动物群落物种组成及多样性、种群过程、物种间相互关系的影响。在景观尺度，很多科学家研究了景观结构，包括景观中非农业用地、景观多样性、景观连接度对物种多样性、物种间相互作用的影响。这些研究发现，一些物种在景观中的出现、物种数、群落的组成不仅仅受其所在生境特征的影响，还受其所在景观镶嵌体特征的影响。周围景观的复杂性（Fijen *et al.*，2019），不同土地利用类型的比例（Zhang *et al.*，2020），隔离的程度

（Radford & Bennett，2004；Wu *et al.*，2019）等都可能影响到物种在景观的分布。

一、地块内景观格局特征的影响

（一）地块尺度作物多样性及配置的影响

地块内景观格局的特征主要表现为种植作物的多样性和作物配置异质，具体可以体现在种植系统的遗传多样性和作物物种多样性上，在农田管理上体现为地块内作物的时空配置，如间作、套作、轮作、混作等措施。地块内景观格局的异质性可以通过两种途径来增加地块内的生物多样性：一方面，通过增加更多的食物资源、生产力等，促进地块内其他物种多样性的维持，从而促进整个地块的生物多样性，如在美国佛罗里达州的蔬菜地内，每英亩（1 英亩 ≈ 4 046.86 m²）种植 1~2 行多枝向日葵来吸引鸟类和有益昆虫，增加田间的生物多样性（Jones & Gillett，2005）；一项在福建的研究显示，大白菜与非十字花科作物间作可能增加节肢动物群落，特别是捕食性节肢动物的物种丰富度、多度和多样性（Cai *et al.*，2010）；在北京房山区的研究显示，核桃林套作菊花较核桃单作能维持更高的步甲多样性（图 2-14）。另一方面，地块内作物多样性的增加，有利于提高对杂草和病虫害的防控水平，从而减少化学农药的使用，对生物多样性起到间接的保护作用。

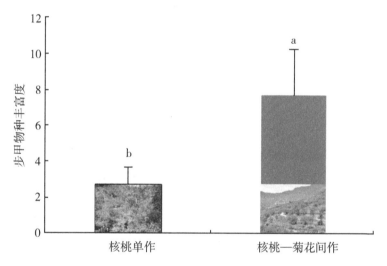

图 2-14　北京房山区核桃单作及核桃—菊花间作系统步甲多样性比较
（刘云慧　摄）

（二）地块尺度生境质量的影响

地块尺度上，生境的质量和数量关系着景观中生物能否获取充足的所需资源，进而会影响到生物种群的可持续发展和生物所提供的生态服务（Potts *et al.*，2003）。例如，筑巢生境的性质包括地表的裸露程度、潜在洞穴的数量、地面的坡度和坡向、筑巢材料的多少等都会影响蜂类群落的物种组成（Potts *et al.*，2003）；觅食生境斑块的面积和组成也是重要的影响因素，当多花斑块的面积超过 30 m²、每平方米开花植物的种类有 3 种以上，可显著增加传粉者的多样性（Blaauw & Isaacs，2014）；生境中植物花粉和花蜜的数量及质量会影响传粉服务的提升效果（Ricou *et al.*, 2014）和蜂类的多样性（Müller *et al.*, 2006）。

二、地块间景观格局特征的影响

农田景观中，地块之间常保留有一定面积的自然、半自然生境要素，如林地、河岸带、沟渠、坑塘、农田边角地、防护林带、农田边界带等，这些生境为农田有益生物，如天敌、传粉昆虫等提供必要的栖息地、避难所和替代的食物来源（Landis *et al.*, 2000），在维持农田生物多样性及由生物所提供的生物控制、传花授粉等生态服务方面发挥着重要的作用。保留多样化的生境，尤其是农田自然、半自然生境要素对农业景观生物多样性的维持具有重要的作用。

例如，基于1996—1997年对河北曲周农田边界及距离边界10 m、30 m的农田中天敌昆虫步甲多样性的调查显示，农田边界较农田内部维持更高物种数和个体数（表2-2），对物种组成的排序分析显示农田边界维持与农田内部显著不同的步甲天敌群落结构（图2-15），说明农田边界维持较农田更高且不同的步甲群落，边界的存在对农业景观多样性的维持具有重要意义（Liu *et al.*, 2006）。

表2-2　集约化农区农田边界及农田步甲物种数和个体数

取样年份	处理	物种数	个体数
1996	农田边界	6.5±0.85a	13.8±7.96a
	农田（距离边界10 m）	2.8±1.87b	6.8±8.68b
	农田（距离边界30 m）	3.3±2.11b	5.5±4.79b
1997	农田边界	6.6±1.71a	12.8±7.78a
	农田（距离边界10 m）	4.6±1.78b	10.4±7.47a
	农田（距离边界30 m）	4.5±1.51b	9.0±5.01a

数据来源：Liu *et al.*, 2006。

三、景观尺度景观格局特征的影响

景观尺度的研究为指导生物多样性保护的生境管理方式提供依据，但是越来越多的研究强调重视景观尺度农业景观格局对生物多样性的影响。这是因为，不同的物种具有不同的生境需要，即使是同一物种，在不同的发育阶段也可能有不同的生境需求或者需要同时在不同生境中获取其生存所需的资源。另外，周围生境也可能通过改变植被的组成、改变生境中捕食者和竞争的情况等方式影响生境对于物种的适宜性（Saunders *et al.*, 1991）。因此，同时管理多个景观要素才可能满足不同物种及同一物种对不同资源的需求，也才可能有效地管理生境的适宜性。另一方面，特定景观中景观要素的数量、类型和空间配置不同，景观会随之而产生不同的新生特性（Forman, 1995），这些新生特性是单个斑块所不具备的。要通过管理农业景观促进生物多样性，需要在景观的水平上了解和认识景观格局如何影响物种的多样性。

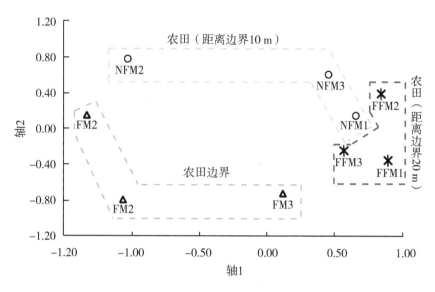

图 2-15　农田边界及农田内部步甲群落排序分析

（引自 Liu *et al.*，2006）

（一）土地利用多样性的影响

生境多样性是农业景观生物多样性的基础。景观中的自然、半自然生境维持的生物功能群也可能与农田显著不同，农业景观中保持多种土地利用和生境类型，构建复杂的土地利用景观镶嵌体，有利于生物多样性的维持。在河北崇礼坝上的研究显示，草地和林地中大型步甲（体长 > 15 mm）和捕食性步甲的活动性密度高于集约化生产的农田（图 2-16）。无论是对于优势物种（图 2-17a）还是常见步甲物种（图 2-17b），非线性二维排序（Non-linear Two-dimensional Scaling）分析均显示它们在林地中的群落组成不同于在农田和草地中的群落组成（Liu *et al.*，2012）。

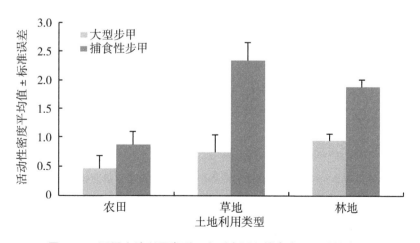

图 2-16　不同土地利用类型下大型步甲和捕食步甲活动性密度

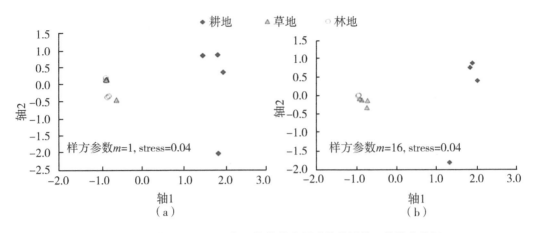

图 2-17 基于 CNESS 不相似指数的步甲群落非线性二维排序分析

同时，即使是农用地，也可以为生物提供重要的栖息地，因此由多种种植模式和土地利用构成的景观镶嵌地有利于促进农业景观生物多样性的维持。例如，2005 年和 2006 年对河北曲周农业景观中天敌昆虫步甲群落结构的非线性二维排序显示无论是对于优势物种（图 2-18a，$m=1$）还是一些比较少见的物种（图 2-18b，$m=10$），不同类型的土地利用都相对聚集且与其他土地利用类型相对分离，说明同一土地利用类型下步甲群落的优势物种或较少见物种的群落结构相似，但不同土地利用下结构相异，表明景观中存在多种土地利用类型（无论是多种自然、半自然用地，还是多种农业种植模式）时，更有利于维持农业景观中更高水平的生物多样性（Liu *et al.*，2010）。

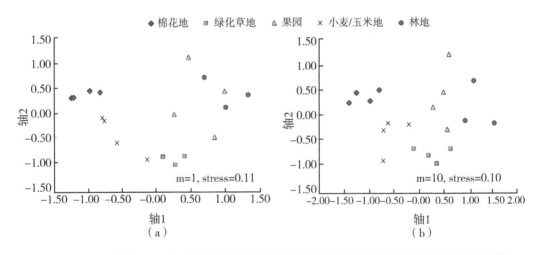

图 2-18 2005 年和 2006 年对河北曲周农业景观中天敌昆虫步甲群落结构的非线性二维排序

因此，在景观尺度上，保持多种土地利用类型（农业用地、自然、半自然用地）和多种种植模式，构建由农田—自然/半自然不同种植用地构成的复杂景观镶嵌体，对农业景观生物多样性保护和维持具有重要作用。

（二）景观组成复杂性的影响

在农业景观中周围景观组成的复杂性（通常用周围景观中半自然生境与非农田生境的比例、农田生境比例或者景观多样性来衡量）也会影响局部的生物多样性（Gabriel et al.，2005；Concepción et al.，2008），这是由于局部生态学过程会受到发生在更大尺度上的格局和现象的影响。一方面，一些物种在其生命周期中需要多种生境进行生存，当其中某种生境数量减少，或者景观的复杂性降低的时候，意味着生境的减少，从而导致生物多样性的降低，比如说 Gibbs（1998）发现当周围景观的森林覆盖率降到 50% 以下时，一些森林缀块中的两栖类动物就会消失。另一方面，对于农田景观生物而言，半自然生境作为生物的源生境，可以保障物种从半自然生境溢出到作物生境，从而为农田生境的物种多样性提供了时空保险，使得半自然生境占比高的复杂景观中局部生境具有更高的生物多样性（Tscharntke et al.，2012），例如，蝴蝶的多度与其生境周围 5 km² 范围内景观异质性呈现正相关（Weibull et al.，2000）；取食杂草的步甲和取食谷类的步甲的多样性与景观多样性以及取样地周围 1 000 m 范围内临时草地的覆盖比例呈现正相关（Trichard et al.，2013）。野生蜂的访花率与果园周边 1 km 半径范围内的高质量野生蜂筑巢生境（如树篱、长久休耕地、低集约化草地等半自然生境）的面积比例相关（Holzschuh et al.，2012）。在德国哥廷根附近的农业景观调查显示，野生独居蜂的物种数和多度均与周围 750 m 半径范围内半自然生境的比例呈现正相关（图 2-19）（Steffan-Dewenter et al.，2002）。对欧洲多国研究的结果显示，鸟类、植物以及 5 类节肢动物（蜘蛛、步甲、蜜蜂、食蚜蝇和臭虫）的总物种数与景观中半自然生境的比例呈现正相关（Billeter et al.，2008）。

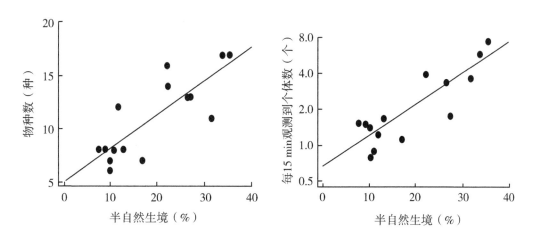

图 2-19　周围 750 m 半径范围景观中观测到的访花野生蜂

（改自 Steffan-Dewenter et al.，2002）

由此可见，在关注局部生境多样性的时候，除了考虑局部生境的质量，还需要同时考虑周围景观背景的生境组成的多样性和复杂性，这也意味着在制定土地管理策略时，也应该考虑景观背景的影响，因为周围景观可能显著地影响局部的生态过程。

（三）景观构型的影响

景观尺度上景观要素的空间构型，包括形状、破碎化程度、景观要素间的距离、连接度等情况也是影响农业景观生物多样性的重要因素。目前，关于景观构型对农业景观生物多样性影响的研究，更多关注的是连接度和斑块间距离的影响。农业景观中农田与周围景观中自然/半自然生境的连接度对农田生境的生物多样性有重要的影响，较高的连接度有利于生物在自然/半自然生境与农田之间的迁移运动。通过陷阱捕获与森林边界有着不同连接度的草带中的黄蜂并对其物种数进行分析，结果显示，与森林边界连接的草带中捕获的黄蜂物种数显著高于轻度隔离和高度隔离的草带（图 2-20）。在北京地区的研究也显示，随着与山地自然林地距离的增加，苹果园中野生蜂的多样性呈现降低的趋势（图 2-21）（Wu *et al.*，2019）。

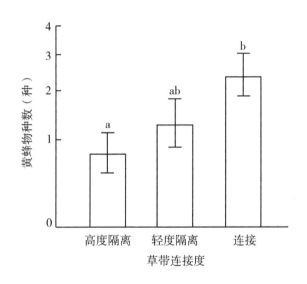

图 2-20　草带与森林边界的连接度对草带中黄蜂物种数的影响

（改自 Holzschuh *et al.*，2009）

注：高度隔离指距离森林边界>600 m，没有廊道；轻度隔离指距离森林边界 200 m，与森林边界没有廊道连接；连接指距离森林边界 200 m，通过草带廊道和森林边界连接。

（四）景观粒度的影响

在农业景观中，集约化农业方便机械化操作和增加种植面积，但会导致景观中地块的面积不断增加，景观的粒度也不断增加（图 2-22），这种改变会带来物种多样性的改变，例如，在法国布列坦尼（Bretagne）地区的研究显示，随着农业景观粒度（平均地块面积）的增加，景观中步甲和蜘蛛多样性呈现降低的趋势（图 2-23）。同时，这种景观粒度的变化，也会带来景观中群落结构的变化，但是具体的变化趋势可能因具体的功能类群而异，例如，随着景观粒度的变化，小型哺乳动物、木本植物物种未发生或很少发生改变，摇尾蚊科、长足虻科、舞虻科有较高比例的物种丧失，越冬鸟类、步甲和草本植物也都发生了显著的物种组成变化（图 2-24）（Burel *et al.*，1998）。

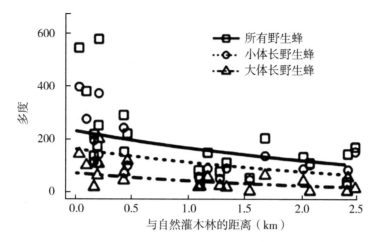

图2-21　苹果园中不同类群野生蜂多度与距离自然灌木林的关系

（引自 Wu *et al.*，2019）

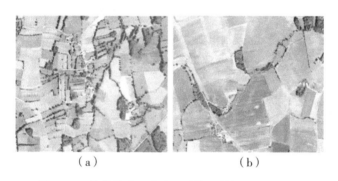

图2-22　集约化农业生产导致景观的粒度不断增大

注：（a）为细粒景观；（b）为粗粒景观。

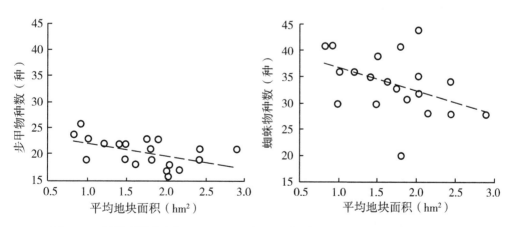

图2-23　随景观粒度变化（平均地块大小）景观中步甲和蜘蛛群落物种数的变化

（改自 Bertrand *et al.*，2016）

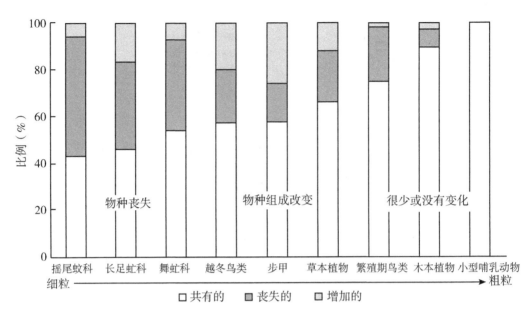

图2-24　从细粒景观到粗粒景观不同生物群在群落中所占比例变化

（改自 Burel *et al.*，1998）

四、农业景观格局对生态系统服务的影响

如前文所述，农业景观中的景观格局会影响景观中生物的迁移、取食、繁殖及相互作用等过程。由于景观中生物本身或生物之间的相互作用可能与生态系统的服务相关，那么农业景观格局是否会对农业生态系统的生态服务功能产生影响呢？这一问题已经成为当前景观生态、农业生态领域关注的热点（Otieno *et al.*，2011）。其中，研究比较多的是景观格局对于害虫控制和传粉两种重要的生态服务的影响。

（一）景观格局与害虫生物控制服务的影响

哥廷根大学最早在德国北部对附近地区景观结构不同的油菜地和小麦地中主要昆虫和它们的自然天敌之间的相互作用关系进行了研究（Thies & Tscharntke，1999）。研究人员分别在15个和18个相互不重叠的油菜地和小麦地沿景观结构复杂到简单的环境梯度对景观单元进行取样。可耕地的比例被用作景观复杂性的指标，并与其他景观组成配置参数呈高度相关。低的可耕地比例对应于高的周长—面积比，意味着农田地块面积小、具有大量的农田边界，能够促进那些由于扩散能力有限而主要出现在农田中的物种迁移。同时，可耕地的比例与非作物生境的多样性和草地的比例呈负相关，而这些草地和非作物生境可能是物种潜在的越冬场所。在油菜地中，油菜露尾甲（*Meligthes aeneus*）是主要的害虫，它的成虫取食花粉抑制豆荚和种子的形成，从而造成严重的经济损失。油菜露尾甲的幼虫，主要在油菜花地生长，主要受姬蜂科（Ichneumonidae）的寄生。在15个具有不同结构、从简单到复杂的景观单元中，姬蜂寄生的比例随取样地周围景观中非作物用地面积比例的增加而增加（图2-25a），相应的油菜花蕾受甲虫损害的状况随非作物用地面积比例增加而减少（图 2-25b）。

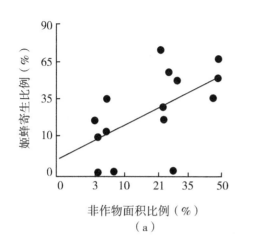
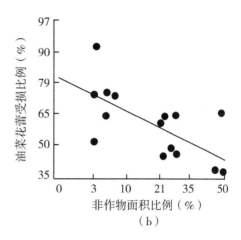

图 2-25　试验田 1.5 km 直径范围内景观中非作物生境的比例关系

（改自 Thies & Tscharntke，1999）

Bianchi 等（2006）将 24 个景观组成对自然天敌影响的研究结果总结显示，74% 的研究发现景观复杂性的提高，包括拟寄生物、步甲、瓢虫、食蚜蝇幼虫、隐翅虫和蜘蛛等自然天敌种群多样性的提高，在大多数情况下有利于自然天敌多样性的维持。对仅有的 10 个关于景观组成对害虫影响的研究结果分析显示，只有 45% 的研究发现景观复杂性会对害虫种群产生抑制作用，即景观复杂性会在一些特定的情况下促进对害虫的抑制。Veres 等（2013）在对更多相关研究分析总结的基础上，进一步评价了景观水平上不同的土地覆盖比例对害虫的多度或自然天敌对害虫作用的影响。在选择的 72 个独立的案例研究中，有 45 个报道了景观组成对害虫及其天敌有影响，表明景观尺度下半自然面积对农田害虫有抑制作用。对于为什么其余的案例没有表现出害虫及害虫控制与景观之间明显的趋势关系，Veres 认为或许是其研究中仅仅考虑了作物种植的总体面积，也可能是只考虑了害虫的特定寄主植物，这就导致研究对景观中土地集约化的多样性和对土地覆盖的分类过于粗略，使得研究未获得明显趋势和明确结论。

除此之外，Tscharntke 等（2005）还指出景观结构对害虫及生物控制作用的影响还与研究尺度、时间空间动态有关。例如，在对哥廷根附近 15 个样地内分别对取样点周围 0.5~6 km 直径范围内非农作用地的比例和花粉甲虫被寄生比例的相关性进行分析，结果表明姬蜂对于油菜露尾甲控制的尺度可能主要在 1.5 km 直径的范围内。此外，每一种天敌的有效性随景观、区域和国家而不同，如小麦蚜虫受天敌控制的情况在不同地区和年份呈现不同特征：在德国哥廷根附近，一些年份蚜虫致死的关键因素是拟寄生物，但在另外一些年份则是瓢虫或食蚜蝇。而在瑞典东南部城市乌普萨拉，拟寄生物对于蚜虫的影响则可以忽略，转而由地表栖居的捕食者扮演重要角色。

（二）景观格局对传粉服务的影响

相对于景观格局对生物控制的研究，景观格局对传粉服务影响的研究是不足的。景观格局对传粉服务的影响的相关研究主要是集中在生境的数量、质量、景观组成和景观构型对传粉者、传粉服务的影响。

农业景观中,自然/半自然生境作为高质量的生境,为野生传粉昆虫提供物候期互补、种类丰富的蜜源和粉源植物,尤其是在非作物花期的时间段内,以满足传粉者在整个活动季对食物的需求,从而使传粉者长久地生存在不断变化的农业景观中,持续地为作物和野生植物提供传粉服务(Mandelik *et al.*,2012)。在景观的尺度上,景观中自然/半自然生境的比例,景观多样性/异质性的增加,有利于传粉昆虫多样性及其传粉服务增加(Holzschuh *et al.*,2012)。正如前文中图 2-19 所示野生独居蜂的物种数和多度均与周围 750 m 半径范围半自然生境的比例呈现正相关(Steffan-Dewenter *et al.*,2002)。甜樱桃的坐果率,即使是在饲养蜜蜂数量众多的情况下,也只和野生蜂的访花率显著相关,而野生蜂的访花率与果园周边 1 km 半径范围内的高质量筑巢生境(如树篱、长久休耕地、低集约化草地等半自然生境)的面积比例正相关,当筑巢生境的比例从 20% 增至 50% 时,间接使樱桃的坐果率增加了 1.5 倍(Holzschuh *et al.*,2012)。在美国密歇根州的蓝莓种植园中,在地块周围种植本土开花植物吸引传粉者可以提高蓝莓的授粉,从而提高蓝莓的产量和经济收益(图 2-26)(Garibaldi *et al.*,2014)。

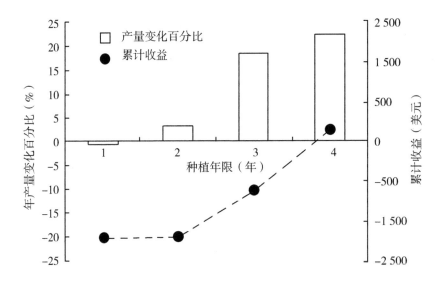

图 2-26　在美国密歇根州有选择地种植本土开花植物带提升
传粉服务促进蓝莓生产的产量和收益
(改自 Garibaldi *et al.*,2014)

而景观构型,如自然/半自然生境与作物生境距离的远近也会影响农田中传粉昆虫的多样性及传粉服务的提供。对来自五大洲、16 种作物的 23 个研究中传粉服务与到自然或半自然生境距离的关系进行总结分析,结果显示,随着到自然、半自然生境距离的增加,无论是传粉者物种数还是本地的访花率均呈现显著下降趋势。当作物斑块距离自然生境 0.6 km 时传粉者的访花率会减少一半,距离 1.5 km 时物种数同样会减少一半(Ricketts *et al.*,2008)。另外,随着自然生境的远离,传粉者物种数、访花率以及作物结实率在空间和时间上的稳定性也会下降，距离达 1 km 时，作物的结实率平均减少16%（Garibaldi *et al.*，2011）。增加景观中作为廊道的线性景观要素（如树篱），可提升景观的连接度，有助于传粉者的移动和扩散，增加授粉的成功率（Cranmer *et al.*，2011）；当农业景观中既有较大的自然生境，可维持传粉者种群的持续发展，又有分散点缀在整个景观中的小生境吸引传粉者为作物授粉时，可以起到以点带面的作用，使其提供的传粉服务具有空间连续性从而提升整体的产量（Brosi *et al.*，2008；Winfree *et al.*，2008）。

景观因子可能与局部因子产生交互作用，以景观与局部交互的形式影响传粉者的多样性（Kennedy *et al.*，2013）。在向日葵田里保留自然生长的开花杂草种类的多样性可以缓冲因远离自然生境所导致的传粉蜂类多样性减少的影响（Carvalheiro *et al.*，2011）。在常规农场里筑巢的独居蜂后代数量会随着农场远离自然生境而显著减少，但在未使用农药的有机农场里则没有影响（Williams & Kremen，2007）。在远离半自然生境但不使用农药的木豆田里，社会性的蜂类数量要显著高于邻近半自然生境但喷洒农药的农田（Otieno *et al.*，2015）。交互作用除了可以缓解相互之间的负面影响，还能强化两者的正面效益。例如，邻近自然生境的有机农田具有更高的野生蜂多样性，在没有饲养蜜蜂时，野生蜂的传粉服务也能满足作物的需求（Kremen *et al.*，2002）。

由于不同地区或区域之间资源状况、物种组成或其功能特征存在差异，可能存在其他因子对传粉昆虫多样性的影响，或者景观对传粉昆虫多样性和传粉服务的影响与其他因素相互交织，或者在景观研究过程中存在研究尺度和所关注生物过程存在差异等问题（Kennedy *et al.*，2013；Hadley & Betts，2012），有关景观结构对传粉者和传粉服务影响的研究可能得出不一致的结论（Batáry *et al.*，2011；Ekroos *et al.*，2015），因此需要对不同传粉昆虫功能群、不同地区、不同尺度进行更多更深入的研究。但是，景观管理对传粉者多样性和传粉服务提升的重要性已经得到广泛共识，生境保护、修复、重建以及景观格局优化将是未来传粉者保护和传粉服务管理的重要措施。

第三章　景观影响生物多样性的相关理论与假设

第一节　等级层次理论

一、基本概念

等级理论（Hierarchy Theory）是 20 世纪 60 年代以来逐渐形成的关于复杂系统结构、功能的理论，它的发展是建立在一般系统论、信息论、非平衡态热力学以及现代哲学和数学等有关理论之上。广义的等级是一个由若干单元组成的有序系统。Simon（1962）指出，复杂性常常具有等级形式，一个复杂的系统由相互关联的亚系统组成，亚系统又由各自的亚系统组成，以此类推，直到最低的层次。所谓最低层次依赖于系统的性质及研究的问题和目的。等级系统中每一个层次是由不同的亚系统或整体元（Holon）组成。整体元具有两面性或双向性，即相对于其低层次表现出整体特性，而对其高层次则表现出从属组分的受制约特征。根据等级理论，复杂系统可以看作是由离散性等级层次（Discrete Hierarchical Level）组成的等级系统。

强调等级系统的这种离散性反映了自然界中各种生物和非生物学过程往往具有特定的时空尺度，也是简化对复杂系统描述和研究的有效手段。一般而言，处于中高层次等级的行为或者过程常表现出大尺度、低频率、慢速度的特征；而低层次行为或过程，则表现出小尺度、高频率、快速度的特征。不同等级层次之间具有相互作用的关系，即高层次对低层次有制约作用。由于低频率、慢速度的特点，在模型中这些制约（Constraint）往往可以表达为常数。低层次为高层次提供机制和功能，由于其快速度、高频率的特点，低层次的信息则常常可以平均值的形式来表达。总而言之，高等级层次上的生态学过程（如全球植被变化）往往是大尺度、低频率、慢速度；而低等级层次的过程（如局部植物群落中物种组成的变化）则常表现为小尺度、高频率、快速率。

二、生态学含义

等级理论为简化复杂系统、理解和预测复杂系统的结构、功能和动态提供依据，相应地，复杂系统的可分解性是应用等级理论的前提和关键环节。复杂系统可以通过过程的速率（如周期、频率、反应时间等）、边界和其他结构特征（如植被空间分布、动物体重空间分布等）进行分解。在研究系统的等级结构确定后，一般需要同时考虑 3 个相邻层次，即核心层次、上一层次和下一层次，才能较全面地了解所研究的对象。等级理论对促进生态学研究中的多尺度研究起到了促进和指导作用，也促进了对生态问题深入、全面的认识。越来越多的研究显示，农业景观中生物的分布和多样性受多个尺度因素的影响，不同尺度的影响因子之间甚至存在交互作用。例如，农田生物多样性除了有局部的管理措施、植被结构等因素作为其影响因子，还受到周围景观结构的复杂性（Concepción *et al.*，2008）甚至是区域背景的影响（Liu *et al.*，2014）。局部管理措施在具有中等复杂程度的景观中对于生物多样性的促进作用最为明显，但在结构简单和复杂的景观中均不显著（Tscharntke *et al.*，2005；Concepción *et al.*，2008），因此单一尺度上的生物多样性保护是不充分的，生物多样性保护需要多尺度的观点，保护的措施除了要考虑不同尺度的影响因子，还要考虑不同尺度因子之间的交互作用才能够取得最好的效果（Batáry *et al.*，2011）。

依据等级理论，在本书中我们主张从地块内尺度、地块间尺度及景观尺度 3 个尺度来开展农业景观尺度生物多样性的保护。地块内尺度的保护能实现农田地块内植物、斑块多样性，促进农田生境质量的优化和改善，创造更加有利于物种维持的田间环境；而地块间尺度通过保护、修复、构建非农作半自然生境要素，为生物提供农田外替代的栖息地、避难所、食物来源等，提升整个地块间尺度的生境多样性，为生物生存提供更加适宜的生境质量，并可以通过溢出效应等作用提升地块内的物种多样性。而景观尺度的结构优化和管理，是从更大尺度上优化农业景观的结构、功能，保障整个农田景观可持续所需要的生态用地、适宜的土地利用强度、土地利用类型的多样性、动植物迁移传播所需的廊道和适宜的连接度等，是物种在整个景观尺度持续存在和整个农田系统稳定性的条件保障，也是景观尺度上生物多样性的具体体现。

第二节　岛屿生物地理学说

一、基本概念

岛屿生物地理理论是在研究岛屿物种组成、数量及其他变化过程中形成的。达尔文考察岛屿生物时就曾经指出岛屿物种稀少，成分特殊，变异很大，特化和进化突出。以后的研究进一步关注岛屿面积与物种组成和种群数量的关系，突出了岛屿面积是决定物种数量的主要因子的论点。1962 年，Preston 最早提出岛屿理论的数学模型。

MacArthur 和 Wilson（1967）描述了岛屿上物种的数量是岛屿面积、岛屿与大陆隔离程度（到达大陆距离）的函数。该理论认为岛屿上物种的数量达到平衡时物种的数量与岛屿的大小呈现正相关的关系（面积大的岛屿拥有更多的物种数量），与岛屿和大陆的距离呈现负相关关系。岛屿上物种的数量取决于物种迁移到岛屿的迁移速率和岛屿上物种的灭绝速率。岛屿上物种迁入的速率被认为与距离 d 线性相关，并取决于作为物种源的大陆的大小，因此：

$$I=d\ (P-R)^k$$

式中，I 是物种的迁入速率，P 是大陆物种库中物种的数量，R 是岛屿中物种的数量，k 是随生物群落不同的参数。k 值取决于特定岛屿系统的有关数据。一旦物种发现通往岛屿的道路，物种的灭绝速率取决于资源的可供给性。如果所有的岛屿是相似的，可供给的资源应当按照岛屿面积的大小按比例分配。

$$E = nS^m$$

式中，E 是物种的灭绝速率，S 是岛屿的大小，n 和 m 是通过回归获得的参数。

在其余条件相同的情况下，面积大的岛屿上物种的灭绝率比小岛屿上的低，因为面积大的岛屿能够支持更多的种群数量，而数量多的种群具有较低的灭绝概率。同样地，远离大陆（物种起源地）的岛屿较距离大陆近的岛屿具有较低的迁入速率。因此，在所有条件相同的情况下，面积大的岛屿较面积小的岛屿支持更多的物种，距离大陆附近的岛屿比距离大陆远的岛屿有更多的物种。这即是岛屿生物地理学说的面积效应和隔离效应。

二、生态学意义

岛屿生物地理学说对生态学家如何看待生物与空间格局产生了巨大的影响。随着对生境破碎越来越多的关注，可以将破碎化的生境与岛屿进行类比，岛屿生物地理学说得到了生态学家的广泛欢迎。这一理论被应用于陆地景观自然保护设计，由此也引起了生态学家关于是建立一个大的自然保护区还是建立多个面积总和相当、但便于物种迁移的保护区更有利于生物多样性的保护的争论［也称为 SLOSS（Single Large or Small Several）争论］。争论的关键是单个大面积保护区可以拥有更多的总物种数量，但是一旦灾害发生，如果只有一个保护区，保护区内的物种可能同时全部灭绝。与此不同的是，小一些的保护区虽然拥有较少的物种数量，但是在特定的灾害面前，一些物种有可能存活下来。即使是一个小的保护区逃过了灾害，它也可以作为遭遇灾害区域内物种重新定植的物种源。尽管这一争论并没有得到完全的解决，但是这一争论向许多生态学家指出了岛屿生物地理学说的又一预测，也就是物种数量也许并不是生物保护过程中最有价值的衡量指标。

事实证明，群落生态学家（尤其是保护生物学家）通常并不是很关注在达到平衡时的物种总数，而是关注都有哪些物种出现。更多关注的是所谓的物种"面积—敏感性"，也就是关注那些在小面积生境、隔绝生境以及两者中稀少或缺失的物种。

围绕岛屿生物地理学说还存在大量的争议。最初的争议是关于岛屿生物地理学说中平衡的假说，岛屿系统达到平衡需要很长的时间（Simpson，1974），也许需要用地质年代来衡量。但事实上，在许多生态系统中，存在有周期性的干扰（Villa *et al.*，1992），这使得系统很难达到平衡。在一些距离海岸近的岛屿中，迁入速率可能很高（Brown & Kodric-Brown，1977），这使得迁入抵消了灭绝，岛屿面积的影响也就不再明显，并且随着扩散能力的增加，岛屿大小和距离的影响也就不再重要（Roff，1974），即除了岛屿生物地理学说中所考虑的面积等因素外，还有生境质量、干扰、种间竞争等诸多因素影响物种的丰度。

岛屿生物地理学说在农业景观的生物多样性保护也有重要的指导意义。农业土地利用的开垦，使得自然、半自然生境逐渐成为孤立的岛屿，农田成为包围这些岛屿的海洋。自然、半自然生境岛屿上的物种多样性的持续存在对整个系统的生物多样性至关重要，因此应尽可能保护面积大的自然、半自然生境岛屿，保护尽可能多数量的自然、半自然生境岛屿，甚至必要的时候在农田基质间人工创建半自然的岛屿，构建连接岛屿、促进岛屿间物种迁移交流的廊道（如树篱、防护林带、草带等），这些都是农田景观生物多样性保护的重要措施。

第三节　复合种群理论

一、基本概念

美国生态学家 R. Levins（1969，1970）观察到大多数种群都具有特定的灭绝的概率，即灭绝的概率大于 0，物种最终都会灭绝。如果种群分散为多个亚种群，亚种群灭绝的概率仍然保持得很小，局部的灭绝可能因邻近种群的重新定居而抵消。这时，灭绝和定居在局部空间表现是动态的，但是在区域的尺度上却表现是稳定的。用一个简单的方程描述这一概念：

$$\frac{\mathrm{d}p}{\mathrm{d}t} = cp(1 - p) - mp$$

式中，c 和 m 分别表示与所研究物种有关的定居系数和灭绝系数，p 表示种群占据的生境斑块的比例，t 表示时间。根据上式，当系统达到平衡状态时（即 $\mathrm{d}p/\mathrm{d}t = 0$），符合种群系统中的斑块占有率为 p'。

$$p' = 1 - \frac{m}{c}$$

根据上式，生境斑块占有率随灭绝系数与定居系数之比的减少而增加；只要 $m/c < 1$，复合种群就能生存（$p' > 0$），种群将在区域内持续存在。要计算未被定居点的比例 s' 也就很简单：

$$s' = 1 - p' = \frac{m}{c}$$

1970 年，Levins 首次提出复合种群（Metapopulation）的概念，并将其定义为"由经常性局部性灭绝，但又重新定居而再生的种群所组成的种群"。换言之，Meta 种群是由空间上相互隔离，但又有功能联系（繁殖体或生物个体的交流）的两个或两个以上的亚种群组成的种群斑块系统。亚种群生存在生境斑块中，而种群的生存环境则对应于景观镶嵌体。Meta 一词正是强调这种空间复合体特征。复合种群理论是关于种群在景观斑块复合体中运动和消长的理论，也是关于空间格局和种群生态学过程相互作用的理论。

Levins 的复合种群模型没有考虑空间问题，也就是，物种在适宜的生境斑块中的定居和灭绝是独立于它们的空间位置的。物种在其邻近地点不同远近的地方中灭绝和定居的概率是相同的，这就意味着无论多远或迁移所需经过景观的条件有多艰难，物种可以轻易地在未被占据的斑块中定居。20 世纪后期，随着计算机技术的迅速发展以及地理信息系统在生态学中的广泛应用，空间直观复合种群模型亦得到长足发展。这些模型通常是计算机模拟模型，单个斑块及其集合体在空间上的分布常以地图的形式在模型中表示。这样，模型充分包括了局部种群内部动态、生物个体在斑块间的运动以及各种景观空间特征和过程（邬建国，2007）。如 Bascompte 和 Sole（1996）采用面向空间（Spatial Explicit）的复合种群模型检测有限的扩散能力和生境破坏对复合种群可持续性的影响。结果显示，考虑空间的模型和没有考虑空间的模型在灭绝临界值附近的预测结果不同，扩散能力的不足加剧了生境破坏对物种灭绝的影响，物种灭绝的概率增加。但是，即使是少量的生境丧失也会导致物种灭绝，两种不同的模型预测了相似的种群变化动态。然而尽管考虑空间位置信息，由于复合种群模型普遍将景观简化为生境（斑块）和非生境（背景）的结合，忽略了景观结构的其他特征，如生境斑块的大小、质量、相互距离、基底异质性、廊道以及由各种景观单元组成的景观镶嵌体的镶嵌格局，因此将传统的复合种群模型和其他景观模型结合成为发展趋势（Wiens，1997）。

二、生态学含义

复合种群的概念很好地描述了自然界和人类影响的破碎化景观中种群的动态。根据 Levins 模型，一个复合种群若能持续存在，必须要有足够的斑块间交流以补偿不断发生的局部灭绝过程。因为局部种群灭绝概率随斑块面积减少而增加，再定居的概率随斑块间距离增加而降低。这说明，一方面，在破碎化景观中生境数量对于复合种群的维持非常重要，应该尽可能多地保护生境，一些当前没有被占据的斑块未来可能成为物种的生境（Hanski，1989）。另一方面，这说明生境斑块的空间格局对于复合种群的维持非常重要，如果生境斑块间的距离太近，那么由随机因素造成的区域的灭绝风险会大大提高；但如果生境斑块间的距离太远，则不利于物种的重新定居（Hanski，1989）。此外，基质的性质对于复合种群的维持也非常重要，基质是否有利于物种的迁移，对迁移过程中的死亡率有重要的影响。

复合种群的另一个重要的应用是评价生境破坏对区域种群动态的影响。生境破坏相当于复合种群中对栖息地斑块的破坏，使得某个可能支持复合种群中某个亚种群的栖息地消失。如果假设被物种定居地点的比例 p 随被破坏的潜在栖息地的比例增长呈现线性的减少，则方程可以表示为：

$$\frac{\mathrm{d}p}{\mathrm{d}t} = cp(1 - D - p) - mp$$

式中，D 表示被破坏地点的比例。

平衡状态下方程的解为：

$$p' = 1 - D - \frac{m}{c}$$

平衡状态方程预测了整个复合种群的灭绝临界值为可利用栖息地的比例（$1-D$）小于或等于 m/c 时，表明复合种群在区域的所有栖息地完全被破坏之前就可能已经灭绝。

依据复合种群理论，农用地的开垦、农业土地利用导致的生境破碎化，使得农业景观中生物种群逐渐形成复合种群，为了保护这些生物种群，尤其是一些对农业生产提供重要生态系统服务的生物种群或珍稀、濒危生物种群的持续存在，一方面需要保留足够数量的生物生境，尤其是有利于有益、濒危生物可利用的生境，另一方面需要注意保持这些生境之间的连接度，为物种的运动和交流提供条件，保证复合种群能够在景观中持续存在。

第四节　源—汇理论

一、基本概念

Dias（1996）在采用种群统计学用来反映生境异质性的过程中，提出了源和汇的概念。源指局部的繁殖成功率高于局部死亡率的生境区域。源斑块中的种群繁殖了过量的个体，这些个体为了获得足够的栖息地和食物必须从它们出生的地方迁出（图3-1）。与此相反，汇是条件较差的栖息地，也就是该生境中死亡率大于繁殖成功率。如果没有物种从源中迁出，那么种群就会灭绝。从这一工作中得到关键的一点结论是，多余的个体从源中的迁出维持了当前种群的平衡。即使景观中少部分源的增加，也会使得种群的大小有很大的增加。相反，如果是从景观中将一个巨大种群的源移走，可能会导致种群的灾难性减少。尽管作为汇的斑块通常不会有迁出者，但是它们在景观中出现有时能够极大地扩大种群的丰度。

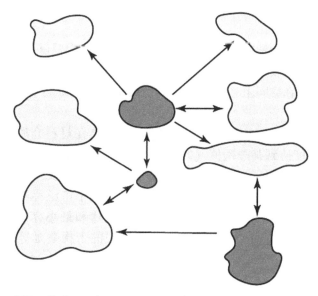

图3-1　由源亚种群（深色图斑）和汇亚种群（浅色图斑）组成的复合种群
（改自 Pulliam *et al.*，1994）

注：当占据少数比例的源生境中物种个体数过多时，物种则迁移并定居到汇生境。箭头方向指示斑块间物种迁移的方向。

异质性的景观支持更大的种群。然而，如果汇相对于源占据过多的面积，扩散能力有限的生物就不能够寻找到源，景观也就不能够维持可持续的种群。景观中保持高质量的栖息地是很重要的，如果仅是保护汇生境，生境丧失的负效应就难以消除。此外，一种物种的源也可能作为另一种物种的汇。

二、生态学意义

源—汇理论的提出主要是基于生态学中的生态平衡理论，从格局和过程出发，将常规意义上的景观赋予一定的过程含义，通过分析源—汇景观在空间上的平衡，来探讨有利于生态学过程的调控途径和方法。针对生物多样性保护而言，源—汇理论突出地显示了保护高质量生境对于生物多样性保护将起到事半功倍的效果；反之，对于高质量生境的破坏，也会对系统的生物多样性造成更加严重甚至是毁灭性的影响。

依据源—汇理论，在农业景观中仅仅谈保护生境或仅关注受保护生境的数量是不够的，还要关注生境的质量，注意生境质量的提升和修复，并保护高质量的生境。例如，注意改善和提升林地、草带等的植物组成多样性或结构多样性，种植能够为物种提供充足蜜粉源的开花植物带、树篱带等，保留具有高质量、生物多样性丰富的森林残留斑块、湿地生境等。

第五节　景观连接度和渗透理论

一、基本概念

景观中的植物和动物种群在其生命周期过程，除了需要足够数量的生境，还需要生境斑块之间有一定的连续性，以保证斑块之间过程和功能的联系。景观连接度是对景观中斑块、廊道和基质在空间上连接和延续程度的描述（Forman & Godron，1986；邬建国，2007）。

渗透理论（Percolation Theory）源于物理学中流体在材料介质中运动的理论，该理论认为当介质密度达到某一阈值（Threshold），渗透物突然能够穿透整个介质到达另一端。这种因为影响因子或者环境条件大于某一阈值而发生地从一种状态过渡到另一种截然不同状态的过程称之为阈值现象。自然界中广泛存在这种阈值现象，显示的是由量变到质变的特征。生态学的限制因子定律和最小存活种群，流行病的传播与感染率，景观连接度对于种群动态、水土流失的干扰蔓延等现象都属于广义的临界阈值现象。

二、生态学意义

渗透理论被广泛地应用于景观生态学的研究中。以生物个体在景观中的运动为例，景观生态学中最关注的一个重要问题是：当生境面积增加到合适程度时，生物个体可以通过彼此相互连接的生境斑块从景观的一端运动到另一端，从而使景观破碎化对种群动态的影响大大降低。假设用栅格网来代替景观，灰色的栅格代表生物生境地带（"可渗透"区域），白色栅格代表非生境地带（"不可渗透"区域）。一个生境斑块是由相邻的生境栅格相互连接构成。当两个或多个生境细胞相邻时，则构成更大的生境斑块，生物个体可以穿过这些彼此相互连接的生境细胞。对于二维栅格网来说，可以通过四邻规则和八邻规则来判别生境细胞是否相邻，采用不同的邻域规则会产生不同的生境斑块边界划分结构，从而影响到生境斑块的大小和形状（邬建国，2007）。

对于一个 100 格×100 格的随机栅格景观，若采用四邻规则，当栅格景观中灰色细胞所占面积总数小于 60% 时，景观中没有连通斑块形成；当栅格景观中灰色细胞所占面积总数等于 60% 时，景观中连通斑块的区域（黑色区域）的形成概率骤然达到 100%。根据渗透理论，当生境的斑块总面积占景观面积的比例小于 60% 时，景观中生境斑块以面积小、离散性高为主要特征；当生境斑块总面积占景观面积的比例增加到 60% 时，景观中突然出现横贯两端的特大生境斑块（图 3-2）。这些特大生境斑块是由单个生境斑块互相连接而形成的生境通道，故称为连通斑块。连通斑块的形成标志着景观从高度离散状态突然转变为高度连续状态。对于种群动态来说，意味着生物个体从只能在局部生境范围内运动的情形进入能够从景观的一端运动到另一端的状态。

依据景观连接度和渗透理论，农业景观中需要注意生境连接度的管理，构建有利于生物迁移运动的生态廊道或生态网络，保证景观中适宜比例的生境斑块对于景观中生物多样性的保护和生态系统服务的维持至关重要。

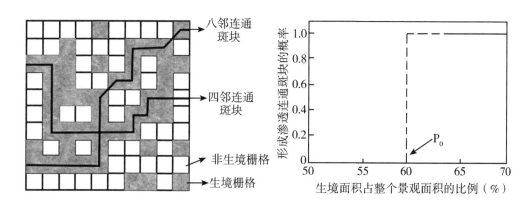

图 3-2 渗透理论的基本概念

（引自 Green，1994；邬建国，2007；曾辉等，2017）

注：在随机栅格景观中，灰色栅格代表生境，白色栅格代表非生境，采用四邻规则时，当生境面积小于 60% 时，景观中无连通斑块形成，当生境面积等于 60% 时，景观中连通斑块（黑色区域）的形成概率骤然达到 100%。

第六节 景观调节生物多样性和过程理论

一、基本内容

德国哥廷根大学 Tscharntke 领导的农业生态研究小组自 20 世纪 90 年代末就在受人类强烈影响的景观（农业景观）中开展大量关于景观结构对生物多样性和生态系统服

务影响的研究，基于对大量相关研究结果的总结，Tscharntke（2012）提出景观调节生物多样性格局和过程的理论，以解释在景观结构影响农业景观生物多样性和生态系统服务的研究中观察到的不同现象及结果，认为景观通过调节生物多样性的格局、种群动态、物种功能特征选择、限制保护管理措施的效果来影响人类主导景观中的生物多样性及过程。具体包含以下 8 个假说。

景观物种库假说——景观范围的物种库的大小调节影响局部生物多样性（α 多样性）。

β 多样性优势假说——由景观调节的局部群落的不相似性决定了景观范围的生物多样性，并且这种调节作用缓解了局部栖息地破碎化对生物多样性的负面影响。

景观物种库假说和 β 多样性优势假说关注景观调节生物多样性格局，关注局部（Alpha）多样性对景观范围内物种库的依赖以及景观范围的 β 多样性对景观多样性是否起决定作用。

跨生境溢出假说——景观调节跨生境间（包括管理生境和自然生态系统之间）能量、资源和生物的溢出，从而影响景观范围内的群落结构及相关过程。

景观调节的浓缩和稀释假说——景观组成在时间和空间上的变化可能会导致伴随着功能影响的瞬时种群的浓缩或稀释。

跨生境溢出假说、景观调节的浓缩和稀释假说关注"景观调节种群动态"，强调景观调节的跨生境溢出和在动态景观中种群的瞬时稀释或集中。

景观调节的功能选择假说——由景观调节的功能特征选择塑造了群落集群的功能角色和轨迹。

景观调节保险假说——景观复杂性提供时空保险，如确保了不断变化的环境中生态过程的高弹性和稳定性。

景观调节的功能选择假说和景观调节保险假说强调"景观调节的功能特征"驱动群落和它们在变化景观中保险效应的功能作用。

中度景观的复杂性假说——由景观调节的局部生物多样性管理效率在简单景观而非在极度简单（清除性）或复杂景观中最高。

景观调节生物多样性与生态服务管理假说——景观调控的生物多样性保护可以优化功能多样性及相关的生态系统服务，但是不能保护濒危物种。

主要景观假设原理概述见图 3-3。

二、生态学意义

由于人类活动的影响，农业景观中生境要素在空间上相互隔离，这使得许多物种不得不利用几个不连通的斑块维系其生存。由于农业用地在陆地表面的重要占比以及农业对于人类社会的重要性，使得当前地球正面临着前所未有的生物多样性加速丧失、物种间相互作用改变及相关生态服务下降的危机，这些很大程度上与农业景观变化密切相关。认识和揭示农业景观结构，包括其组成和构型是如何影响物种和群落对于管理生物多样性和生态服务具有重要意义，而发展和改进生物多样性保护和农业可持续土地利用的战略也需要更多关于景观调控生物多样性的格局和过程的知识。

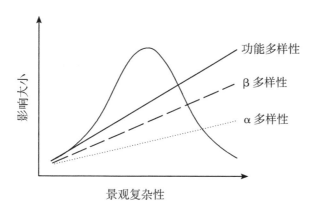

图3-3　主要景观假设原理概述

（改自 Tscharntke *et al*.，2012）

　　注：图中显示沿景观的复杂性梯度（即随非作物面积增加或栖息地类型多样性增加）景观复杂性影响作用的大小。景观的复杂性增加，α多样性和β多样性都增加，但α多样性增加的程度小于β多样性（景观物种库假说和β多样性优势假说）。无论是α多样性还是β多样性都对整体功能多样性和与此相关的保险潜力有贡献（景观调节的功能选择假说和景观调节保险假说）。种群运动不一定与景观复杂性的变化有必然联系（跨生境溢出假说和景观调节的浓缩和稀释假说）。保护管理的效率与景观复杂性呈现驼峰形的关系。

　　上述的理论系统总结了生物多样性与景观的相互作用，其提示如下。

　　（1）在人类主导的农业景观中，生物多样性和生态服务的有效管理需要从关注局部扩展到关注景观尺度的调节效应，景观的管理对生物多样性保护和生态服务管理具有重要影响。

　　（2）农业景观中多个小的斑块可以维持更高的多样性和异质性，因此农业景观生物多样性保护既要保护大生境斑块，也要保护多个小生境斑块构成的复杂景观。

　　（3）局部管理措施对生物多样性保护和生态系统服务提升的效果不仅在于措施本身，还取决于实施保护措施所在景观的复杂度情况；中等复杂度的景观中，局部管理措施对生物多样性保护和生态系统服务提升的效果比在单一和复杂景观中更为有效，因此应用局部管理促进生物多样性和生态服务的时候，需要参考周围景观的复杂程度来制定保护策略。

　　（4）自然生境中的生物多样性可能溢出到农田生境，但是农业也可能向自然生境溢出生物多样性，进而影响野生的植物—昆虫系统。景观构型不同，景观格局对溢出效应的影响作用可能是抑制、促进或中性的作用，通过建设野花带、带状廊道等措施改变农田景观的构型，可能会起到促进一些有益生物在自然和农田系统的迁移运动，从而起到保护农田有益生物多样性、促进农业景观生态服务的作用。

　　（5）景观格局对生物多样性的影响可能会浓缩或稀释局部多样性的状况。因此景观的动态变化有些时候可能影响到局部的生物多样性的格局，并可能进一步影响与生物多样性相关的生态服务。

　　（6）景观的变化可能改变景观中物种的功能特征，并可能改变与之相关的生态服务。

（7）复杂的景观为干扰提供保险，高的生物多样性通常出现在高时空异质性的景观中。因此，保护具有高时空异质性的景观有利于景观的稳定性。

（8）虽然通过景观调控可以促进农业景观生物多样性保护，优化功能多样性及相关的生态系统服务，但是不能保护濒危物种，因此优化生态系统服务不等同于保护濒危物种，二者需要不同的管理策略。

第四章　地块内生物多样性保护和提升

农田是农业景观的基质及最主要的组成成分。尽管农田作为一个人工管理的生态系统，其相较于自然或半自然生态系统经受更多的人为干扰，使生物多样性可能受到更多的干扰和影响，但是作为地球表面重要的生态系统及人与自然长期协同发展的结果，农田是重要的生物栖息地之一，在生物多样性维持中也扮演着重要角色。尽管过去半个多世纪间集约化农业的发展对农田尺度上生物多样性造成诸多负面影响，但是人类在长期的生产过程中发展了一系列有利于生物多样性维持的生产管理方式，农业的可持续发展离不开生物多样性所提供的养分分解、害虫生物控制、传粉服务等重要生态系统服务。因此，在当今可持续生产越来越成为农业发展追寻的主流方向的背景下，管理和提升农田地块尺度上的生物多样性越发显得重要。

第一节　地块内生物多样性保护和提升的基本原理

在地块内尺度上通过景观管理的方法保护和提升生物多样性可以是直接影响地块内生物多样性，也可以是通过降低作物生产过程中对农业化学品投入的依赖，避免农业化学投入对生物多样性的负面影响，从而间接地保护和提升地块内生物多样性。

一、作物遗传多样性保护和提升

在地块尺度上，生物多样性首先表现为作物遗传多样性，包括作物物种遗传多样性和品种多样性。就世界三大粮食作物水稻、玉米和小麦而言：稻属目前公认由 2 个栽培种和 20 个野生稻种组成，我国分布有 1 个栽培稻种和 3 个野生稻种。截至 2003 年，我国共编目稻种资源 77 541 份，其中有不少是具有多项优良性状的种质资源，如矮秆、株型好、大穗、大粒、抗病虫性强、优质、产量高等性状。小麦属世界范围内约有 25 个种，主要分布于亚洲西部和欧洲南部。截至 2000 年，编入我国小麦种质资源目录的共计 45 519 份，其中小麦属共 43 014 份，在小麦属中以广泛种植的普通小麦为主，共 39 629 份，包括国内的 25 139 份（地方品种 13 930 份），外国引进品种 14 310 份；其他小麦，如硬粒小麦、密穗小麦、圆锥小麦等，共 2 434 份（国内 919 份）；另外，还有小麦特殊遗传材料（如异附加系、易位系、核质换系等）951 份。玉米是仅次于水稻和小麦的第三大粮食作物。在中国农业科学院作物品种资源研究所编撰的《全国玉米种质资源目录》中，第一集录入国内品种 7 277 份，自交系 185 份；国外引进品种 398 份，自交系 104 份；国内外共计 7 964 份。第二集录入国内品种 2 907 份，自交系 360 份；国外引进品种 103 份，自交系 228 份；国内外共计 3 598 份。第三集录入国内品种和群体

1 682份，自交系1 567份；国外引进品种476份，自交系680份，总共4 405份。此外，《中国玉米品种志》中，收录了24个省、自治区、直辖市共计518个品种（包括各类杂交种155个）。

地块内作物的多样性，从空间上看不仅可以通过不同种类作物间作、套作、混作来实现，还可以通过种植单一作物的多个品种来保护和提高整个农田生态系统的作物物种和品种遗传的多样性。当前集约化的农业生产方式使大量农作物地方品种被少数高产改良品种所取代，造成农作物基因库的严重流失，极大地降低了农作物的遗传多样性。虽然对于作物遗传多样性的保护在20世纪80年代中后期就开始得到了高度重视，并且通常采用建立各类大型的种质库这种迁地保护的方法，但是种质库保护存在着如下不足：①迁地种质库保护在进化上是一种静态的保护，贮藏于种质库的资源处于冷冻"休眠"状态，因而丧失了它们可能在其原生境中随环境的改变而产生的适应性进化和产生新遗传变异的机会；②对于成熟后很快就失去生命力的种子和靠营养器官繁殖的种质资源，种质库保存很难或无法操作；③由于种质库的容量有限，只能贮藏品种资源的部分遗传多样性，而且在种质资源迁地的栽种、繁殖、评价过程中又造成大量遗传多样性的丧失，保存的材料已不能代表其原品种的遗传多样性；④保护的目的在于利用，迁地保护使种质资源远离其原产地使用者，削弱了利用的意义，从而达不到最终的保护效果；⑤许多贮存在种子库的种质资源可能会由于未能很好地进行动态管理和合理交流等问题，成为"博物馆的死档案"而丧失了作为资源的价值。因此，在地块尺度上通过时间、空间尺度上多种作物资源的多样化配置和种植，可以避免上述问题，实现在农业生态环境中通过农民的农事活动来保护作物遗传多样性，这是一种动态的、利用中的保护方法，能够有效地维持农作物的进化过程以便继续形成多样性（卢宝荣等，2002）。例如，元阳梯田种植的水稻品种丰富度较高，包括100个地方品种，12个杂交稻组合和23个现代育成品种，种植地方品种的面积占总水稻面积的56.2%，有81.5%的农户种植地方品种，这种种植方式有效地保护了水稻遗传多样性。

二、通过资源和环境异质性作用提升生物多样性

植物作为农田生态系统的生产者，为高营养层次的生物提供更加丰富的食物来源，可以通过食物链的级联效应，促进高营养层次的分解者（如土壤微生物）、植食者、捕食者的多样性（Murdoch et al., 1972；Siemann, 1998），或者通过提供作物多样性促进生境结构与组成的多样性和复杂性，来维持更多的物种（Murdoch et al., 1972；Hertzog et al., 2016）。

在农田生态系统中，大量的研究关注多样化种植对天敌生物的影响。Root（1973）指出复合耕作系统有利于天敌多样性，因为捕食性昆虫通常是多食性的，对环境的适应范围较广，复合系统中天敌有望捕捉到各种猎物，并找到合适的小环境；而在单一种植模式下，环境单调，食物资源（如替代寄主、花粉、花蜜等）有限，昆虫躲避、交配、筑巢等场所缺乏，不利于天敌多样性的维持和作用的发挥，这即是天敌假说（Natural Enemy Hypothesis）。同时，复合耕作模式可为天敌发育过程中的任何虫态提供相应的食物，从而保证天敌可以持续繁殖；在复合种植模式下，小环境丰富，天敌也可

以找到在单一种植模式很难遇到或更为丰富的猎物种类（Smith *et al.*，2000）。并且寡食性天敌在复合耕作模式中能保持较高的种群密度，主要是因为这种环境为猎物提供了较好庇护并使其种群得以保持，这就维持了捕食者—猎物之间的平衡。但在单一种植模式下，天敌可能将猎物赶尽杀绝，最终也导致了自己的灭亡。但是，猎物会随即重新迁入并繁殖起来（Andow，1991），而天敌往往不能立即建立其种群。

三、通过减少作物化学投入间接促进生物多样性保护和提升

（一）通过减少病虫害发生降低农药投入

大量使用杀虫剂、杀菌剂在有效防治病虫害的同时，对非靶标生物也会产生明显的不良影响，是导致农田生物多样性丧失的重要原因。尤其是 20 世纪中后期，广谱性杀虫剂的大量施用，造成了大量农田节肢动物减少甚至丧失的不可逆后果。地块尺度作物多样性可以通过减少病虫害发生降低对杀虫剂、杀菌剂的依赖，从而促进生物多样性的保护。作物多样性促进病虫害防治的基本原理主要有如下几个方面（Ratnadass *et al.*，2012）。

1. 稀释和阻隔效应/中断空间循环

对于拥有高生物多样性的田块，由于群体内个体农艺性状和（或）遗传背景的不同，有害生物对多样性组成中的组分并非完全亲和，有别于单一种植的完全亲和，故对有害生物起到了稀释作用，降低了流行和爆发的潜在危险。在高植被多样性田块中，非亲和组分像"隔离带""防火墙"一样，对有害生物的传播和流行起物理阻隔作用，即在空间上中断病虫害向主作物地块传播。物理阻隔效应可同时发生在地块和景观水平，主要涉及宿主与非宿主植被的形态，而不是简单的多样性组合进行的物理干扰。物理阻隔假说认为间作高大的非寄主植物可将寄主植物遮盖住，从而影响害虫向寄主植物的视觉定向和在田间的扩散，导致寄主植物上的植食性昆虫数量降低。例如，在农林复合系统中，昆虫的水平和垂直运动都受到高大或密集的木质种植园的影响，树篱、边界种植园和防风林都会对食草性、掠食性和寄生昆虫的殖民化和分散产生影响（Pasek，1988）。当昆虫通过风力传播或者其飞行高度受限时，高大植被起的阻隔效应就更加明显（Schroth *et al.*，2000）。当虫害的进入被阻止或者害虫的天敌向外的运动受到阻碍时，农田中害虫的生物控制效率将会大大提高。

2. 中断时间周期

与非宿主轮作是农学上避免土壤传播疾病的首要原则。随着时间的推移，增加地块水平的植被多样性可以形成植被对土壤害虫的非宿主效应，通过地下过程破坏土壤传播的有害生物和疾病的生命周期。通过轮作可以中断土传病虫害，但其效果取决于病虫害对寄主植物的取食宽度范围以及空间内替代寄主的存在与否。轮作植被的选择应充分考虑主作物的主要危害类群取食习性，多采用与主作物亲缘关系较远，不易受主作物危害生物侵染的植被类型。

3. 化感作用

植物化感作用是一个活体植物（供体植物）通过地上部分（茎、叶、花、果实或种子）挥发、淋溶和根系分泌等途径向环境中释放某些化学物质，从而影响周围植物

（受体植物）的生长和发育。这种作用或是互相促进（相生），或是互相抑制（相克）。在农田生态系统中，充分利用化感作用合理安排植被格局，对于农田杂草控制、作物的虫害和病害的防治以及减少连作障碍危害等起着重要的作用。

4. 土壤抑制

在一些土壤中，疾病抑制可能是由于土壤微生物群落的活动引起。一般认为，疾病抑制性土壤较疾病高感性土壤通常具有更多的放线菌和细菌群落。增加土壤中有机物质的含量可以提高微生物的活性，土壤中的微生物越多，其中一些群落与土壤病原体相拮抗的机会越大。因此，有机物投入可以通过增加有益物种的多样性和种群规模来改善土壤生物状况。增加作物的多样性可以为微生物提供更多的生态位，并促进微生物的多样性。另一方面，植物多样性诱导的土壤生物活性刺激也可能适用于大型土壤动物。研究显示，高多样化植被所积累的高有机质含量可能提高大型土壤动物的多样性，特别是分解者类群的多样性（Brown & Oliveira，2004），直播种植的覆盖物系统也有利于促进腐食者（蚯蚓、白蚁和蚂蚁等）和捕食者（蜘蛛、步甲、隐翅虫和蜈蚣等）的多样性（Brévault et al.，2007）。此外一些植物还能分泌抗生素产生直接的抗生素效应，一些植物物种也可以分泌刺激根际的拮抗剂。植物残留物等进入土壤成为土壤有机物投入物来源，其化学成分及其特异性影响了土壤传播疾病的抑制效果。例如，富含几丁质的有机物输入土壤，将会刺激细胞溶解微生物群落增长，这些生物群落则通常含有与植物寄生线虫和真菌拮抗的物种（Rodriguez-Kabana & Kokalis-Burelle，1997）；含有高 C/N 比的有机物中的酚类化合物（鞣质）也对真菌和线虫类具有抑制作用（Kokalis-Burelle & Rodriguez-Kabana，1994）。而植物的残留物越复杂，其分解物的种类越多样化，对有土壤生物产生积极影响的可能性越大。

5. 作物生理阻力

通过作物生理阻力抑制病虫害主要是通过改善作物营养以提高作物抵抗力，从而减少病虫害的发生。例如，各种作物轮作有助于更好地均衡土壤肥力，以支持作物生长，因为每个作物种类对最佳生长和发育具有不同的营养需求，并且每种作物个体以不同的速率吸收土壤中的营养，这种平衡被认为对提高作物的病虫害抗性有积极的作用（Krupinsky et al.，2002）。有机物分解所产生的矿物质被覆盖作物吸收可提高作物的营养水平，进一步产生一系列间接作用，如释放熏蒸剂来减少对有益微生物有害的抗菌作用。多样性植被覆盖可以限制水分蒸发，有助于作物更好地吸收水分营养（Scopel et al.，2004），进而增加作物抵御有害生物或病原体攻击的抵抗力（Husson et al.，2008）。

6. 推拉作用原理

"推拉（Push-pull）式"防控体系主要基于化学生态学的原理，利用昆虫的拒食剂和引诱剂调控害虫或天敌的行为来达到控制害虫的目的（Cook et al.，2007）。如果在田间引入刺激害虫或吸引天敌的化学信息物质（即"推"），而在农田周围生境设置吸引害虫的信息化学物质（即"拉"），能够干扰害虫及其天敌对寄主的定位、求偶以及交配繁殖等行为，从而可以实现将害虫对主作物的危害控制在经济阈值以下（图4-1）。与主作物混播的非寄主植物所释放的化学信息素往往能掩盖寄主植物的气味，或驱赶病虫害逃离非寄主植物（推），而农田生境外所设置的引诱植物可同时在视觉或化学信号等方面对害虫产生高度明显的引诱性刺激物，把害虫引诱到主作物以外的其他区域（拉）（图4-1）。

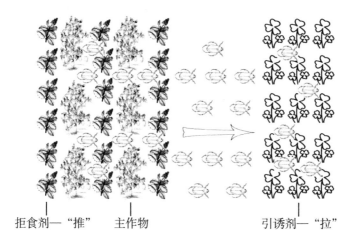

拒食剂—"推"　　主作物　　　　　　　引诱剂—"拉"

图4-1　推拉作用原理模拟

（仿 Cook *et al.*，2007）

（二）通过改善养分利用效率减少化肥投入负效应

合理地配置地块间作物的多样性提高作物对养分的利用效率，从而可以降低化肥投入，间接地减少由于化肥投入带来的环境变化和污染对生物多样性的威胁。

在作物多样化种植系统下，因不同作物的根系分布、扎根深度、生理生化特征以及对养分的敏感程度、竞争能力、吸收养分峰值等均存在差异，作物可以通过利用不同土层、区域、形态来源的养分和降低作物间竞争的方式，促进作物根际对土壤中养分的吸收。此外，间套作作物根际各种微生物群落结构和酶活性也对土壤肥力的提高具有促进作用。这些均有利于促进改善作物对养分的利用，减少对化肥投入的需求，由此减少化肥投入带来土壤理化性质改变、面源污染等对生物多样性的负面影响，间接地起到保护生物多样性的作用。

第二节　间套作和混作促进生物多样性

一、间套作和混作概述

间作是同时期按照一定行数的比例间隔种植两种以上的作物，间种往往是高棵作物与矮棵作物间种，两种作物共同生长期长。套作主要在一种作物生长的后期，种上另一种作物，其共同生长期短，是在前季作物生长后期的株、行或畦间播种或栽植后季作物的种植方式。套作的两种或两种以上作物的共生期只占生育期的一小部分时间，是一种解决前后季作物间季节矛盾的复种方式。混作是将两种或两种以上生育季节相近的作物品种按一定比例混合种在同一块田地上的种植方式，多不分行，或在同行内混播或在株间点播。间套作、混作种植是通过作物的空间合理布局，充分利用资源，提升农作物产量和质量，同时提升生态、经济、社会效益的作物配置方式。

间套作增加了作物空间上的多样性（李隆，2016；李小飞等，2020），是农作物品种农家保护的重要途径。我国常年间套作种植面积约 2 800 万 hm²。中国西北部有多种间作模式，例如，春小麦/春玉米，玉米/大豆/亚麻，冬小麦/春玉米，小麦/大豆，小麦/蚕豆，玉米/马铃薯，小麦/马铃薯，小麦/向日葵，小麦/蔬菜（如番茄、大白菜和洋葱）、玉米/蔬菜（如大蒜、豌豆）间作。欧洲也有多种间作模式，例如丹麦、英国、法国、意大利和德国的大麦/豌豆间作，在英国有马铃薯/卷心菜间作，在希腊有三叶草/大麦、野豌豆小麦、黑小麦、大麦或燕麦间作，在意大利有茴香/莳萝间作，在西班牙有玉米/灌木豆间作，在瑞士有韭菜/芹菜间作，在土耳其有各种果菜间作（如卷心菜、花椰菜或草莓，与豆类、莴苣、洋葱或萝卜间作）。在美洲，豌豆与大麦或燕麦间作，在加拿大有小麦与油菜或豌豆间作，西兰花与豌豆、豆类、马铃薯、燕麦、花椰菜或卷心菜间作，在美国玉米和大豆应用范围十分广泛（Li，2013）。

多品种混作也是很好的农家保护形式。在云南的元阳梯田，农户通过水稻混种的方式很好地保留了水稻品种的多样性，一项对 750 个元阳梯田农户水稻种植品种多样性的调查显示，总共种植有 135 个不同名称的品种（组合），其中 100 个传统品种，35 个现代品种（含杂交稻组合和常规育成品种）。平均每户种植 2.2 个品种（组合），种植品种数量最多的共种植 5 个不同品种（1 个杂交水稻组合，1 个常规育成品种，3 个传统品种）（徐福荣等，2010）。

虽然现代集约化农业的发展使得单一种植成为主要的种植模式，但是近些年随着集约化农业弊端的日益显现以及对可持续生产的重视，探索与现代技术相结合的间套作、混作等多样化种植管理方式已经发展成为生态农业与可持续农业发展的主要方向之一，也是保护提升农业生物多样性和生态系统服务的重要措施。

二、间套作和混作直接促进农田生物多样性

（一）促进土壤生物多样性

合理的间套作能够改善土壤根际微环境，增加土壤微生物数量及改善微生物多样性，对根际微生物群落结构也会产生积极影响。Song 等（2007）基于 16S rRNA 基因的变性梯度凝胶电泳分析间作对小麦、玉米和蚕豆不同生长阶段根际氨氧化细菌氮有效性和群落组成的影响。结果表明，与单作相比，间作显著改变了根际氨氧化细菌的群落组成，其中在蚕豆和小麦开花期和玉米苗期的玉米/蚕豆和小麦/玉米间作系统中影响最为明显。在小麦/蚕豆间作中，间作对氨氧化细菌群落组成的影响在两个物种的苗期不显著，但在开花期很显著。基于不同碳源利用效率的土壤微生物群落的平均颜色变化率（AWCD）分析研究也有类似的结论，间作显著提高土壤微生物碳源利用能力和微生物群落功能多样性指数。与单作相比，间作处理使玉米和马铃薯根际微生物对 31 种碳源的 AWCD 分别增加 17.36%、7.38% 和 3.76%、32.21%，AWCD 表征了土壤微生物利用碳源的能力及其代谢活性的大小，其值越高，土壤微生物群落代谢活性越高。

间作玉米和间作马铃薯根际微生物群落的 Shannon 指数（H）、Simpson 指数（D）、均匀度指数（E）及丰富度指数（S）分别高于单作玉米和单作马铃薯。董艳等（2013）研究也发现间作显著提高蚕豆、小麦根际微生物的 Shannon 多样性指数与丰富

度指数。这表明间作提升土壤微生物群落多样化，其原因可能是间作系统中不同作物会产生不同的特异根系分泌物，并形成与之相适应的根际微生物群落，作物根系的互作还可增加根系土壤中的维生素、碳水化合物、氨基酸和有机酸等含量，使植物根系分泌物种类改变及化合物积累，促进土壤微生物群落结构多样化的形成，提高了根际微生物群落功能多样性（郑亚强等，2018）。在砂培条件下，麦棉套作棉花根系发现分泌物可以改变微生物群落结构，细菌和真菌的数量分别比对照高 49.8% 和 52.9%，增加了地下部微生物的多样性（李小飞等，2020）。

李炎等（2006）通过单作、轮作、间作长期定位田间试验也发现间作增加了作物根区蚯蚓的总个体数量。对玉米而言，与小麦间作的玉米和与蚕豆间作的玉米根区土壤蚯蚓 Shannon 指数和均匀度都显著低于单作。蚕豆在连作时会导致地下部蚯蚓生物多样性的降低；但间作不同作物，对其物种多样性影响的趋势还不明显。对小麦与三叶草间作农田的土壤蚯蚓数量进行调查发现，间作农田土壤单位面积的蚯蚓数量是单一种植土壤的 3.6 倍。考虑到蚯蚓对于维持土壤肥力和健康的重要作用，间作种植方式是维持土壤微生物及其动物群落功能多样性、土壤生态系统稳定性与可持续发展的重要措施（覃潇敏等，2015）。

（二）促进天敌多样性

间作较单作能提高系统内的生物量，能为害虫天敌提供丰富的栖息环境、避难场所、替代寄主和食物，因此多样化的农田生态系统比单作系统具有更为丰富多样的天敌，从而调控害虫的发生动态及数量。

田耀加等（2012）采用目测法系统调查了甜玉米单作，甜玉米与绿豆、菜豆、甘薯或花生间作生境下，玉米主要天敌种群发生动态，发现间作生境中捕食性天敌蜘蛛和瓢虫类群的个体数量均明显增加，其中甜玉米间作绿豆或甘薯生境蜘蛛类群增长 21% 以上，瓢虫类群增长 83% 以上，显著高于甜玉米单作生境。广食性的蜘蛛在田间可捕食多种昆虫，由于间作作物先于主栽作物玉米种植，在玉米移栽前后已为间作生境建立了较丰富的猎物源，尤其是叶蝉等中性昆虫可供蜘蛛类群捕食，从而对蜘蛛类群起到诱集作用，使间作生境蜘蛛类群个体数量明显提高。

小麦间作豌豆也可增加田间天敌类群的多样性，豌豆与小麦间作处理的田中优势天敌瓢虫和蚜茧蜂的种群密度高于小麦单作田。一方面，豌豆起到了诱集作物的作用，吸引了较多的植食性昆虫，为保持天敌较高密度提供了食物条件；另一方面，豌豆植株释放的一些特异性挥发物对天敌可能产生一些吸引作用（周海波等，2009），因此间作处理田中天敌的种类较多，天敌群落的丰富度明显提高，Shannon 多样性指数增加。

表 4-1 是一些我国常见间套作、混作促进地块生物多样性模式。

表 4-1　我国促进地块生物多样性提升的间套作、混作模式

主栽作物	间套作植物	地区	增加生物多样性类群	文献
小麦	玉米、蚕豆	甘肃省武威市	氨氧化细菌群落多样性	Song *et al.*, 2007
黄瓜	小麦、毛苕子	黑龙江省哈尔滨市	土壤微生物群落多样性	吴凤芝等，2009

（续表）

主栽作物	间套作植物	地区	增加生物多样性类群	文献
水稻	辣椒、西瓜、蔬菜	湖南省永州市	蜘蛛和捕食性天敌等密度	陈玉君，2008
小麦	蚕豆、玉米	甘肃省武威市	蚯蚓密度	李炎，2006
小麦	大蒜、油菜	山东省泰安市	瓢虫、蚜茧蜂密度	王万磊等，2008
小麦	豌豆	河北省廊坊市	瓢虫、蚜茧蜂密度、丰富度、多样性	周海波等，2009
玉米	绿豆、菜豆、甘薯或花生	广东省广州市	蜘蛛和瓢虫密度	田耀加等，2012
玉米	甘蔗	云南省玉溪市	微生物代谢功能多样性	郑亚强等，2018
玉米	马铃薯	新疆维吾尔自治区乌鲁木齐市	多异瓢虫密度	黄末末等，2021
玉米	马铃薯	云南省昆明市	微生物群落功能多样性	覃潇敏等，2015
棉花	小麦	新疆维吾尔自治区	细菌和真菌密度	孙磊等，2007
棉花	苜蓿	新疆维吾尔自治区	瓢虫密度	Zhang et al.，2000

三、间套作和混作间接促进农田生物多样性

间套作可以通过促进病虫害防治、提高养分利用效率、促进杂草控制，减少化学品的投入，减少化学农药直接或者通过进入水体改变环境状况所导致的对生物多样性的负面影响，从而间接地促进农田生物多样性的保护和提升。

（一）促进虫害控制

间套作农田里不仅具有数量较高的害虫天敌，而且能够直接或间接有效地控制害虫的数量及其对作物的危害。农田生物多样性的增加，有利于生态系统的稳定性，通过系统内生物间的相互作用，使严重虫害暴发的可能性明显降低。如 Risch 对已发表的 150 篇大田实验结果进行总结发现，所涉及的 198 种作物害虫丰富度在间套作系统中，53% 呈下降趋势，18% 呈上升趋势，9% 无显著变化，20% 为不确定。Baliddawa（1985）在总结了 63 个研究案例后发现，由天敌引起的害虫种群的下降在作物与杂草、作物与作物混种系统中分别占比 56% 和 25%。

禾本科作物与豆科作物间作套作具有较高的作物产量，且害虫发生率大大降低。Skovgard 和 Pats（1997）的研究发现，在主栽作物玉米田中间作豇豆可以使玉米蛀茎害虫的数量下降 15%~25%，玉米产量提高 27%~57%，同时缘蝽类害虫的数量会显著降低，进而减少对豇豆的危害，增加豇豆产量。玉米与大豆间作，间作大豆上的叶蝉成虫数量明显低于单作大豆，缨小蜂对叶蝉的寄生率较单作高出 10% 以上（Altieri & Doll，1978）。另一方面，与大豆间作时，玉米苗期几乎不受玉米切根虫危害。田耀加等（2012）采用目测法系统调查了甜玉米单作，甜玉米与绿豆、菜豆、甘薯或花生间作生境玉米主要害虫群发生动态，发现间作生境玉米生育期内亚洲玉米螟落卵量、斜纹夜蛾

及玉米蚜发生量均与甜玉米单作无显著差异，但收获期甜玉米间作生境玉米螟发生率低于单作生境，总蛀孔数和活虫数分别比单作生境下降 55.72% 和 76.70%。表明间作不同作物对甜玉米田具有一定的控害增益作用（田耀加等，2012）。Ju 等（2019）观察到花生与玉米间作，可通过提高玉米上捕食性天敌瓢虫数量而提高花生上害虫的控害能力。此外，如大豆、豌豆和豇豆等豆类与玉米间作套种能够显著降低花蓟马、黑蚜、白蚁等害虫的密度及其对豆类与玉米的危害（周可金等，2003）。

就小麦而言，周海波等（2009）分析了小麦间作豌豆及单作种植模式下麦长管蚜种群数量的时序动态，尽管在不同种植模式下，麦长管蚜主要天敌的动态变化趋势基本一致，但小麦间作豌豆有效降低了麦长管蚜的种群数量。Wang 等（2009）选择抗蚜性不同的 3 个冬小麦品种与油菜间作，结果表明，长麦管蚜的种群密度在单作田中显著高于间作田，天敌昆虫种类和僵蚜率在间作田比在单作田中显著提高，且周海波等（2009）研究发现小麦与豌豆间作可以显著提高天敌种群数量，对于长麦管蚜同样具有显著抑制作用。麦—油（油菜）间作田和麦—蒜（大蒜）间作田中麦长管蚜无翅蚜的种群密度多显著低于单作田；麦—油间作田中有较高的瓢虫种群密度和瓢（瓢虫）蚜（蚜虫）比；前期，麦—油间作田中蚜茧蜂的种群密度高于单作田；后期，麦—油间作田的僵蚜率和蜂（蚜茧蜂）蚜（蚜虫）比也显著高于单作田（王万磊等，2008）。

棉田间套复合体系也具有增加生物多样性、增加系统生产力和经济收益、提高光热利用效率、改善棉花品质、控制病虫草害等生态系统服务功能。21 世纪初，全国棉田两熟和多熟种植面积占总棉田面积的 2/3，复种指数达到 156%。研究证明，将间套作技术应用于商业棉花生产，通过伴随作物转移棉花的虫害压力显示了巨大的应用潜力（Mensah，1999）。在商业大田种植情况下，间作对害虫具有较大吸引力的伴随植物，可形成一个防止害虫进入主要作物或将害虫集中在某个可控制其数量区域的一个场所（Mensah & Singleton，2002）。此外，Sequeira 和 Playford（2002）研究发现，与豆科植物（如鹰嘴豆、扁豆、木豆等）套作可以使棉花棉铃虫属数量显著减少。

在商业棉花田中心地带种植紫花苜蓿，可以影响棉花中盲椿象的密度，影响的距离至少有 50 m。紫花苜蓿作为引诱体使盲椿象从棉花向外转移的过程将在棉花生产期时最大化。除引诱害虫外，紫花苜蓿还可以提供棉花害虫的大量天敌类群。紫花苜蓿对盲椿象天敌的维持可以通过割去每个间作带的大半紫花苜蓿来维持。在水田中，间套作也能降低害虫密度，如莲套作早稻后稻飞虱密度从 3.3 头/丛下降到 0.9 头/丛；莲套作晚稻的稻飞虱密度从 8.7 头/丛下降到 2.0 头/丛（王绍清，1995）。

通过混播增加大田作物不同品种多样性，也可对一些主要害虫起到调控作用，有利于天敌的发生和发展，增强了天敌的控害作用。不同品种混播调控作用最好的是水稻品种混播（4 个品种），可显著降低褐飞虱的发生量，提高稻田捕食性蜘蛛的种群数量；同时，大豆品种混播（5 个品种），可显著降低小绿叶蝉的发生量，提高天敌对害虫的控制作用；花生品种混播（3 个品种）可显著降低地下害虫蛴螬的发生；小麦品种混播（4 个品种）提高了寄生蜂的数量，有利于培养天敌种群，在一定程度上降低了麦蚜的发生量。从长远来看，不同品种大豆混播能够增加天敌昆虫种群数量，利于天敌发挥控制虫害的作用（潘鹏亮，2016）。此外，将水稻特定农艺性状（株高、抽穗期、成熟期、株型等）基本一致并分别含有不同抗性基因的品种或品系的种子按一定比例混合构成混合栽培品种种植（沈君辉等，2007），或者将不同水稻品种在相邻地块条播或移栽（Zhu *et al.*，2000），对于防治水稻白背飞虱都具有显著效果。

间套作、混作种植模式在我国的历史悠久，应用广泛，可提升诸多生态系统服务，为提升害虫控制的效果、保证作物的产量，在设计间套作模式、配置作物时，要注意遵循以下原则：①因地制宜，根据当地的气候、土壤、肥水等环境条件选择相适宜的作物。②互补配置，非作物生境中用于控制害虫的植物种类按照株型高矮、枝型胖瘦、叶形尖圆、根系深浅、喜光耐阴、喜湿耐旱、生育期早晚、密度大小、行幅宽窄进行搭配，减少作物之间的竞争并将资源利用效率最大化。③趋利避害，选择互利相生、少相克的作物或品种，有助于根系对养分的吸收与利用，并减轻虫害和促进作物的苗壮生长。④避免同科作物一同种植，以免加重虫害的传播，可适当地选择抗虫品种。

Mensah 和 Sequeira（2004）总结了欧洲地区主要的间作模式以及对不同类群虫害的控制作用（表4-2）；表4-3总结了我国几种主要采用特定的间套作模式能够实现虫害的控制作物种植模式（戴漂漂等，2015）。

表4-2 欧洲主要作物可防治虫害的间套作模式

主要作物	间种作物	可防控的害虫
燕麦	菜豆	蚜虫
棉花	紫花苜蓿	草盲蝽
	玉米	棉花螟蛉
	高粱	棉花螟蛉
	豇豆	棉籽象鼻虫
玉米	菜豆	黏虫、叶蝉
	三叶草、大豆	欧洲玉米螟
	西葫芦	蚜虫、棉红蜘蛛
甜瓜	小麦	蚜虫、粉虱
桃子	草莓	果蛾
木薯	豇豆	粉虱
菜豆	冬小麦	马铃薯叶蝉、菜豆蚜虫
花生	菜豆	蚜虫
番茄	菜荚作物	跳甲
菜荚作物	菜豆	甘蓝跳甲
	三叶草	甘蓝蚜虫、菜青虫

资料来源：Mensah & Sequeira，2004。

表 4-3 国内主要作物可防治虫害的间套作模式

主栽作物	间套作植物	地区	控制的害虫
小麦	油菜或大蒜	山东省泰安市	麦长管蚜
	蚕豆	云南省玉溪市	蚕豆蚜虫、麦蚜、蚕豆斑潜蝇
	豌豆	河北省廊坊市	麦长管蚜
	荷兰豆	河南省郑州市	麦蚜
	小麦（北京 837 和中四无芒）	河北省廊坊市	麦长管蚜
（甜）玉米	绿豆	广东省广州市增城区	玉米螟、玉米蚜虫、斜纹夜蛾
	大豆或绿豆	江西省南昌市	玉米螟、黄足蠼螋
	马铃薯	云南省	玉米螟、马铃薯块茎蛾
	番薯	江西省南昌市	玉米螟
	玉米（登海 1 号和豫玉 21 号）	河南省长葛市	玉米蚜虫
棉花	小麦	新疆维吾尔自治区莎车县	蚜虫、牧草盲蝽、蓟马类
	小麦	河北省邯郸市	棉蚜
	紫花苜蓿	甘肃省敦煌市	棉蚜、棉叶蝉、烟粉虱、棉蓟马
	甘蓝型冬油菜	山东省聊城市	棉蚜
	杏树（东西向）	新疆维吾尔自治区莎车县	牧草盲蝽、棉叶螨
水稻	玉米	福建省武夷山市	褐飞虱
苹果树	紫花苜蓿+黑麦草（2∶1）	北京市门头沟区	蚜虫类、红蜘蛛类、鳞翅目幼虫等
	紫花苜蓿	山东省青岛市	苹果叶螨等
	毛叶苕子	河南省郑州市	叶螨
茶树	板栗	安徽省合肥市	叶蝉类、蛾类
	藿香蓟	广西壮族自治区桂林市	假眼小绿叶蝉
	柠檬桉/薰衣草	浙江省杭州市	假眼小绿叶蝉

（二）促进病害的控制

间套作、混作对农田生态系统病害的发生和传播的控制也有较多的报道。将控制病害不同遗传背景、农艺性状和经济性状的作物间套种植在一起，由于种间相互作用的增强，可改善作物营养状况，增强作物的抗性，或降低植物病原菌孢子的扩散，最终降低病害大面积发生的风险。

1. 水稻多品种混作促进病害控制

利用多品种混作控制水稻病害方面有很多成功的经验。云南农业大学与国际水稻研究所合作，从 1997 年开始，开展了利用水稻遗传多样性控制稻瘟病的研究（Zhu et al.，2000）。通过多年的研究发现，利用水稻遗传多样性控制稻瘟病技术的关键是合理的品种搭配。通过对水稻品种的抗性遗传背景、农艺形状、经济形状、各地栽培条件以及农户种植习惯等的综合分析，在水稻品种抗性遗传背景的选择方面，主要是集中在遗传背景差异较大的两大类品种：杂交稻和糯稻中进行间作。农艺形状方面，杂交稻一般是选择品质优、丰产性好、抗性强、生育期中熟或中熟偏迟的品种，糯稻品种则突出"一高一矮"的特点。经济状况的选配原则是高产品种和优质品种的搭配，同时满足企业和农户对优质和高产的需求，充分体现经济效益互补，提高农民多样性种植的积极性；在实施中，根据各地的水肥条件、土壤地力、海拔高度等栽培条件选择本地糯稻与高产杂交稻品种进行搭配，同时根据本地农户的种植习惯，选用农民喜爱的品种进行搭配组合。

1998 年，云南省选用了黄壳糯和紫糯两个传统品种，与汕优 63 和汕优 22 两个现代品种，形成 4 个品种组合进行示范推广；1999 年，选用了黄壳糯、白壳糯、紫糯和紫谷 4 个传统品种，与汕优 63、汕优 22 和岗优 3 个现代品种，形成 8 个品种组合进行示范推广；2000 年，选用了 40 个传统品种，与 12 个现代品种，形成 65 个品种组合进行示范推广；2001 年，选用了 62 个传统品种，与 15 个现代品种，形成 121 个品种组合进行示范推广；2002 年，选用了 94 个传统品种，与 20 个现在品种，形成 173 个品种组合进行示范推广。1998 年，在云南省石屏县推广水稻的品种多样性混栽技术 812 hm^2，通过对 15 个不同的代表性调查点的调查，结果表明，传统品种净栽稻瘟病发病率为 20.38%～45.36%，平均为 35.44%，病情指数为 0.093 2～0.263 7，平均为 0.208 4；传统品种混栽稻瘟病的发病率仅为 0.05%～5.03%，平均为 3.13%，病情指数为 0.000 4～0.015 8，平均为 0.011 1。传统品种混栽与净栽相比稻瘟病发病率为 1.75%～4.81%，平均为 3.07%，病情指数为 0.002 7～0.014 6，平均为 0.093；现代品种混栽比净栽稻瘟病防病率和病情指数分别下降 14.5% 和 18.4%。1999 年，在云南省石屏县和建水县推广了 3 534 hm^2，由于两县地理及气候条件相似，种植的品种相似，推广效果与 1998 年相似，传统品种混栽与净栽相比稻瘟病平均发病率和病情指数分别下降 92.03% 和 95.39%，现代品种混栽比净栽稻瘟病发病率和病情指数分别下降 24% 和 66.1%（朱有勇，2007）。

2. 小麦多品种混作促进病害控制

利用小麦品种混种来防治病害方面国内外也开展了大量的研究，17 个研究的总结显示，小麦品种混合的防病效果在不同的病害系统中不同（朱有勇，2007）。对于小种专化性病原物，混合群体中的病害数量低于组分净栽时病害数量的平均数，例如，对于小麦白粉病，品种混合减少病害 26%～63%，对小麦条锈病，减少病害数量 17%～53%。对于非小种专化性病原物，与组分净栽时病害数量的平均数相比，小麦混合群体中的病害数量或高或低，有时则非常接近。对小麦条锈病，品种混合的防病效果受到混合组分数、品种的混合方法、抗病组分和感病组分的比例等的影响。

3. 玉米、花生和辣椒间套作促进病害控制

玉米和辣椒分别是我国重要的粮食作物和经济作物。大面积单一种植过程中，辣椒

容易受疫病和日灼危害造成产量损失，玉米则常受斑病、灰斑病和锈病的危害。利用辣椒和玉米间作可以减轻辣椒疫病的危害，降低玉米大斑病、小斑病、锈病和灰斑病病害，同时高秆玉米的遮阳作用还能够减轻日灼对辣椒的危害。

孙雁等（2006）采用辣椒田间（5~10 行）边行外各间作 1 行玉米的方法进行 6 种不同模式辣椒、玉米多样性种植控制辣椒疫病以及玉米大斑病和小斑病的研究。研究显示不同模式的辣椒、玉米间作对辣椒疫病以及玉米大斑病和小斑病的病害发生均有显著的控制效果。与单作相比，间作对辣椒疫病的防治效果随辣椒行数的减少由 35.0%逐渐增加到 69.6%；间作对玉米大斑病和小斑病的控制效果随辣椒行数的增加由 43.0%逐渐提高到 69.3%。

席亚东（2015）选用 2 种当地常用辣椒品种二金条和川藤六号与花生间套作，调查辣椒与花生行比不同的间套作、不同间距、密度对病害发生的影响。研究发现间套作对 2 种病害均具有较好的防控效果。不同行比的辣椒与花生间套作对辣椒炭疽病的防控效果为 29.71%~93.75%，防控效果最好的是 2 行川藤六号辣椒品种与 1 行花生间套作，防控效果达到 93.75%；辣椒与花生行间距为 10 cm 时的辣椒炭疽病病情指数显著（$P<0.05$）低于间距为 30 cm 时的病情指数，表明 2 种不同间套作植株在一定距离内间距越小防控效果越明显；辣椒与花生间套作对花生叶斑病的防控效果为 37.68%~82.80%，最佳防控行比为 2 行二金条辣椒品种与 1 行花生间套作，防控效果为 82.80%。

4. 麦类与蚕豆间套作促进病害控制

麦类锈病和蚕豆赤斑病是二者生产中主要的两种病害。进行麦类作物与蚕豆的间作，能够有效减轻两种作物的病害发生。

云南农业大学于 2001—2002 年开展了 1~10 行小麦与 1~2 行蚕豆不同行比间作控制小麦锈病的研究，结果表明，小麦与蚕豆不同的间作模式对小麦锈病具有显著的防治效果，尤其是蚕豆与小麦行比 1：（5~8）对锈病的防治效果达到 40%以上（朱有勇，2012）。杨进成等（2009）2002—2007 年在云南省玉溪市进行小麦和蚕豆的间作比例为 7：2 与单作同田对比试验显示，间作对小麦锈病、小麦白粉病、蚕豆赤斑病的控制效果分别为 30.4%~63.55%、25.60%~49.36%和 31.51%~45.68%。

大麦与蚕豆合理间作对大麦和蚕豆病害也具有明显的控制效果。7 行大麦与 2 行蚕豆间作对病害的控制效果研究显示，大麦叶锈病病情严重度降低 6.19%~13.72%，防治效果达到 20%~39%；蚕豆赤斑病的病情严重度降低 27.16%~34.44%，防治效果达到 51%~53%（朱有勇，2012）。

5. 玉米与马铃薯间套作促进病害控制

马铃薯晚疫病、玉米叶斑病分别是马铃薯和玉米生产上的重要病害。玉米和马铃薯间作是控制这类病害的有效方法。云南农业大学 2001—2002 年进行的玉米与马铃薯不同行比间作控病实验显示，玉米与马铃薯以不同行比间作与玉米大斑病和小斑病的发病率、病情指数、防治效果存在相关性，不同种植模式的发病率、病情指数随玉米种植密度的增大而增大，防效随种植密度的减少而增大。2 行玉米 2 行马铃薯间作与 2 行玉米与 3 行马铃薯间作比较，随着玉米种植密度减少，发病率由 13.33%降至 11.03%，病情指数由 4.14 降至 3.98，防效由 30.53% 增大到 38%（朱有勇，2012）。

（三）促进养分高效利用

间套作、混作可以从多个方面促进养分的高效利用（王晶晶等，2009）。

1. 促进氮磷钾营养

研究发现旱稻花生间作在氮素吸收上具有互补性，水稻氮素吸收能力比花生强，通过吸收降低土壤中的有效氮以刺激花生根瘤固定更多的氮，使两者都拓宽了氮素利用的空间态位；石灰性土壤上玉米与花生混作可以提高其固氮活性，从而提高花生光合效率并促进氮营养；麦/豆间作可以提高根系酸性氧化酶活性和根系还原力，促使根际 pH 值下降，增加土壤有效磷和缓效磷含量，从而减少磷素向无效的磷灰石和闭蓄态磷转化；辣椒间作系统对土壤 N、P 和 K 有效态含量具有显著影响，从而影响辣椒叶片 N、P 和 K 含量，促进辣椒生长。辣椒间作情况下，辣椒株高、冠幅、单株结果数及生物量普遍比单作有所增加。

2. 促进作物其他养分的吸收

例如，叶片已发生黄化的花生与小麦间作可明显改善花生缺铁症状，间作 16 d 后花生根际土壤有效铁含量、花生新叶叶绿素和活性铁含量均显著提高。玉米/花生混作促进花生对铁的吸收利用，提高光合速率，增加籽粒中的铁含量；小麦/大豆间作中间作大豆根系质外体铁含量高于单作大豆。

3. 增加土壤微生物与酶

土壤内的微生物和酶在土壤肥力因素中起重要的作用。在根际中，根系分泌物为微生物提供营养及能量，促进了根际微生物的生长，而土壤中微生物和酶的存在也刺激了根系分泌物的分泌。间套作系统下取得产量优势，养分利用率高主要是根际土壤养分有效性的提高，而根际土壤养分有效性高受根际土壤中微生物数量和酶活性的影响。例如，玉米/大豆间作体系中两者根际土壤养分有效性、微生物数量、酶活性均显著高于相应单作根际土壤。玉米与线辣椒套作栽培的线辣椒根际、非根际土壤微生物数量、酶活性均高于单作根际土壤，土壤微生物主要类群数量与土壤酶活性显著相关，是影响土壤酶活性的主要因子。此外有机质、碱解氮含量与土壤酶活性、微生物数量呈极显著相关，有效磷含量与土壤酶活性、微生物数量呈正相关。

（四）促进杂草的控制

间套作还有利于杂草的控制。早在 20 世纪 50 年代，国外就报道以禾本科作物与豆科作物间作套种为主的间作方式具有较高的作物产量，原因是高密度种植减少了杂草的种间竞争，有利于土壤保护以及对阳光、水分及养料的充分利用（Dalal et al.，1974；Wahua et al.，1978）。对高粱与豇豆间套种的研究表明，与单一种植相比，高粱和豌豆间套作能够截获更多的光资源及 N、P、K 营养元素，从而降低了杂草的密度和干物质量（Abraham & Singh，1984）；甘薯与玉米间套作，施肥能够显著地提高作物的叶面积指数、光截获量和营养元素的吸收量，从而抑制了杂草的生长（Olasantan et al.，1994）；对豌豆和亚麻间套作的研究也表明，混间作与单作相比农田杂草盖度降低了52%~63%（Saucke & Ackermann，2006）；单行或双行高粱、大豆间套作能够有效地降低香附子密度（79%～96%）和生物量（71%～97%）（Iqbal *et al.*，2007）。

间套作对杂草的控制可以通过两个方面来进行解释，一是与杂草竞争资源，包括对光照和养分的竞争，从而限制了杂草的生长和繁殖；二是通过作物自身的化感作用营造不利于杂草生长繁殖的环境（苏本营等，2013）。

第三节　轮作促进生物多样性

一、轮作概述

轮作（Crop Rotation）是相对于连作而言的，连作是指在同一田地上连年种植相同作物或采取相同的复种组合，而轮作就是指在同一块田地上，有顺序地在季节间或年间轮换种植不同的作物或复种组合的一种种植方式。常见的轮作模式有一年一熟条件下的大豆—小麦—玉米三年轮作，每年仅种植一种作物，依次轮作；在一年多熟条件下，既可以年间轮作，也可以年内轮作，如南方常用的绿肥—水稻—水稻—油菜—水稻—水稻—小麦—水稻—水稻轮作模式。如果在同一地块上有顺序地轮作水稻和旱地作物（如油菜、小麦），这种轮作方式也叫水旱轮作，对于改善稻田的土壤理化性质、提高地力和肥效具有特殊意义（李正跃等，2009）。不同于间作套作在空间上增加农田作物的多样性，轮作是从时间序列上充分利用和增加了生物多样性，是一种用地养地相结合的耕作管理措施。通过前后茬作物的搭配协调、紧密衔接，不仅可以充分利用水分、养分等资源，还可增加土壤微生物多样性、防止连作障碍、减轻病虫害。

二、轮作直接促进地块内生物多样性

相对于轮作，作物连作容易导致土壤理化性质裂变、土壤微生物群落结构的多样性和均匀性降低，是造成病虫害暴发、作物减产、作物品质降低的重要原因。许多研究已经证明轮作可以直接增加地块内土壤微生物多样性。吴凤芝等（2007）采用黄瓜与小麦和大豆轮作的方式，研究轮作对黄瓜土壤微生物群落 DNA 序列多样性的影响，结果表明，黄瓜与小麦和大豆轮作显著提高了土壤微生物多样性指数、丰富度指数和均匀度指数，两种轮作土壤微生物群落 DNA 序列相似程度高达 0.567 8，而与对照土壤间的相似程度分别仅为 0.346 5 和 0.312 4。两种轮作处理的黄瓜产量也显著高于对照。研究表明，黄瓜与小麦和大豆轮作，改善了土壤微生态环境，提高了黄瓜的产量。跨年度瓜菜（辣椒、南瓜和芥菜）—香蕉轮作+花生间作显著地提升了土壤可培养微生物细菌和放线菌群落数量，降低了真菌数量。土壤微生物高通量测序显示所有香蕉+花生间作系统Shannon 生物多样性指数显著提升。花生覆盖地表保持水分和抑制杂草是间作提高土壤细菌和放线菌数量的影响因素，花生秸秆还田助长微生物。因而，辣椒—香蕉+花生不同科属作物的协同作用可以更有效地提升土壤微生物多样性（李虹，2017）。

轮作还有助于增加天敌数量和多样性，实施水旱轮作有助于天敌种群的发展和迁移。张志罡等（2007）的研究结果表明，在双季稻大面积种植区种植小面积蘲头或西瓜等其他经济作物，实行水旱交替轮作下蜘蛛科数和密度显著高于常规连作晚稻，因而

轮作有助于蜘蛛种群的发展和迁移，增加蜘蛛群落多样性，实现天敌的保护和增殖。

三、轮作间接促进地块内生物多样性

（一）促进虫害控制

连作容易使害虫数量逐年积累，而轮作可以起到切断食物链的作用，从而减少害虫数量，特别是专食性或寡食性、移动能力差的土居害虫。如采用水稻—小麦—油菜两年轮作制度，可以有效防治单食性地下害虫麦沟蚜虫和金针虫。同时实施水旱轮作，还是控制稻根叶甲的根本措施，该甲虫主要生存在长年积水的稻田中，水旱轮作可以切断其生活史（李正跃等，2009）。不过对其他虫害的防治具有局限性。如玉米根叶甲的成虫在土壤中产卵，幼虫在土壤中孵化，因此，玉米与其他作物轮作可以有效地控制玉米根叶甲，然而由于成虫的扩散与迁移，单年或者小范围的轮作并不能有效地将其控制在暴发阈值以下。研究显示，当轮作面积比例小于40%时，几乎所有玉米受害；当轮作面积比例达70%且轮作年限在3年以上时，能将60%以上的玉米根叶甲控制在暴发阈值以下（张鑫，2015）。

国内关于轮作作物种类搭配、轮换顺序等控制虫害的试验研究较少，表4-4总结了我国不同地区主要的轮作模式，大多是根据害虫的食性选择轮换作物（不同科或非寄主作物），然后再结合多项田间管理措施和化学农药进行综合防治，关于定量化控制及增强防治效果的研究需要进一步展开。

表4-4　国内可防治虫害的轮作模式研究

轮作模式	控制的害虫	地　区
百合—晚/中稻—百合	蛴螬	湖南省龙山县
黑麦草—早稻—晚稻	早稻纵卷叶螟	江西省南昌市
小麦/油菜—茶用菊花	蚜虫	湖北省武汉市
小麦—胡麻—甜脆豆	斑潜蝇、蓟马	甘肃省兰州市
苏子—高粱—玉米	根土蝽	辽宁省凌海市
大蒜—烤烟	地老虎等	贵州省铜仁市
大豆—禾本科	大豆根绒粉蚧	黑龙江省北安市
水芹—夏甘蓝	小菜蛾、菜青虫	江苏省南京市
水稻—小麦—油菜	稻根叶甲、麦沟蚜虫和金针虫	南方稻田种植区

（二）促进病害控制

作物长期连作的情况下土壤中病原物逐年积累，导致病害逐年加重。合理的轮作有助于减轻连作障碍，合理的轮作换茬，对寄生性强的土传病原菌具有较好的防治效果，将感病的寄主作物与非寄主作物实行轮作，可以减少或消灭这些病菌在土壤中的数量，减轻病害。

1. 轮作防治土传病害

合理轮作换茬，对寄生性强的土传病原菌具有较好的防治效果，将感病的寄主作物与非寄主作物实行轮作，可以减少甚至消灭土壤中的这些病菌，减轻病害。例如，茄科作物与大豆、玉米、棉花和高粱等作物轮作一年便能有效地减少青枯病的危害；水旱轮作可以切断土壤中轮线虫和有关镰刀菌的周年繁殖途径，减少其种群密度和危害；水稻和烟草轮作能有效地控制烟草青枯病等土传病害，并能减轻烟草赤星病和野火病等叶斑类病害的危害。有些病原菌能产生抗逆性强的休眠体，可在缺乏寄主时长期存活，因此需要长期轮作才能起到有效防治的效果。如辣椒疫病的孢子在土壤中一般可以存活 3 年，因此与非茄果类和瓜类作物轮作 3 年以上才能有效防治疫病发生。对于腐生性较强、可在缺乏寄主时长期存活的病原菌，也需要长期轮作才能起到防治效果，如瓜类枯萎病是瓜类作物上的一种重要土传病害，该类病菌的生活能力极强，在土壤中可存活 5~6 年，因此该病的防治最好与瓜类作物轮作 6~7 年（朱有勇，2012）。

2. 轮作防治叶部病害

一些引起作物病害的病原菌，虽然不能侵染根部，但能在土壤或地表残病体上越冬，轮作也可以有效减少一些气传病害的侵染来源。例如，引起玉米灰斑病的玉蜀尾孢菌以菌丝体、子座在病株残体上越冬，成为第二年田间的初侵染来源。该菌在地表病残体上可以存活 7 个月，但埋在土壤中的病残体上的病菌则很快丧失生命力，因此，玉米收获后及时翻耕土壤结合一年轮作可以有效减少越冬病原菌数量（朱有勇，2012）。虽然空气传播疾病也可以通过作物选择和作物轮作（包括一些非宿主作物）在某种程度上得到避免，但这种策略对于流动性和分散能力较低且保存形式和寿命有限的残留病原体更为有效（Krupinsky *et al.*，2002）。

第四节　农林复合促进生物多样性

一、农林复合概述

农林复合系统（Argoforestry），也称农林业，是将多年生木本植物（如乔木、灌木）有意与同一土地经营单位的作物在景观水平结合，作物生长在种植的木本灌木树种之间的空隙中，在种植季节期间定期修剪木本树种，从而实现从生物相互作用中获得最佳效益的集约土地管理系统（Li，2013）。农林业在世界各地很受欢迎，例如，印度尼西亚有 280 万 hm^2 的丛林橡胶林和 350 万 hm^2 的多层农林，在中美洲有 920 万 hm^2 的林牧系统和 77 万 hm^2 咖啡农用林，西班牙/葡萄牙有 600 万 hm^2 德哈萨农林，可可林复合系统则全球有 780 万 hm^2（Zomer *et al.*，2009）。在中国，农林业也是一种常见的间作模式。在北部平原地区，主要农业区包括河北、河南、山东、北京、天津和安徽部分地区，有 450 万 hm^2 范围内采用了各种农林业计划，以泡桐为基础的间作最为流行，约占总面积的 2/3（Yin & He，1997）。杨树是中国南温带中部地区传统农林复合系统的主要树种，包括江苏、安徽、浙江、湖北、河南、山东和山西，面积约 60 万 km^2（Fang *et al.*，2010）。自 1970 年以来，坡地农林复合系统（等高绿篱），即在坡面沿等高线布设密植灌木或灌化乔木以及灌草结合的植物篱带、带间布置农作物或经济作物的农业经营措施，在我国丘陵地区受到广泛欢迎并得到发展。例如，1999年山西省有700 000 hm²，陕西省北部有10 000 hm²（Sun *et al.*, 2008）。中国热带及亚热带地区农林复合系统多基于橡胶林、茶树、柑橘，而温带地区则基于苹果、梨、杏、桃、枣树、桑树等来构成农林复合系统（Li, 2013）。

农用林不仅为区域内生存的人类提供物质保障，还兼具着主要的环境服务与社会经济服务功能，包括提供经济收益（如食物、木材产品、牲畜饲养产出）和生态效益（土地保护、涵养水源、提高空气质量、生物多样性保护、环境美化）。研究证明，与单一化种植系统相比，农林复合系统中的高植被多样性具有调节种植系统的微环境、减少土壤侵蚀和养分流失、增加土壤矿质营养的可利用性、增加天敌密度抑制病虫害的暴发等作用。农林复合系统是平衡农业持续生产和维护生态平衡的重要农业生产方式，发展农林业对保护生物多样性，解决农业生产和环境的矛盾，实现农业可持续发展有重要意义。

二、农林复合系统的生物多样性

农林复合系统包含两种不同的生物多样性成分（Vandermeer & Perfecto, 1995），计划性生物多样性（Planned Biodiversity）和关联生物多样性（Associated Biodiversity）。计划性生物多样性包括被农民有目的性地列入农林业复合系统中的作物等，此部分多样性取决于管理者的投入、作物时间和空间管理方式。关联生物多样性则包括除主作物外所有的土壤植物群落和动物群落，此部分多样性取决于计划性生物多样性的结构和管理，它们与周围环境建立起系统，并可能在农林业复合系统中发展成长（图4-2）。通过农田生态系统管理所构成的计划性生物多样性决定农林复合系统的微环境，并对关联生物多样性的构成起主导作用，而关联生物多样性反过来也会提升生态系统的功能特性和生物多样性。例如，农林复合系统，上层树冠盖度多样性增加可提高鸟类天敌的多度，从而对害虫幼虫的控制作用明显，同时高多样性的上层树冠由于能够增加蚂蚁的多样性，从而使下层种植的咖啡等经济作物能够较好地避免钻孔虫的伤害。

农林业主要通过遮阴效应、作物吸引效应、营养和覆盖效应等机制增加关联生物多样性。①遮阴效应。上层树木产生的树荫可以显著地减少下层间作作物的害虫密度。植物篱或者防风林对于下层微气候（热量输入、风速、土壤干化及温度）产生显著影响，进一步影响到根据"背景环境"进行栖息地选择或者适应特定的微气候变化范围的昆虫，因为不论是幼虫还是成年昆虫的生长率、捕食率、生存能力都受到湿度和温度的巨大影响（Perrin, 1976）。例如，Bigger（1981）研究发现在可可种植园中从树荫部分到无树荫部分，植食性鳞翅目、同翅目、直翅目、盲蝽类的数量呈上升趋势，多种食草昆虫包括蓟马和盲蝽类发生的可能性更高，而兼食性的双翅目，以及寄生性膜翅目的数量呈下降趋势。②作物吸引效应。农林业复合系统中树木可能表现出与间作系统中一年生草本植物不同的化学特征，掩盖或减轻一年生作物所产生的吸引害虫的化学特性影响。例如，嗅觉抑制是农林复合中减少节肢动物丰富度的因素之一（Risch, 1981）。③营养和覆盖效应。在特定的农林复合系统，如包含有豆科遮阴植物的带状种植，可以大大提

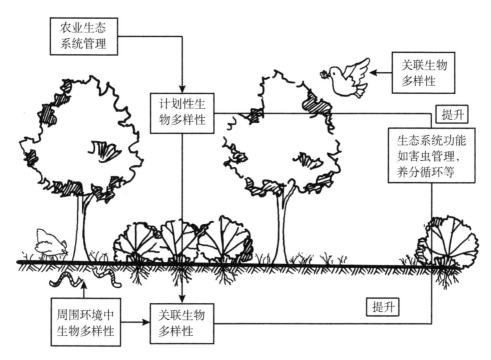

图 4-2　农林复合系统作生物多样性与病虫害控制关系
（张启宇　绘）

高主作物对氮的吸收效率，从而可以大幅度提高主作物对病虫害的抵抗能力，因为一些昆虫的繁殖和丰度，尤其是同翅目，受作物组织中高浓度自由氮的刺激，其丰度和繁殖能力都有所下降。因此，农村复合系统有助于害虫的防治，同时减少化学农药投入，间接地促进生物多样性。

三、典型农林复合模式介绍

（一）热带地区农林复合系统

在热带区域的农业系统包括由食用作物取代林下草类的农林系统，并且很多成熟的原始树木被保留下来了，因此保持着全部的自然生态系统的功能。热带地区的农用林生态系统中的植物种类包括了一年生型、多年生型、草本型及木本型等多种，从植物物种数量、生物间相互作用关系及生物过程角度来看均具有较高的复杂性。这些农用林的状态和结构与原始的天然林生态系统十分接近，其中蕴藏着许多有用的物种。从生物多样性角度考虑，农用林的动植物多样性水平已经可以与部分近纯天然森林相当（从主要生物群组的物种数量来比较，例如，植物群组包括乔木、灌木、蔓生植物、草本植物和附生植物）。这些农用林的生态服务功能包括维持生物多样性和潜在生物量，以及对主要的生物化学通量的潜在调节能力等，整体上扮演着生态调节者的角色。与单一化的种植体系相比，农用林与自然生态系统的相似性主要体现在以下 3 个关键方面：①生态系统功能以物种种间关系为基础；②生态系统的生物成分具有高度多样性；③不仅能输出物质产品，还具有环境效益，这是单一物种的种植体系所缺乏的（Malézieux，2012）。

在我国云南紫胶林、咖啡林的农林混合系统中，研究人员也发现了丰富的生物多样性。卢志兴等（2016）采用陷阱法调查了云南省绿春县紫胶林、紫胶玉米混农林和玉米旱地3种类型样地的地表蚂蚁多样性。结果显示，紫胶玉米混农林模式具有较高的地表蚂蚁物种数和稀有物种数，与玉米旱地相比，紫胶玉米混农林的蚂蚁物种数增加41%，稀有物种数增加85%，且差异显著。紫胶林和紫胶玉米混农林对小种群蚂蚁类群的影响尤为显著，在不影响常见蚂蚁类群的情况下，增加了稀有物种蚂蚁的多样性，具有较高的蚂蚁多样性保护功能和价值。紫胶玉米混农林专业捕食者的比例高于紫胶林和玉米旱地，显示出紫胶玉米混农林系统栖境异质性更高，能够容纳更多的节肢动物，间接增加了专业捕食者的种群数量。可见，紫胶玉米混农林对地表蚂蚁群落具有较好的保护作用，特别是能够增加种群较小、竞争能力较弱、对栖境要求高的蚂蚁类群的种群数量，从而提高蚂蚁多样性；能增加蚂蚁功能群组成及比例，是保持生态和经济效益可持续发展的较好模式（卢志兴等，2016）。

在云南省普洱市咖啡种植园，于潇雨等（2019）采用陷阱法对咖啡纯林、钝叶黄檀—咖啡混农林、钝叶黄檀—玉米混农林及橡胶—咖啡混农林树栖和地表蚂蚁进行标本采集。虽然各类型样地树冠层蚂蚁多样性间差异不显著（$P>0.05$），但地表层和树冠层蚂蚁群落结构均存在极显著差异（$P<0.01$），采用本地树种与咖啡混作的荫蔽咖啡种植模式有助于保护当地蚂蚁多样性。咖啡单作对当地蚂蚁多样性有一定的负面影响，存在土地侵蚀和生物多样性丧失的问题，且需要花费大量化肥、杀虫剂等经济成本。荫蔽咖啡有利于生物多样性的保护，但其保护成效与遮阴树种的选择有关。由当地树种钝叶黄檀作为遮阴树种的钝叶黄檀—咖啡混农林有利于当地的蚂蚁多样性保护，且有较高的生态效益（于潇雨等，2019）。

（二）温带地区农林复合系统

我国广大的华北平原和中原地区等温带地区是我国农林业复合经营非常丰富的地区之一。例如，山东省无棣县、河北省青县等地的枣粮间作，河南省民权县、宁陵县等地的条粮间作（指白蜡条、紫穗槐、杞柳等与农作物间作）、山西省临汾地区和江苏省建湖县等地的杨树与农作物间作，山西省闻喜县的柿粮间作，山西省平陆县的果粮间作（苹果、山楂、核桃等与农作物间作），河北省景县董庄的林草间作，山西省运城地区的花椒与作物间作等。农林业使得现有耕地的生产潜力得到了充分发挥，光热资源和生态空间得到充分利用，生态环境得到改善（娄安如，1994）。

农林复合生态系统的建立，为鸟类、昆虫等的营巢、繁衍、觅食等活动提供了较为理想的环境。随着林木的生长，吸引了越来越多的物种在此繁衍生息，其中益鸟、益虫作为农林生态系统的重要组成部分，既起着农林卫士的作用，又可显示农林生态系统的状况。据在河北省衡水市饶阳试区调查，共采到鸟类标本27种，其中繁殖鸟（包括留鸟和夏候鸟）占74.07%，非繁殖鸟（全为旅鸟）占25.93%，其中有啄木鸟、灰喜鹊、琼鸟及鹰类等农林益鸟，而试区外鸟类品种少（大部分为麻雀），且数量也少。福建省四都溪小流域农林复合系统建成后，植物多样性指数由1.33提高到1.78，100 m^2内鸟巢数由2.5个增长到4个（单宏年，2008）。

农田改造为农林复合系统后，森林和灌丛的鸟类多样性逐年增加，逐渐接近改造多年的林地。这说明农林业能够有效地提高鸟类的多样性，有利于当地生态系统和生物多样性的保护。混农林地改造后，生境由单一的荒地变为多种小生境复合的环境，既具有农田的特性又具有林地的特性，空间异质性增加，为鸟类的栖息、繁衍、觅食创造了更多的条件，鸟类多样性也随之增加（温平等，2017）。不过，和自然保护区相比农林复合生态系统容纳稀有种的能力较低，但其对于普通物种则具有较强的保护能力（陈又清等，2009）。表4-5列举了一些我国常见的农林复合促进生物多样性的模式。

表4-5　我国促进地块生物多样性提升的农林业模式报道

主栽乔木	间套作植物	地区	增加生物多样性类群	文献
咖啡	钝叶黄檀	云南省普洱市	地表和树栖蚂蚁多样性	于潇雨等，2019
紫胶	玉米	云南省绿春县	地表蚂蚁物种数和稀有物种数、密度	卢志兴等，2016
茶树	百日草、黑麦草、早熟禾、波斯菊、紫羊茅、红三叶、白三叶、毛叶苕子	湖北省十堰市	显著增加茶园节肢动物群落的多样性、丰富度和均匀度指数	王明亮等，2020
花椒	玉米、大豆、马铃薯、花生、红薯等混合种植	云南省昭通市	蜘蛛密度、昆虫多样性、食蚜蝇和姬蜂个体数	李正跃，2009
茶树	铺地木兰+罗顿豆、圆叶决明+白三叶、白三叶+平托花生3种不同绿肥组	福建省福安市	节肢动物群落的物种丰富度和群落多样性，捕食性天敌昆虫、蜘蛛和寄生性天敌的比率	李慧玲等，2016

（三）茶树—作物间作

茶树下间种作物，是常用的一种增加天敌多样性、控制害虫的措施。由于间作茶园的茶行间植被丰富，比对照茶园能够提供更多的有效生境，因此支持更多的物种多样性。茶园中间作非寄主植物能够构建生境多样化，为天敌提供栖息环境、避难所、中间寄主、食物和引诱物质等，从而提高捕食性或寄生性天敌的丰富度，进而抑制了茶园中害虫的种群数量。茶园群落多样性的提高，将有助于增强和维持茶园生态系统的稳定性和可持续性，而间作茶园生态系统的长期稳定性和持续性也将促进并保持生物多样性。在茶园合理间作多种绿肥，使一年四季不同时间得以相互衔接，切实提高生物群落多样性，丰富了群落的植物相，可以为茶园天敌提供过渡转换寄主（补充营养）的栖息和繁殖场所，并能转移部分害虫的危害，间作增强了茶园群落的生物多样性，提高害虫天敌的种类和个体数，更有利于有效发挥天敌对有害生物的生态控制（李慧玲等，2016）。

与化学防治的普通茶园相比，采用茶园—作物间作可提高节肢动物群落结构多样性指数和均匀度指数，并有利于害虫控制。彭萍等（2006）对4种不同类型生态茶园昆虫群落的调查结果表明，与纯茶园相比，间作其他作物茶园的昆虫群落丰富度、多样性、均匀度指数均较高，但间作作物的不同使茶园中昆虫特别是优势害虫的种群数或个体数均有较大的差异。王明亮等（2020）在自然留养杂草（CK）、黑麦草+白三叶 2 种作物混播、黑麦草+白三叶+早熟禾+红三叶 4 种作物混播、黑麦草+白三叶+早熟禾+红三叶+紫羊茅+毛苕子+波斯菊+百日草 8 种作物混播等处理下，采用陷阱法和马氏网收集调查节肢动物群落组成。与自然留养杂草处理相比，3 种覆盖作物处理下茶园鳞翅目昆虫均显著增加，但 3 种覆盖作物处理间无显著差异，黑麦草+白三叶+早熟禾+红三叶 4 种作物混播处理下同翅目昆虫显著增加了 92.47%（$P<0.05$）。与对照相比，黑麦草+白三叶 2 种作物混播处理可显著增加茶园节肢动物群落的多样性指数，4 种作物混处理可显著增加茶园节肢动物群落的多样性、丰富度和均匀度指数（王明亮等，2020）。在武夷山茶园，陈李林等（2011）通过间作百喜草、间作圆叶决明、留养杂草和除杂草 4 种不同处理，对茶园茶冠层（采用盆拍法及剪枝条法）和凋落层（采用捡取凋落物法）的螨类进行系统采样和分析。研究发现，与留养杂草对照相比，间作百喜草或圆叶决明均显著增加了茶冠层和凋落层捕食螨的物种丰富度、香农多样性指数、个体数和绝对丰度。与留养杂草和除杂草这两种对照相比，间作百喜草或圆叶决明均显著增加了茶冠层和凋落层优势种圆果大赤螨的个体数（陈李林等，2011）。在间作牧草茶园生态系统中，改变了茶园大面积单一种植结构，从而为茶园捕食螨的繁衍和增殖提供了充足的蜜源植物、良好的替代食物、适宜的栖息环境和躲避场所，有利于发挥捕食螨对茶园有害生物的自然生态调控作用（陈李林等，2011）。因此，茶园行间种植覆盖植物也有利于节肢动物的生存和繁衍。

第五节　其他地块内多样化种植模式

一、填闲作物/覆盖作物

1993 年，Thorup-Krisenten 把可以在田间耕作空闲期吸收土壤氮素并减少土壤氮素淋溶的作物称为填闲作物（Catch Crop）（Thorup-Kristensen，1993；田罡铭，2021）。因此，填闲种植也属于轮作种植的一种特殊类型，利用农作倒茬之时种植，填补时间上的空隙。在之后的发展中，有的学者将把填闲作物的概念从时间空隙扩展到了空间空隙上，是指在作物生产期间，在果园的树与树或藤与藤之间种植的作物，或在作物收获后，能在时间或空间上填充土壤裸露间隙的作物，也称作覆盖作物（Covercrop）（田永强等，2012；塞述莲等，2022）。在小麦、玉米等主要粮食作物种植的休闲期间，引种一些豆科或非豆科作物，一方面能作为覆盖作物（Cover Crop），增加地表覆盖保持水土，并通过吸收土壤残留矿质养分降低淋溶风险；另一方面在其生长一定时间后，可以翻耕入土以补充土壤养分供应，起到绿肥效果（Green Manure）（王俊和刘文清，2020）。与传统绿肥作物在休闲期种植，培肥地力的目标不同，覆盖作物与主栽作物可能存在较长一段时间的共生期（塞述莲等，2022）。填闲作物或覆盖作物的种植主要目标不是为了收获农产品来获取经济收益，而是以控制耕地的水蚀、风蚀及养分淋溶损失，减少侵蚀和磷流失，同时改善土壤质量，增加土壤肥力，提升土壤微生物群落多样性及稳定性抑制杂草生长，增加农田生物多样性从而控制虫害暴发，改善农田微生态等为目标（Lu et al.，2000；王俊，2020）。近年来已在北美平原、欧洲、南美洲等地区得到了大面积推广应用（王俊和刘文清，2020）

　　填闲作物/覆盖作物对于生物多样作用而言，一方面是填闲作物/覆盖作物种植本身，增加了植被结构和物种的多样性，也为农田生物提供多样和稳定的生境，直接增加农田生物多样性。例如，覆盖作物有利于有益线虫繁殖及产生不利于有害线虫群体的化合物等，如硫代葡萄糖苷、异硫氰酸酯等，把有害昆虫的危害控制于经济阈限之下（刘晓冰等，2002）；在玉米种植系统中，覆盖作物绛车轴草增加了土壤微生物生物量、异养细菌数量（如芽孢杆菌数量增加260%、放线菌数量增加310%、可培养细菌数量增加120%）和土壤酶活性（如碱性磷酸酶、芳香基硫酸酯酶和β-葡萄糖苷酶），并且显著高于传统施肥、无农药处理的土壤。在美国哥伦布玉米免耕种植系统中，种植一年生黑麦草和冬季黑麦与燕麦（Avena sativa L.）混合覆盖作物，与无覆盖作物处理相比，种植覆盖作物显著增加了土壤微生物的生物量。此外，覆盖作物还可以显著提高作物根际丛枝菌根真菌的数量和土壤有益微生物的生物量和多样性，并且可以扩大菌根圈至更深的土壤层，有利于作物生长（蹇述莲等，2022）。在冬小麦种植系统中，与不种植覆盖作物相比，添加覆盖作物奥地利冬季豌豆增加了土壤微生物数量、微生物生物量，显著提高了酶活性（脲酶、磷酸酶和脱氢酶活性）。覆盖作物的根系分泌物和枯枝落叶腐解释放的次生代谢产物、微生物生物量、种群和多样性的增加可以促进植物的生长，吸引有益微生物或抑制植物病原微生物（田畘等，2018）。

　　另一方面，覆盖作物可以产生不利于许多土传病害的土壤环境，产生对寄主有益的微生物群体而控制病害，覆盖植物的存在有助于天敌群落的扩散，聚藏有益的节肢动物，从而减轻害虫的数量和伤害，有利于有益线虫的繁殖以及产生可减少有害线虫群体的化合物等，通过以上作用来控制昆虫的危害，从而减少作物对化学农药的依赖、间接地促进生物多样性保护。研究黑麦、绛车轴草等覆盖作物对棉花天敌丰富度和多样性、主要害虫种群、生物防治服务和棉花产量的影响，发现黑麦促进了棉花早期天敌群落的丰富度和多样性，并且显著减少了蓟马的侵染；豆科覆盖作物可以改善有益昆虫的栖息地，十字花科覆盖作物产生含硫代葡萄糖苷的残留物可抑制植物寄生线虫和土壤病害。覆盖作物也可以抑制杂草，从而减少除草剂的使用，例如，茸毛野豌豆残茬可以抑制杂草，红三叶草和茸毛野豌豆的田间残体及淋溶物抑制某些杂草，一些冬季一年生豆类覆盖作物也能抑制杂草；小麦、大麦、燕麦、黑麦及食用高粱等可控制一年生阔叶杂草。覆盖作物抑制杂草的主要原因为：①覆盖作物比杂草更能通过竞争得到养分和水分；②覆盖作物残体或生育期间的冠层阻挡了光照，改变了光波频率，改变了表土温度，通过强烈的阴影与杂草竞争，控制杂草的危害；③生化他感作用起到了天然除草剂的功效（刘晓冰等，2002）。因此，覆盖作物已成为许多种植系统的重要组成部分，对于提升农田生物多样性具有明显效益。自20世纪70年代以来，覆盖作物的播种面积大幅增加（苏本营等，2013）。

　　对国内外覆盖作物的种植种类统计显示，豆科、禾本科和十字花科覆盖作物居多。按生物学特性划分，覆盖作物一般可分为两类，即非豆类覆盖作物和豆类覆盖作物。一般以豆科植物居多，可通过与根瘤菌的共生关系固定氮，提升土壤含氮量，其具有根系发达、抗逆性强、生长迅速、结实量大、繁殖方便等特点，在覆盖作物种植中发挥着重要作用。常见的豆科覆盖作物有毛叶苕子、地三叶草（*Trifolium subterraneum* L.）、红三叶草、白三叶草（*Trifolium repens* L.）、绛车轴草（*Trifolium incarnatum* L.）、野豌豆（*Vicia sepium* L.）、大豆［*Glycine max*（L.）Merr.］、豌豆（*Pisum sativum* L.）、草木樨（*Melilotus officinalis* L.）和苜蓿（*Medicago sativa* L.）等（表4-6）。此外，豆科覆盖作物还可以在不降低主栽作物产量的情况下抑制田间杂草（蹇述莲等，2022）。如将红三叶草播种到小麦中是在轮作玉米之前建立豆类覆盖作物的最简单且经济高效的方法之一。

非豆类覆盖作物以禾本科和十字花科为主，禾本科覆盖作物具有分蘖性强、碳氮比（C/N）高、生物产量高和播种时间灵活等特点。常见的禾本科覆盖作物有黑麦、黑麦草（*Lolium perenne* L.）、一年生黑麦草（*Lolium multiflorum* L.）、燕麦等。种植禾本科覆盖作物具有抑制杂草生长、增加土壤的水分可用性、减缓土壤退化、增强灌溉土地的土壤功能（蹇述莲等，2022）。十字花科覆盖作物具有生长速度快、主根大、扎根深、抗冻性强等特点。常见的十字花科覆盖作物有油菜（*Brassica napus* L.）、萝卜（*Raphanus sativus* L.）和芥菜［*Brassica juncea*（L.）Czern. et Coss.］等。十字花科植物含有硫代葡萄糖苷，在酶解后释放化感物质（如异硫氰酸酯），可有效抑制杂草。十字花科覆盖作物可有效清除作物收获后土壤中残留的氮（Gieske *et al.*，2016）。例如，芜菁（*Brassica rapa* L.）、萝卜、油菜因其主根较长，可以吸收土壤深层的氮，芥菜因其根系较浅、多分枝，可吸收土壤浅层的氮。豆科和非豆科覆盖作物也可混合种植，从加速覆盖作物的冠层建成，占据杂草生态位，从而有效抑制杂草，既可以充分发挥豆科植物固氮功能，又可以使非豆科植物有效清除土壤残留氮和磷等（蹇述莲等，2022）。此外，王俊等（2016）根据水分消耗情况针对黄土高原旱作农业区可采用的填闲或覆盖作物进行了总结（表4-6），提供了可供当地选择的覆盖作物种类。

表4-6 黄土高原旱作农业区常用填闲作物种类及特征

生长季	生长型	耗水情况		
		低	中	高
冷季	一年生	大麦、一年生羊茅、油菜、芥菜、亚麻荠属、钟穗花属、紫花豌豆、小扁豆、羽扇豆、苜蓿属、埃及三叶草	燕麦、小麦、萝卜、芜菁、亚麻、羽衣甘蓝、菠菜、绛红三叶草、野豌豆、草木樨	大麦、黑麦、胡萝卜、莙荙菜
	二年生	油菜、亚麻荠属、红叶三叶草	甜菜、野豌豆、草木樨	胡萝卜、莙荙菜
	多年生	芥菜、苜蓿属、红叶三叶草、红豆草、紫花苜蓿、印度木豆	白花三叶草、苦拉三叶草、百脉根	

（续表）

生长季	生长型	耗水情况		
		低	中	高
暖季	一年生	鹰嘴豆、豇豆、苦豆、印度木豆、瓜尔豆、苋菜、谷子、狼尾草	太阳麻、蚕豆、绿豆、大豆、荞麦、藜麦、黍、高粱、苏丹草、画眉草	花生、南瓜、红花、向日葵、玉米
	二年生	—	—	—
	多年生	—	菊苣	花生

资料来源：王俊等，2018。

二、果园生草

果树下或果树之间种植覆盖植物，也称作果园生草，是一项传统的生态栽培措施，也是一种特殊的覆盖作物模式（图4-3）。由于单一化的作物和长期的清耕制度不断取代自然植被，降低了农田的物种和生境多样性，结果导致农田生态系统的不稳定和虫害严重。在果园中间作牧草或绿肥植物，不仅能够改善土壤物理性状，提高果园表层土壤养分含量，增加土壤保水能力，同时还能增加果园生物多样性，减少害虫发生量。在这一生态体系及其演替过程中，利用较大的冠下空间间作不同地被植物，建立稳定的生物多样性体系，改良果园中植物—害虫—天敌的相互制约作用机制，可以较大幅度提高果树的生产效益，同时增加果园节肢动物多样性，有利于维持果园生态体系的良性循环。

图4-3　具有地表草地覆盖的果园
（刘云慧　摄）

研究表明，苹果园中间作芳香植物会显著影响植食性和捕食性节肢动物的个体数与物种数的时序特征，增加捕食性天敌丰富度和数量，有效地减少苹果黄蚜、叶蝉和苹果蠹蛾的发生量。同时，苹果园生草覆盖可以增加金纹细蛾的寄生率，因为覆盖植物可以为寄生蜂提供花粉与花蜜等资源，提高其生殖力（李正跃等，2009）。在梨园种植菊科植物或间作牧草也可明显提高梨园中天敌的数量和持续时间，说明果园生物多样性对于果园害虫控制具有一定的作用。梨园间作孔雀草、薄荷和罗勒等芳香植物能有效降低梨树花期以后的节肢动物种群数量，改变节肢类动物群落及其功能类群的组成，明显减少植食类群节肢动物的数量，并能显著增加植食类群和寄生类群的优势度集中性指数、多样性指数和均匀度，显著提高益害比，改良节肢动物群落及其功能类群的多样性特征，保持了物种的丰富度和群落生态优势度、优化群落均匀度，进而提高了梨园微域生态体系的生物多样性调节功能，提高梨树的生产效率（宋备舟等，2010）。梨园间作的芳香植物对节肢动物群落及功能类群可能会产生多种作用：一是芳香植物内含的挥发油生物碱以及其他化学物质干扰成虫的取食，使其由于拒食而引起逃避或死亡；二是对成虫寻找寄主选择产卵场所以及产卵过程起着干扰作用；三是干扰害虫的正常生理活动，引起营养不良、致畸、致残、降低生殖力以致中毒死亡；四是对一些天敌来说，繁茂的芳香植物可以为天敌提供栖息环境、避难所、中间寄主、食物和引诱物质等，增加天敌的丰富度，抑制梨园害虫的大量发生（宋备舟等，2010）。在梨园间作芳香植物条件下，与清耕对照区和自然生草区相比，虽然间作芳香植物区节肢动物群落的物种数无明显差别，但其害虫个体数明显低于清耕对照区和自然生草区，同时天敌数量明显增加。例如，间作芳香植物能明显减少同翅目（主要为木虱类）和金龟子类害虫的发生，显著增加瓢虫类天敌数量、膜翅目寄生蜂类天敌和中性传粉昆虫，这在优化梨园节肢动物群落各类群组成结构的同时，对梨园有害昆虫的持续调节和花期传粉、授粉都具有重要意义。此外，比起果园下清耕，在核桃园中种植豆科植物（如长毛野豌豆或燕麦等），葡萄园中种植荞麦、向日葵等，石榴园中保留杂草等进行生草覆盖，都有利于增加天敌、控制害虫（李正跃等，2009）。表4-7总结了我国一些有关覆盖作物果园生草促进生物多样性的报道。

表4-7　中国不同地区部分果园生草增加生物多样性的种植情况

覆盖作物	种植制度	地区	作用	文献
百日草、黑麦草、早熟禾、波斯菊、紫羊茅、红三叶、白三叶、毛叶苕子	与猕猴桃间作	湖北省十堰市	提高了土壤微生物功能多样性指数和丰富度指数	李青梅等，2020
白三叶	与蓝莓间作	安徽省淮南市	有效控制蓝莓行间杂草	王晶晶等，2017
薄荷、孔雀草、罗勒等芳香植物	与梨树间作	北京市大兴区	增加节肢动物科属、密度、益害比	宋备舟等，2010
鼠茅	与梨树间作	江苏省常熟市	增加土壤中放线菌的数量	刘广勤等，2009

资料来源：蹇述莲等，2022。

三、地块内特定植物混作

在地块内除了增加作物多样性，一些情况下种植特定的非作物植被不仅直接增加地块间植物多样性，还可以通过提供额外的食物来源，对一些有益生物（如天敌、传粉者）起到吸引和保护作用，增加地块间有益生物的多样性，对促进害虫生物防治、传粉服务起到积极作用，促进作物生产并降低农药化学投入，进一步有利于农田生物多样性的提高。

美国农业部国家可持续农业信息中心总结了一系列有利于吸引和保护天敌用于控制害虫的植物，如表4-8所示，供相关的管理参考和借鉴（Dufour，2000）。

表4-8　吸引有益昆虫的植物

吸引益虫类群	靶标害虫	种植的植物种类
食蚜瘿蚊的幼虫	蚜虫	莳萝、芥菜、百里香、草木樨
各种蚜虫寄生蜂，如蚜茧蜂	蚜虫	一些开小花的蜜源植物，如八角茴香、葛缕子、莳萝、荷兰芹、十字花科植物、白三叶、野胡萝卜、蓍草等
猎蝽（猎蝽科）	多种害虫，包括种蝇、番茄天蛾幼虫、大毛虫	多年生草木，为益虫提供长久的栖身处
大眼长蝽（长蝽科）	多种害虫及其虫卵，包括跳甲、蛛螨、小毛虫等	亚历山大三叶草、地三叶草等绿肥植物；扁蓄蓼
茧蜂（茧蜂科）	夜蛾、菜青虫、苹果蠹蛾、舞毒蛾、欧洲玉米螟、甲虫幼虫、蝇类、蚜虫、毛虫等	一些开小花的蜜源植物，如葛缕子、莳萝、荷兰芹、野胡萝卜、茴香、芥菜、白三叶、艾菊、蓍草等，以及向日葵、毛叶苕子、荞麦、豇豆、扁蓄、番红花、留兰香
姬蜂（姬蜂科）	蚜虫、蓟马、叶蝉、角蝉，以及各种小毛虫	菊科植物，如蓍草、紫花苜蓿
步甲（步甲科）	鼻涕虫、蜗牛、地老虎、白菜根蛆、科罗拉多马铃薯叶甲虫、舞毒蛾、天幕毛虫	多年生的植物，苋菜、白三叶等，为步甲提供栖身之处
草蛉属和通草蛉属昆虫（脉翅目）	各种软体害虫，包括蚜虫、蓟马、粉蚧、毛虫、螨	伞形科植物，如葛缕子、野胡萝卜、莳萝等；菊科植物如向日葵、蒲公英、艾菊、金鸡菊、波斯菊等；荞麦、玉米、圣叶樱桃、酒瓶树、皂皮树
长足瓢虫属昆虫	蚜虫、粉蚧、蛛螨、软蚧	伞形科植物，如茴香、当归、莳萝、野胡萝卜、大阿米芹；菊科植物，如艾菊、波斯菊、金鸡菊、蒲公英、向日葵、蓍草、黄春菊、绛车轴草、毛叶苕子、谷类、荞麦、黑麦、皂皮树、马利筋、卫矛、田菁、鼠李、滨藜、刺槐
孟氏隐唇瓢虫	粉蚧	伞形科植物，如茴香、莳萝、当归等；菊科植物，如向日葵、金鸡菊、蓍草、艾菊等
小花蝽（花蝽科）	蓟马、蛛螨、叶蝉、谷实夜蛾、小毛虫等	伞形科植物，如野胡萝卜、芫荽、大阿米芹、细叶芹等；菊科植物，如艾菊、波斯菊、雏菊、蓍草、洁顶菊等；粉蝶花、毛叶苕子、紫花苜蓿、玉米、绛车轴草、荞麦、加拿大接骨木、柳树、灌木丛，以及其他多年生植物或树篱
寄生线虫	线虫	万寿菊、菊花、天人菊、堆心菊、小飞蓬、毛魁蓝、蓖麻、猪屎豆、山蚂蟥、田菁、土荆芥、高粱、羽扇豆
螳螂	各种害虫（也捕食益虫）	波斯菊、荆棘

（续表）

吸引益虫类群	靶标害虫	种植的植物种类
捕食螨	蛛螨	伞形科植物，如莳萝、茴香等；十字花科植物，如香雪球、屈曲花。不喷洒农药和化学驱虫剂，为捕食螨提供非作物生境的庇护所
捕食性蓟马（蓟马科）	蛛螨、蚜虫、其他蓟马、梨小食心虫、苹果蠹蛾、卷叶蛾、桃条麦蛾、紫花苜蓿象鼻虫、白蝇、潜叶虫、介壳虫	种植吸引捕食性蓟马，以及介壳虫、蚜虫、蛾类卵、叶蝉等的非作物植被，可以通过为捕食性蓟马提供食物源而增加其数量
隐翅虫（隐翅虫科）	蚜虫、弹尾虫、线虫、蝇类、白菜根蛆	多年生草木；黑麦、谷类、绿肥植物条带间作。注意地表覆盖，保留在园中的碎石小径或丛间小道边生境
蜘蛛	多种害虫	葛缕子、莳萝、茴香、波斯菊、万寿菊、留兰香
斑腹刺益蝽	草地夜蛾、叶蜂、科罗拉多马铃薯叶甲虫、墨西哥豆甲	菊科植物，如蓍草；大阿米芹等多年生草木
食蚜蝇（食蚜蝇科）	蚜虫	伞形科植物，如野胡萝卜、莳萝、茴香、葛缕子、荷兰芹、芫荽、大阿米芹等；菊科植物，如艾菊、金鸡菊、黑心金光菊、波斯菊、向日葵、万寿菊、蓍草等；凤尾兰、香雪球、屈曲花、鼠李、圣叶樱桃、荞麦、山萝卜、留兰香、常绿灌木丛、加利福尼亚丁香、蒿蓄蓼、皂皮树、白芒花、粉蝶花等
寄蝇（寄蝇科）	地老虎、夜蛾、天幕毛虫、甘蓝夜蛾、舞毒蛾、叶蜂、日本金龟、金龟子、南瓜缘蝽、绿蝽、潮虫	伞形科植物，如野胡萝卜、莳萝、葛缕子、大阿米芹、荷兰芹、芫荽、茴香等；钟穗花、荞麦、苋菜、草木樨、香雪球、鼠李、柳叶石楠
虎甲（虎甲科）	许多昆虫	种一些多年生植物，维持一些裸露沙土地
寄生蜂，包括赤眼蜂等许多种类	云杉卷叶蛾、棉铃虫、番茄天蛾、谷实夜蛾、玉米螟、苹果蠹蛾、其他蛾类	多种植物混合种植，包括葛缕子、莳萝、毛叶苔子、留兰香、荞麦、野胡萝卜、八角茴香、蒿蓄蓼、白三叶、艾菊、蓍草、豇豆、小茴香、波斯菊、细叶芹等。在果园里，散播些苜蓿和开花植物的混合种子
丽蚜小蜂	温室粉虱、甘薯粉虱	一些伞形科植物，如野胡萝卜、莳萝、茴香等；菊科植物，如艾菊、向日葵、波斯菊、金鸡菊等混合种植

资料来源：Dufour，2000。

四、低投入谷类种植带

在欧洲和北美洲一些地区，低投入谷类作物种植带是指在谷类作物种植过程中不施用化肥、杀虫剂或阔叶除草剂，并以低于商业种植的播种率播种作物，以创建开放式植被结构，因而具有更多空间和光线，从而促进野花发芽和结实。例如，为矢车菊和牧羊针这样的稀有野生花卉提供空间，同时还为传粉昆虫提供花粉和花蜜（食物来源），为瓢虫、步甲等有益天敌提供栖息地，从而有利于控制害虫，为一些小型哺乳动物提供庇护所和觅食场所，为农田鸟类筑巢提供栖息地。

推荐的低投入谷类作物包括：大麦、燕麦、黑麦、小黑麦、小麦、谷子等，通常不选用玉米或高粱等生长较高的作物，以防遮住有益的植物。低投入的谷物尽可能晚收割，甚至不收割，即使收割也应该冬季留茬。对于需要收割的谷物，为了在作物产量和有益野生动物之间取得良好的平衡，也要保证有机肥料的投入量不超过 100 kg/hm² 有机氮，或者低于 50 kg/hm² 的无机氮。不收获的低投入谷物，将保留到翌年春天，在冬季为农田鸟类和其他野生动物提供种子和覆盖物。由于面积越大越有利于支持更大范围的野生动物，条件允许的情况下低投入谷物地带的宽度应保持在 6 m 以上。不同低投入谷物地带的间距应不超过 250 m，确保成年鸟类能够安全、方便地获取食物。

五、冬季留茬

在欧洲和北美洲，作物收获后，在土地上保留下庄稼茬直至翌年春天甚至到夏季，也是一种田间促进生物多样性措施。留茬区至少在 2 月底前不修剪和管理，以此为鸟类和其他野生动物提供食物和庇护所，有利于野生动物生存。保留下的未经管理的越冬茬在整个田地或地带，或某几个区域，这些留茬地可以连接非作物栖息地（如树篱、池塘和农田边界），有助于野生动物在这些栖息地之间迁徙，尤其是在 20 hm² 以上的大块土地上。

越冬的残茬可以为吃种子的鸟类提供重要的冬季食物来源，如云雀、麻雀等；为有益的无脊椎动物提供食物和庇护所，如捕食性甲虫、传粉者和吃蚜虫的瓢虫，也为像棕兔这样的野生哺乳动物提供食物和栖息地，同时增加稀有农田植物生长、开花和结实的机会，增加春季和夏季地面筑巢鸟类、哺乳动物和有益无脊椎动物繁殖的机会，春季增加的无脊椎动物也为农田鸟类提供食物。此外，留茬可以减少冬季劳动量，有助于杂草的控制，减少土壤径流，改善水质和土壤质量。

六、特殊作物种植格局

除了传统的间套作和轮作，还可以根据不同害虫和天敌的习性以及植物本身的特征，在作物生境中设计特殊的作物种植格局，也可以增加生物多样性，实现对害虫的有效控制，例如，条带式（在大田的中央、两侧或单侧）、四周环绕式、单株棋盘式和镶嵌格局等。对于专门吸引害虫的诱集植物，如用于诱集烟粉虱的茼麻，则更适合单株棋盘式种植在大豆、棉花、甘蓝田里。在大豆田四周环绕或两侧条带式同期播种黄瓜作为诱集植物吸引迁入的烟粉虱，再根据害虫烟粉虱的密度释放日本刀角瓢虫，则可以减少60%以上的害虫，减少农药的使用。在河北省衡水市枣强县，农民安金磊环绕棉田四周套种了玉米来吸引鳞翅目的幼虫，又种植了一圈芝麻用来驱避蚜虫，在田中央则种了一小块谷子供鸟类取食，增加鸟类多样性，以促进鸟类对棉田害虫的控制（图4-4）；另外由于多年不施用化肥、除草剂和杀虫剂，农田的天敌、中性昆虫等类群多样性增加，使得棉田鲜有虫害暴发。以棋盘模式交替种植不同品种，可以优化对两个具有不同吸引力的品种有效授粉访问，增加传粉昆虫多样性，同时促进杂交和作物生产。

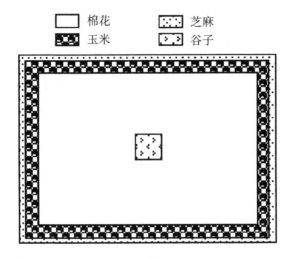

图4-4　河北省衡水市枣强县农民安金磊的棉田种植格局示意

第五章　地块间生物多样性保护的生态基础设施

生态基础设施（Ecological Infrastructure，EI）一词最早出现于联合国教科文组织的"人与生物圈计划"（MAB）。在其1984年的报告中提出了生态城市规划的五项原则，生态基础设施就是其中之一。1990年，荷兰农业、自然管理和渔业部的自然政策规划也提出了全国尺度上的EI概念（Ahern，1995）。随着对农业景观生物多样性保护和农业生态环境的重视，在农田地块间保留和建设生态基础设施在欧洲成为农田生物多样性和生态环境保护的重要措施。一般来说，为了能有效阻止农田景观多样性的降低和集约景观中生物控制功能的丧失，农用土地中最少要有10%的土地用于生态基础设施的建设，作为"生态补偿区"（Boller *et al.*，2004）。

本章将在参考欧洲经验和相关研究的基础上，重点介绍一些可应用于地块间促进生物多样保护的农业景观生态基础设施的建设方法，包括野花带、甲虫带、农田边界、农田防护林、沟渠、池塘和树篱等，为我国农业景观生态基础设施的建设提供参考。

第一节　野花带

大多数集约化农业景观只有不到3%的区域作为生态补偿区，因此需要额外的非农作生境。其中一种选择就是种植野花带，它是自然和半自然栖息地以及其他农田边界的良好补充，在欧洲被广泛种植在集约化的农业景观中以提高生物多样性（Haaland *et al.*，2011）。在简单的景观（农田所占比例较大）中，多花带（图5-1）可显著增加天敌的密度和丰度，在保护天敌、提升害虫控制方面发挥显著的作用。

图5-1　农田景观野花带
（刘云慧　摄）

一、野花带宽度及植物

要使野花带能够实现生物多样性维持的功能，在欧洲的景观建设中推荐宽度一般为3~10 m。笔者在华北平原的研究显示 1 m 宽的多花带也能很好地起到吸引天敌生物的作用。因此，考虑到我国耕地面积的有限性，建议在条件允许的情况下最好不低于3 m，如果条件不允许的情况下，也可以考虑 1 m 左右宽度的多花带。

二、野花带植物的选择

欧洲的研究显示，自然再生的野花带中优势物种通常为禾本科植物，物种丰富度较低，如果群落中具有本地物种多年生杂草，自然演替过程可能会因地而异。因此，一般野花带的建立采用多种植物物种的种子进行混合播种。表5-1列举了欧洲一些国家常用的野花带植物选择。一般而言，所选用的物种要确定没有"问题植物"，并适应于当地的土壤、气候状况。应尽量使用区域特有种和本土群落中的物种，以避免对本地植物区系造成负面影响。采用多种植物混合播种实验显示，演替初始野花带的物种十分丰富，但是随着演替的进行，可能会出现植物物种减少的情况。野花带种植点环境状况和物种库对演替速度和方向有重要影响，但是增加混合种子的种类，有利于避免野花带植物物种随演替减少的风险。

表5-1　部分欧洲国家乡村发展项目（2007—2013 年）框架下播种野花带建设方法

国家	种子混合物	宽度	管理
奥地利	至少包含两种开花物种，如苜蓿、钟穗花属植物，或向日葵；也可以包含禾本科物种	2.5~12 m	每年8月1日后进行一次割刈
芬兰	钟穗花属植物、矢车菊、罂粟花	—	—
德国（下萨克森州）	推荐了含豆科植物在内的30种物种	3~24 m	必要的情况下进行割刈，但是在4月1日到7月15日期间禁止割刈
英国	野花、禾本科、粉源植物和蜜源开花植物（豆科植物）混合	2~6 m，如果是蜜粉源植物带至少6 m	播种1年后，建议每年9月中旬后割刈一次，对粉源植物和蜜源植物可在冬季进行放牧
瑞士	通常24~37种野花物种，无禾本科植物	至少3~4 m	建议每年割刈一次，但通常未执行
瑞典	推荐的物种包括三叶草、草木樨、天蓝苜蓿、三叶草、百脉根、苕子和菊苣	至少10 m	建议进行偶尔的割刈，但在8月前禁止割刈

资料来源：Haaland *et al.*，2011。

一般来说，野花带常含有豆科的三叶草（*Trifolium pratense*）、苜蓿（*Medicago* sp.）、野豌豆（*Vicia* sp.）、百脉根（*Lotus corniculatus*），菊科的矢车菊（*Centaurea cyanus*），蓼科的荞麦（*Fagopyrum esculentum*）等植物，可以选择多种本土常见物种均匀混

合搭配。

　　目前，国内也开发了一些包括一年生、两年生、多年生的野生物种和栽培植物（表5-2），依据地域和用途综合划分为10余种野花组合，如以北京为代表的北方组合（由10余种一年生或多年生花卉品种组成）、以上海地区为代表的灿烂江南组合、以四川地区代表的西蜀风情组合等。野花组合按花卉组合数量还可以分为单一品种组合和多个品种组合。但是，这些组合主要用于园林绿化，对其生态效益的研究和认识较少，且我国植物资源丰富，仍然有巨大的开发潜力。

表 5-2　我国目前常用野花组合中常见物种

科	属	种	类型
菊科	波斯菊属	波斯菊（*Cosmos bipinnatus* Cav.）	一年生
		硫华菊（*Cosmos sulphureus*）	一年生
	万寿菊属	孔雀草（*Tagetes patula*）	一年生
		万寿菊（*Tagetes erecta* Linn.）	一年生
	金鸡菊属	大花金鸡菊（*Coreopsis grandiflora* Hogg.）	多年生
		蛇目菊（*Coreopsis tinctoria*）	二年生
	菊属	矢车菊（*Centaurea cyanus* Linn.）	一年生至二年生
		菊花脑（*Chrysanthemum nankingense* Hm）	多年生
	向日葵属	菊芋（*Helianthus tuberosus* Linn.）	多年生
		向日葵（*Helianthus annuus*）	一年生
	松果菊属	松果菊（*Echinacea purpurea* Moench）	多年生
	天人菊属	宿根天人菊（*Gaillardia aristata* Pursh.）	多年生
	马兰属	花叶马兰［*Kalimeris indica*（L.）Sch.-Bip.］	多年生
	大丽花属	小丽花（*Dahlia pinnate* cv.）	多年生
	滨菊属	大滨菊（*Chrysanthemum maximum*）	多年生
	翠菊属	翠菊（*Callistephus chinensis*）	多年生
	藿香蓟属	藿香蓟（*Ageratum conyzoides*）	一年生
	金光菊属	黑心菊（*Rudbeckia hybrida*）	一年生至二年生
	百日草属	百日草（*Zinnia elegans*）	一年生
	金盏菊属	金盏菊（*Calendula officinalis*）	二年生
苋科	千日红属	千日红（*Gomphrena globosa*）	一年生至二年生
	青葙属	鸡冠花（*Celosia Cristata*）	一年生
紫茉莉科	紫茉莉属	紫茉莉（*Mirabilis jalapa* Linn.）	一年生

（续表）

科	属	种	类型
凤仙花科	凤仙花属	凤仙花（*Impatiens balsamina*）	一年生
大戟科	大戟属	银边翠（*Euphorbia marginata*）	一年生
白花菜科	白花菜属	醉蝶花（*Cleome spinosa* L.）	一年生
十字花科	诸葛菜属	二月兰 [*Orychophragmus violaceus*（L.）Schulz]	二年生
罂粟科	罂粟属	虞美人（*Papaver rhoeas* L.）	一年生至二年生
石竹科	石竹属	石竹（*Dianthus chinensis* L.）	一年生至二年生
锦葵科	木槿属	蜀葵（*Alcea rosea*）	多年生
亚麻科	亚麻属	蓝亚麻（*Linum perenne* L.）	多年生
鸭跖草科	鸭跖草属	紫露草（*Tradescantia rdflexa* Rafin.）	多年生
紫草科	玻璃草属	倒提壶（*Cynoglossum amabile* Stapf et Drumm.）	多年生
马鞭草科	马鞭草属	美女樱（*Verbena hybrida* Voss.）	多年生

资料来源：许勇，2009。

三、野花带的管理

野花带的管理要求机械干扰和化学药品的投入尽可能最小，且尽量避免邻近作物的生物入侵。多年生的地下茎植物，如燕麦草、丝路蓟和田旋花，对农业生产具有高风险，必须要加以控制。为了保持野花带多样性，有必要采取刈草和翻耕等管理措施。欧洲的研究表明刈草或春秋季的刈草加翻耕，可能会促进植物多样性和优化其空间结构。每2年或3年进行一次刈草和翻耕等是很必要的，但具体措施的应用需要参照具体的植物演替过程。

第二节　甲虫带建设

甲虫带是种植在大块农田中大约2 m宽的多草丛的条带堤地，通常横跨大面积地块的中部。甲虫带通常适宜于面积大于16 hm² 和宽度大于400 m的地块。大于30 hm²的地块，应该建立多条甲虫带。

甲虫带有利于提高农田中有益昆虫和蜘蛛的数量。贯穿农田中部的丛生性草带为许多昆虫提供必要的越冬栖息地。因为这些昆虫在春季将会迁移至农田取食害虫，甲虫带可以减少杀虫剂的使用。由于很多物种只在250 m的范围内运动，处于农田边界的物种有可能不能够迁移至农田中部。甲虫带的建立可以使得这些捕食性昆虫能够覆盖更大范围甚至是整个地块。此外，在欧洲的报道还显示甲虫带能够为一些在地表筑巢的鸟类和小型哺乳动物提供栖息地，这些物种通常是一些喜欢开阔农田而远离农田边界的物种。

一、甲虫带的植被选择

甲虫带一般采用丛生草与豆科植物混播，丛生草占 60% 以上，常见的丛生草有鸭茅（*Dactylis glomerata*）、绒毛草（*Holcus lanatus*）、梯牧草（*Phleum pretense*）、牛尾草（*Festuca elatior*）等（图 5-2）。如果希望再增加食蚜蝇（Syrphids）、寄生蜂（Parasitoids）一类的飞行天敌昆虫，可以考虑增添播种一些高大的野花。在建设初期，甲虫带上物种多样性或许较低，但随着时间的推移，如超过 10 年后即可维持与含有覆地草本和蜜源植物的农田边界相当的物种数，不仅能够增加植物的多样性，也能够为捕食性天敌提供长久的庇护生境。

图 5-2 农田景观甲虫带

（刘云慧 摄）

二、甲虫带的建立

最好在秋天开展草带建设以形成甲虫带，因为秋季播种能够更好地抑制杂草的生长。

首先需要犁出一条沟横跨农田两侧，并沿犁出的沟构建一条隆起约 0.4 m 高、2 m 宽的堤带。甲虫带两侧的地头仍然可以保持作物种植。

混合的草种应该包括至少 60% 的丛生性物种（如鸭茅、牛毛草、梯牧草），剩余的部分可以选择本地种。混播高大的野花有利于增加捕食性生物（如食蚜蝇、寄生蜂）的数量，但这会增加建设的成本。

在隆起堤带之后，首先使用广谱、无残留的除草剂以防止杂草的生长，然后以适度的密度进行播种。

播种后的第一个夏天至少需要进行 3 次割草（当草达到 10 cm 高的时候）以促进禾类物种分蘖以及控制其他一年生杂草的入侵。

一旦甲虫带建立起来后，只在除掉死去的丛生植物促进再生的时候进行割草，一般每 3 年不超过 1 次。

需要建设的甲虫带数量取决于农田的大小和农田是否具有高质量农田边界，一般来说大于 16 hm² 的农田需要考虑建立甲虫带，20 hm² 的农田可以考虑在农田中建立一条甲虫带，30~50 hm² 的农田可以考虑 3 条或 4 条均匀分布的甲虫带（图 5-3）。

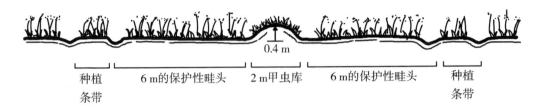

| 种植条带 | 6 m的保护性畦头 | 2 m甲虫库 | 6 m的保护性畦头 | 种植条带 |

0.4 m

图 5-3 甲虫带示意

（张启宇 绘）

三、甲虫带的管理

甲虫带对于杀虫剂非常敏感。由于甲虫带并不是很宽，很容易受到两旁杀虫剂的影响，因此通常将甲虫带和保护性畦头一起建设（图 5-3），或者在甲虫带附近避免施用杀虫剂。由于我国一般家庭农田地块较小，推荐采取在甲虫带附近避免使用杀虫剂的方式，在可能的情况下，尽可能在距离甲虫带至少 6 m 的范围内避免使用杀虫剂，也可以根据实地情况调整避免使用杀虫剂的范围。

第三节　农田边界建设

农田边界通常指农田中非生产性的、1 m 以上的处于树篱和作物之间的草带（图 5-4）。欧洲的研究发现，农田边界可以为地面筑巢的鸟类提供筑巢地点、促进农田中有益昆虫和蜘蛛数量的增加，为小型的哺乳动物提供栖息地并有助于稀有农田物种的保护。宽一些的农田边界带还可以作为缓冲带，减少杀虫剂和 N、P 养分等向水体的扩散。实际上，野花带和甲虫带也可视作农田边界带。在我国，常见的农田边界带存在于农田地块之间，是一些自然演替的草带，主要用作地块之间的分隔。目前国内农业景观中出于

图 5-4 农业景观的农田边界带

（刘云慧 摄）

生态目的人工播种的农田边界带并不常见。

一、农田边界带的创建

（1）秋季是建立农田草带的最好时间，因为秋季播种可以减少杂草生长带来的问题。如果是春季播种，播种密度要适当高些，除草的次数和频率需要增加。如果要建立多年生的草带，则在播种时留出部分区域用于自然再生，或者开垦一条本地物种混合种植的播种带。

（2）在耕种之前施用部分广谱除草剂，如草甘膦或草丁膦，以防止杂草生长，妨碍农田边界带的建设。

（3）在农田边界创建之后的第一个夏天，当草的高度长到 10 cm 高时进行割草以控制杂草并促进植物分蘖，一般需要割 3 次草。

（4）避免除草剂和肥料飘散至边界带，因为如果有除草剂和肥料飘散至边界带会使竞争性杂草取代多年生草类。杀虫剂对农田边界所维持的很多有益昆虫有害。

（5）尽可能保留农田边界的草带，也可以通过作物轮作的形式替代农田边界，在种植作物的季节尽可能不施用肥料，并最好能在作物生长茂盛的季节避免在农田边界放牧。

二、农田边界的类型、植被选择和管理

根据保护物种的不同，农田边界植被及其管理略有不同。

如果以保护地表筑巢的鸟类和越冬昆虫为目的，可以种植丛生性草类构成农田边界，在混合植物中至少含有 30% 的鸭茅或梯牧草以保证能构建丛生性的草带，为越冬昆虫提供保护或筑巢所需的覆盖。在种植作物的边缘通常可以建立一条封锁带以控制杂草，使其处于作物和农田边界之间；如果建立的是多年生草类构成的农田边界带则不必建立封锁带。从农田边界带建立的第二年起每 3 年进行一次割刈，割刈时间在秋季为宜，在同一年内避免对所有的边界进行割刈。对于 6 m 宽的边界，每年对毗邻作物 3 m 的边界进行割刈，而毗邻树篱 3 m 的边界每 3 年割刈一次，这样有助于构建混合草带结构。

如果农田边界带是为了吸引传媒昆虫，建设方法同野花带类似，但是注意选择阳光充足的地带，并尽可能采用本地的种子资源。采用条播方式播种草种，并在旋耕前播种野花，每年秋季进行割草处理。

如果农业景观中有稀有的农田植物物种，建立农田边界带是为了保护这类稀有的农田物种，可以在长有稀有农田植物或群落的地点建立这一类型的边界。这时边界通常不施用广谱杀虫剂或者肥料，以让其自然再生。边界建设的时间主要依据目标保护植物发芽时间来选择。

第四节　农田防护林建设

农田防护林是农业景观中重要的半自然生境要素，农业景观中防护林能够改变风流

和小气候，保护特定区域免受风沙的危害，是作物种植、家畜养殖管理的重要部分。尽管农业景观防护林的建设首要目的并不是为了保护生物多样性，但是其有效地提高了农业景观的景观格局及生境类型的多样性，为农业景观生物提供了有效的栖息地和避难所，在农业景观生物多样性的保护和维持中具有重要作用。

防护林的设计需要因地制宜，需要针对当地实际情况作具体的考虑。但是一般来说必须考虑6个关键要素，包括高度、连续性、密度、朝向、长度及树种的选择（Finch，1988）。通过调节这些要素，以满足实际的需求和目标。

一、农田防护林高度

农田防护林高度（H）是防护林建设中决定下风向保护区所能达到的距离。随着防护林的成熟，防护林的高度增加。最大风速减少出现在下风向防护林高度2倍（$2H$）到10倍（$10H$）的地方（图5-5）。例如，对于一个树木最高高度是9 m的防护林，最大风速减少会出现在下风向18~90 m的地方。在防护林的上风向，在防护林高度2~5倍的地方，可测量到风速的减少。

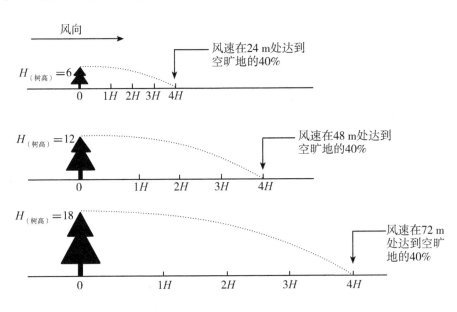

图5-5　防护林保护的下风向距离与高度成比例
（改自Finch，1988；张启宇　绘）

二、农田防护林的连续性

为了实现防风的有效性，防护林的连续性是至关重要的。防护林不应当有很大的间隙，太大的间隙可能会造成漏斗效应，使得风量在局部集中，并且风速增加，会对下风向的农田造成危害。替换死去的树木，在防护林的末端设置通行小道可以防止出现间隙。如果道路、小道或者大的沟渠必须穿越防风林，可尝试使道路、小道或沟渠与盛行风方向呈一定的角度。设计时应当考虑乔木和灌木同时生长，并能够在10年内形成连续的屏障（图5-6）。

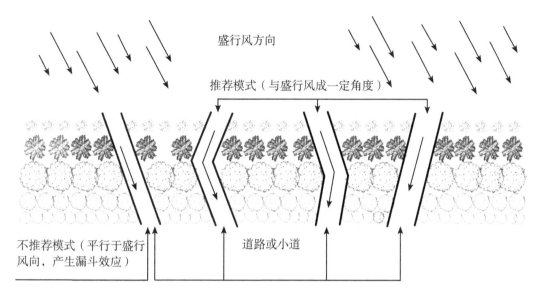

图5-6 穿越防护林道路与盛行风对防风效果的影响

（改自 Finch，1988；张启宇 绘）

三、农田防护林的密度

防护林的密度指防护林树叶、枝条和树干的数量。风可能会从防护林拂过或者遇到防护林迂回，但也有部分会穿过防护林。防护林越坚固或密度越高，风速就会减少得越多。种植密度小可以保护更远的距离，防护林密度可以通过树种选择（针叶树种或落叶树种）、调节树木的间距和防护林的行数来实现。

防护林的行数将最终决定防护林的整体效率。如果有足够的空间，最好采用多行防风林模式。多行防护林不仅具有良好的防风效果，还可以起到为野生动物提供栖息地，并可实现木材的供应。在空间有限的情况下，尤其是在干燥的地区，可以种植冠层丰富并能延伸到地表层的乔木来建立单排防护林。在具有变化风向的地区，单排防护林也可以在多行防风林之外提供二次保护。

同一行乔木之间或灌木之间的种植间距，或者不同行之间的种植间距也是防护林是否成功的关键因素。间距应当考虑可能采用的播种机及其他机器的大小，也因采用植物物种不同而异。对于多行防护林，一般采用如下范围的距离：①高大的乔木相互间隔5~8 m，行间距3~6 m。②中等大小的乔木相互间隔3~5 m，行间距3~5 m。③灌木相互之间间隔2~4 m，行间距2~4 m。

在我国，《农田防护林工程设计规范》（GB/T 50817—2013）对不同地区防护林工程主要树种的适宜密度表作了详细的建议（表5-3）。

表 5-3 我国农田防护林工程主要树种适宜密度

（单位：株/hm²）

树种	东北地区西部内蒙古自治区东部农田防护林区	华北地区北部农田防护林区	华北地区中部农田防护林区	西北地区农田防护林区	长江中下游地区农田防护林区	东南沿海地区农田防护林区	西藏自治区拉萨河谷农田防护林区
樟子松	1 650~3 300	1 650~3 300		1 650~3 300			1 650~3 300
落叶松（兴安、长白）	3 300~4 400						
云杉	1 650~3 300						
油松				1 500~3 300			1 650~3 300
湿地松、火炬松						1 995~2 500	
侧柏	3 300~6 000	1 800~6 000	3 000~5 000				1 650~3 300
水杉、池杉					1 600~2 500		
杉木			1 650~2 500		1 650~2 500		
水松						1 650~3 300	
水曲柳	2 500~4 400						
毛白杨	1 600~3 300		1 600~3 300				
杨树	3 300~5 000	2 500~5 000	2 500~5 000	2 500~6 600	1 250~2 500		1 650~3 300
泡桐			667~1 650		630~1 100		
旱柳、垂柳、白皮柳、青皮柳、相柳、蒙古柳、长蕊柳、苏柳	3 300~4 400	1 800~2 500	1 800~2 500	1 650~2 500	1 650~2 250		
枫杨			2 250~3 300		1 650~2 250		

（续表）

树种	东北地区西部内蒙古自治区东部农田防护林区	华北地区北部农田防护林区	华北地区中部农田防护林区	西北地区农田防护林区	长江中下游地区农田防护林区	东南沿海地区农田防护林区	西藏自治区拉萨河谷农田防护林区
刺槐	2 500~3 300	1 800~2 500	1 800~6 000	1 250~2 500			2 000~2 500
白榆	2 500~3 300	1 800~2 500	1 800~3 300	1 250~2 000			3 330~4 950
国槐			833~1 250	800~1 250			
臭椿、香椿		1 800~3 000	1 800~3 000	1 600~3 000	2 000~3 000		
楝树			1 000~1 650		1 000~1 650	1 000~1 650	
栾树			1 100~2 250		1 100~2 250		
白蜡		1 250~2 250	1 250~2 250	1 250~2 250			
椴树			1 250~2 250		1 250~2 250		
木麻黄						2 700~3 600	
巨尾桉、柠檬桉、刚果桉						1 995~2 500	
厚荚相思、马占相思、纹荚相思						1 995~2 500	
樟树					1 650~2 250	1 650~2 250	
桤木					1 650~3 000		
榕树						600~800	
楠木					1 800~3 600		
檫木					750~1 650		

（续表）

树种	东北地区西部内蒙古自治区东部农田防护林区	华北地区北部农田防护林区	华北地区中部农田防护林区	西北地区农田防护林区	长江中下游地区农田防护林区	东南沿海地区农田防护林区	西藏自治区拉萨河谷农田防护林区
桑树				1 250~2 500	1 500~3 000		1 500~3 000
银杏					450~1 200		
杜仲					1 650~3 300		
乌桕					600~1 200		
毛竹、刚竹					450~600		
淡竹					500~825		
核桃			500~1 100	500~1 100			
枣树		600~1 200	600~1 200	600~1 200			
柿树			500~1 100				
杏、山杏、巴旦杏	600~1 200	600~1 200		600~1 000			
沙枣	600~1 200	660~1 650		2 500~3 300			
文冠果	1 100~1 650						
油桐					600~1 200		
枇杷					450~1 250		
椰子						160	
桃树、扁桃				600~1 200	450~1 250		

（续表）

树种	东北地区西部内蒙古自治区东部农田防护林区	华北地区北部农田防护林区	华北地区中部农田防护林区	西北地区农田防护林区	长江中下游地区农田防护林区	东南沿海地区农田防护林区	西藏自治区拉萨河谷农田防护林区
胡枝子、锦鸡儿、丁香	1 100~3 300	1 100~3 300			800~1 500		
柽柳、沙柳、杞柳、毛柳、细叶红柳、爬柳、柠条、毛条	1 100~3 300	3 000~6 000	3 000~6 000	1 250~4 000	1 250~5 000		3 000~6 000
荆条、马桑			1 500~3 300		1 500~3 300		
紫穗槐	1 650~3 300	1 650~5 000	3 000~6 000	1 650~3 300	1 650~3 300		3 300~6 600
沙棘	1 650~3 300	4 000~10 000		1 650~3 300			3 300~6 600
枸杞	1 650~3 300	1 650~5 000	3 000~6 000				
梭梭、花棒		1 650~3 300		1 650~3 300			
夹竹桃					1 650~3 300		
海棠					1 500~3 300		
密植杜鹃、杜鹃、冬青、红果钓樟					800~1 500	800~1 500	
蛇藤、龙须藤						1 250~1 650	
米碎叶、小果南竹						1 650~3 300	
露兜						1 425	

四、农田防护林的走向

走向是指防护林的方向。防护林最有效的方向是与盛行风成直角的方向。为了考虑风向的变化，往往在多个方向种植防护林，如"L"形、"U"形或"E"形。在确定防护林走向时，应避免建设在将来可能导致管理问题的方向，如避免种在干扰道路能见度的方向（图5-7）。

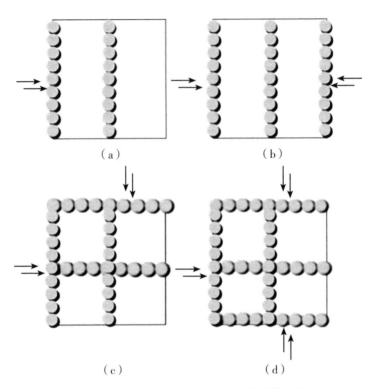

（a）　　　　　　　　　　（b）

（c）　　　　　　　　　　（d）

图5-7　不同情况下防护的角度和防护林的位置

（改自 Finch，1988；孟璇　绘）

注：盛行风或危害风方向分别从一个方向（a）、两个相对的方向（b）、两个相互垂直的方向（c）、3个方向（d）。防护林之间的距离取决于种植体系，箭头表示风向。

坡度大于8%的地区与相对平坦地区的风表现不同。根据盛行风的方向，防护林应该垂直于等高线或平行于等高线。不要把防护林建在山顶，在山顶种树不仅难度大，防护效果也不好，而且可能会增加背风坡的风害。在山顶种树会使山顶更尖，增加了背风坡的涡流。在迎风坡基部栽种树木的防护效果不如在坡的靠上部位栽种好，在坡靠上部的树木可以对更上部的坡地和山顶起到防护作用（图5-8）。

五、农田防护林的长度

防护林的长度取决于受保护区域的总面积。为了获得最佳的保护效果，防护林不间断的长度至少为其高度的10倍。例如，防护林的高度为9 m，则防护林至少应该有

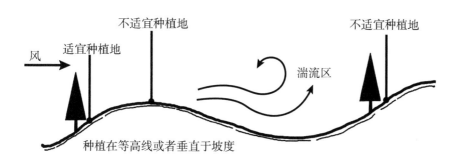

不适宜种植地

适宜种植地

不适宜种植地

风

湍流区

种植在等高线或者垂直于坡度

图 5-8　地形起伏的地区的防护林的位置
（改自 Finch，1988；张启宇　绘）

90 m 长，这样可以最小化防护林末端空气湍流的影响。

六、农田防护林植物选择

防护林种植乔木、灌木树种的选择需要考虑很多因素。需要考虑的最关键因素是物种的适应性，尽可能优先使用本地原生植物种，因为这些物种经证实在所在地区能够迅速成长，能够适应当地极端的气候条件（如干旱和霜冻），并能为本地有价值的野生动物提供庇护所。此外，需要考虑植物对气候和土壤的适应性，成熟时树木的高度，树冠的密度，生长速率和寿命的长度，以及抵御疾病、强风、霜冻和火的能力。优选的植物为单排种植时具有 50%~80% 密度的物种。它们应当具有抗疾病和虫害的能力，冠幅不超过 3 m，高度在 5~30 m。身材高大、冠幅小的植物通常占用最少量的土地，对产量影响也小。表 5-4 为我国不同地区农田防护林工程可选择的主要树种。但是在以往的防护林建设中往往采用单一植物的建设模式，对本地种的应用不足，对生物多样性的保护和维持效应考虑不足，未来的防护林建设应该加强防护林结构复杂性、树种多样性的建设，并加强对本地种和蜜粉源植物的利用，以使防护林在具备防护效果的同时，更好地发挥生物多样性维持和保护功能。

第五节　沟渠生态化建设

一、沟渠的生态作用及保护现状

沟渠包括灌溉沟渠和农用地旁边的区域，常伴有湿地和水体，可能有季节性干燥、潮湿或永久性潮湿。沟渠主要功能是排除多余的雨水和相邻农田地下的渗流水，在干旱期为农田输送水。此外，沟渠还有灌溉、为牲畜提供饮用水、污水处理和划分土地等功能。

表5-4 我国农田防护林工程主要树种（品种）选择

农田防护林区	范围	主要适宜乔木树种（或品种）	主要灌木树种（品种）
东北地区西部内蒙古自治区东部农田防护林区	黑龙江、吉林、辽宁、内蒙古自治区东部	樟子松、兴安落叶松、长白落叶松、云杉、侧柏、水曲柳、健杨、林1号杨、白林2号杨、白林3号杨、哲林4号杨、黑杨、拟青×山海关杨、小黑杨、小青杨、北京杨、银中杨、通辽杨、旱柳、白皮柳、青皮柳、相柳、蒙古柳、垂柳、白榆、刺槐、山杏、文冠果	胡枝子、锦鸡儿、丁香、紫穗槐、柠条、柽柳、沙柳、沙棘
华北地区北部农田防护林区	宁夏回族自治区、河北北部、陕西榆林地区、内蒙古自治区中部	樟子松、侧柏、胡杨、新疆杨、小叶杨、小青杨、青杨、合作杨、北京杨、毛白杨、旱柳、刺槐、垂柳、臭椿、白榆、枣树、山杏、枣树、沙枣、白蜡	锦鸡儿、柠条、毛条、沙柳、柽柳、沙棘、紫穗槐、花棒、枸杞
华北地区中部农田防护林区	河北、河南、山东、北京、天津、安徽北部、江苏北部、陕西渭河平原、山西汾河平原	侧柏、杉木、107杨、108杨、沙兰杨、中林46杨、中林2000系列、69杨、72杨、南林95杨、南林895杨、新疆杨、小叶杨、箭杆杨、214杨、北京杨、小黑杨、群众杨、毛白杨、泡桐、旱柳、垂柳、刺槐、枫杨、白榆、国槐、臭椿、楝树、栾树、白蜡、核桃、枣树、柿树	杞柳、柽柳、紫穗槐、白蜡条、枸杞、荆条
西北地区农田防护林区	新疆维吾尔自治区、甘肃、青海、内蒙古自治区贺兰山以西	油松、樟子松、新疆杨、胡杨、箭杆杨、银白杨、黑杨、灰杨、二白杨、北京杨、小叶杨、赤峰杨、小黑杨、白柳、旱柳、臭椿、刺槐、国槐、白榆、白蜡、桑树、核桃、杏、枣、树、扁桃、山杏、沙枣	紫穗槐、柽柳、沙柳、毛柳、沙棘、梭梭

（续表）

农田防护林区	范围	主要适宜乔木树种（或品种）	主要灌木树种（品种）
长江中下游地区农田防护林区	湖南、湖北、江西、四川、浙江、上海、江苏南部、安徽南部	杉木、水杉、池杉、107杨、108杨、69杨、72杨、中林46杨、中林2000系列、中汉17杨、中渣22杨、中嘉3杨、中嘉2杨、中嘉3杨、湘林895杨、南林95杨、南抗杨、黑杨、湘林77杨、湘林90杨、鲁山杨、圣山杨、枫杨、樟树、桤木、楸树、苏柳、早柳、垂柳、桉树、香椿、桑树、银杏、杜仲、乌桕、毛竹、泡桐、刚竹、淡竹、油桐、枇杷、桃树	紫穗槐、柽柳、杞柳、爬柳、胡枝子、夹竹桃、海棠、马桑、密植杜鹃、冬青、红果钓樟
东南沿海地区农田防护林区	福建、广东、广西沿海，以及香港、澳门、台湾、海南	湿地松、火炬松、水松、木麻黄、巨尾桉、柠檬桉、刚果桉、厚荚相思、马占相思、纹荚相思、樟树、楝树、榕树、椰子	露兜、蛇藤、米碎叶、龙须腾、小果南竹、杜鹃
西藏自治区拉萨河谷农田防护林区	雅鲁藏布江、狼楚河和印度河上游的山间宽谷湖盆地带	油松、樟子松、侧柏、藏川杨、新疆杨、北京杨、长蕊柳、刺槐、白榆、桑树	细叶红柳、紫穗槐、沙棘、沙柳

资料来源：《农田防护林工程设计规范》（GB/T 50817—2013）。

作为"线性"栖息地，沟渠和河岸能连接大面积的半自然栖息地（如草地和林地）。具有茂密植被的湿沟渠对一些小型哺乳动物来说是重要的栖息地，同时也为一些涉禽提供觅食的栖息地，也有利于很多无脊椎动物的维持。但是，由于农业集约化或发展压力，许多沟渠被填平，或者由于过度取水和排水导致许多湿沟渠变得干燥。农药、除草剂和化肥的喷洒和随地径流的流动，造成很多沟渠和河岸的生态被破坏，生物多样性丧失。过度放牧也使许多河岸的生物多样性显著减少，外来入侵物种降低了沟渠的生态价值，减少了河岸自然演替的原生植物，降低了沟渠为本土动物提供食物资源的能力。因此，沟渠的保护和生态化建设在国外得到高度重视，在欧盟共同农业政策框架下，一些国家对沟渠的生态化管理制定了详细的策略。

在我国沟渠按控制面积大小和水量分配层次可以分为干、支、斗、农4级。按照使用的工材，则可以分为土质沟渠、干砌块石沟渠、卵石沟渠、浆砌块石沟渠、卵石沟渠、混凝土沟渠（俞婧，2010）。土质沟渠是最传统的沟渠形式，多用于田间的小型灌排渠道，护岸两侧植物栖息条件良好，土壤空隙适合各类动植物、微生物生存，但透水性高、输水效率低，结构稳定性不足。干砌块石沟渠、卵石沟渠的砌体之间没有砂浆，存有空隙，不仅涵养地下水，且土壤可填于空隙，可以供植物生长，为微生物、鱼虾、鸟类等提供食物来源，也是较为生态的水渠修筑方式。浆砌块石沟渠、卵石沟渠的砌体之间缝隙填塞砂浆，石缝之间以混凝土填满，表面粗糙，仅能生长苔类植物，对微生物的天然饵料不足，仅在表面凹凸处可供生物栖息，对鱼虾有保护作用。混凝土沟渠根据施工方式又可分为现浇混凝土沟渠和预制混凝土沟渠，前者表面光滑垂直，生物难以附着生存，而后者由单块构件衔接而成，保有一定接缝孔隙，可供水渗入地下，但也不利于生物栖息。由于过度关注和强调输水效率、施工便利性，混凝土沟渠在我国应用广泛，因此也对农业景观生物多样性带来诸多负面影响，同时也存在渠道流速快，水位、水体温差变化大，外来有机物缺乏，水质难以自净等问题。

二、沟渠生态化设计原则

随着人们生态环境保护意识和景观品质需求的提高，沟渠的生态化设计和建设逐渐被提上日程。对于沟渠的设计和建设不应当仅仅将其服务生产作为唯一的目标，必须兼顾生态和环境效益。总结国内外沟渠建设的经验，这里对沟渠生态化设计的一般原则进行了总结（图5-9）。

（1）灌溉水渠要维持渠道的输水功能，在能够排除农田余水、地下水及降雨径流，不冲不淤的情况下，选择低透水性、低糙率的材料，最小化对生态环境的影响。

（2）结构安全，在寒冷地区需要考虑防冻胀因素。

（3）工程建设和施工尊重原有自然环境，最小化对原有自然生态的破坏。

（4）鼓励建立护堤，以防止堤岸的破坏和侵蚀，护堤建设的材质采用生态材料。在面积允许的情况下，护坡设计成连续的环境，以便于两栖类或哺乳类动物在水陆间迁移。

（5）对于灌溉水渠，如果可能的话，尽量创建永久性的湿沟渠，保持水位。对于排水沟渠，减少硬化，增加透水性，涵养地下水。

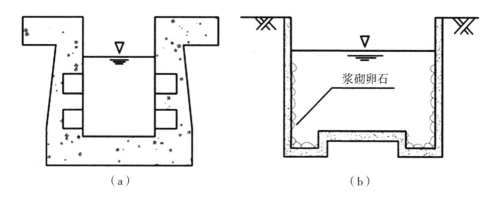

图5-9　灌溉渠道生物栖息地避难所设置方式举例

（改自俞婧，2010；张启宇　绘）

　　注：（a）为侧壁设 PVC 管，为较小鱼类提供躲藏空间；（b）为侧壁设凹洞，在低水位时也能保持一定水量，提供鱼虾类栖息场所，内铺设卵石，便于水中昆虫栖息。

　　（6）尽可能设置栖息地避难所及多孔质空间。

　　（7）综合考虑空间和水上运输效率问题，创建蜿蜒的沟渠，有利于边缘植被更丰富更多样化地生长。

　　（8）保持灌溉渠道与周围景观的连通，一方面保证水域与陆域之间的连通，保障生物在水陆间的通行，另一方面，保证渠道上下游之间连通，尽量避免阻隔横越的构筑物。

　　（9）增加渠道两侧的植被覆盖，缓和水温变化，为野生动物栖息提供有利条件，并可有效涵养水分，防止污染。

　　（10）注意与周围自然景观的协调。

三、沟渠可选用工材

　　（1）卵石、块石等天然生态材料。排水沟因不需考虑渗漏因素，在当地石材充足、符合就地或就近取材原则的情况下，尽量选用卵石、块石等天然生态材料。

　　（2）生态混凝土。在当地缺少石材、运输石材经济成本较高的情况下，也可采用混凝土浇筑，此时以具有透水性的生态混凝土为较佳选择。

四、沟渠的生态化管理途径

　　针对这些情况，有必要加强对农业景观中沟渠的生态化保护和管理。可以考虑以下几个方面。

　　（1）沟渠和护堤应选在附近的灌木篱墙、树林、田间边缘和其他更开放的地区。对已有的沟渠和护堤应尽可能维持，如果需要新建沟渠，那么应尽量弥补现有沟渠的不足，并致力于创建多元化的沟渠和护堤栖息地以使植物和动物的生物多样性进一步发展和繁荣。

　　（2）综合考虑空间和水上运输效率问题。创建蜿蜒的沟渠，有利于边缘植被更丰富更多样化地生长。在沟渠边缘保留 30~50 cm 宽的浮游植被，可以防止水流和悬浮物的侵蚀，也能有效减少护堤加固所需的钢材、石材或木材等材料。

（3）尽量创建永久性的湿沟渠，采取措施保持水位，以适宜作物生长和土地管理。安装泵（尤其是电动的）、水闸板或更复杂的装置（如倾斜的保水堰），要比以前更高效地控制水位，但当面临强降雨时，要求水流能快速通过。水位变化较大，不仅影响野生动物群落，还会给堤岸的稳定性带来负面影响，所以水位的波动幅度要小。

（4）不能深挖底层淤泥，因为其底层包含许多食物链中重要的小型无脊椎动物，任何挖泥活动都会影响这些无脊椎动物的生存。

（5）对沟渠植被进行必要的管理。最好能采取多样化的刈割方式，使植被的高度和物种组成保持多样性，以适宜更多物种生存。一般刈割的时间为夏末，如有具有重要保护价值的物种，充分考虑这些物种生长的关键期（如农田鸟类的产卵期），避免对这类物种的干扰；沟渠周边还应该杜绝使用农药、化肥、除草剂和杀虫剂，并铲除沟渠的入侵植物种。修剪沟渠水岸植被的残体不要散落入沟中，避免沟渠堵塞或充氧等问题。

（6）紧邻湿水沟的区域不能燃火，否则会影响水体和植被边际。最好有一定数量的涉禽在潮湿的沟渠觅食，保持一些开放的浅水区域。

第六节　池塘生态化建设

一、池塘的生态作用

在农田地块间，池塘是最多样化的生境（图 5-10），可供很多的物种生活，如稀有的和濒危的物种。即使是较小面积（面积一般 1~2 m²）的池塘也比一些大面积的生境（如砾石坑或苇丛河床）有利于野生动植物的维持，因此对池塘的保护和恢复在欧洲国家生物多样性行动计划中得到高度的重视。在我国，农业活动的增强导致自然生境的退

图 5-10　农业景观中的池塘

（刘云慧　摄）

化和破碎、非耕类栖息地的丧失，过度的水资源利用和水体污染，导致池塘栖息地的分布和生境质量不断下降，亟须有效的保护和恢复措施。此外，除了生物多样性保护的价值，池塘还在防洪蓄水、休闲垂钓、美化环境等方面具有重要价值，可以结合这些多功能性来对其进行保护和管理。

二、池塘生态化的建设和管理内容

池塘主要有以下几个方面的建设和管理内容。

（1）干净的水体。实现池塘创建目的的关键在于具有干净水体。对野生动植物而言，干净的水源是最关键的因素。所以设立新池塘必将有一个干净的水源（例如，地下水或清洁的地表水），并且使水污染最小化。可以从如下几个方面实现这一点：①尽可能确保池塘周围是自然环境。②避免附近的河流和沟渠水的流入，因为其带来的营养物和淤泥通常会污染水源。③避免集约型土地（如耕地、农田）排水流入池塘，避免城市地区的径流水流入池塘。④不要在池塘中或池塘附近添加表土，否则会污染水体营养。

（2）池塘需自然演替，不要人为引入植物、鱼或其他动物。池塘的演替和定居通常很快，特别是在冲积平原和湿地，所以不需人为种植。如果为了美化环境而要进行植被种植，则应采用本地种，防止外来物种入侵。另外，避免种植芦苇，因为芦苇过于旺盛的生命力可能会迅速形成优势种群，造成池塘其他物种贫乏。在地势低的冲积平原，不要把池塘建在可能发生洪水的河流旁边，尽量选择不会常年被淹没的地方（很少泛滥的水道也行）。

（3）确保池塘在其生命周期中的低干扰度（如放牧、鸭或鸟的干扰）。池塘应选在距离大面积水体较远处，最好是靠近树篱或高大植被包围的地区，这样受鸟类影响较小。如果野禽、牲畜或人类较多地干扰这一区域，有必要在池塘的一侧或周围修建临时栅栏，以减少干扰。

（4）如果有足够的空间，可建立池塘和湿地镶嵌体，替代单个大池塘。让浅水和深水池塘分开，为物种提供不同的栖息地。浅水的池塘可能会干涸，但能增加野生动植物栖息地的多样性。永久的、半永久的和季节性的池塘构成的池塘镶嵌体能够更好地维持更多种类的植物、无脊椎动物、两栖动物和哺乳动物。

（5）最好建设大小和深度不一的池塘，以便为更多野生动物提供合适的栖息地（图5-11）。通常面积超过0.5 m²的小型池塘即很有价值，直径在1 m左右的小池塘，与一个表面面积相同的大型水域相比，能维持更多不同种类的野生动植物生存。小池塘可以快速建成，这样比创建各种大型的池塘有效。大池塘也有其明显的优势：由于池塘面积足够大，可以存在不被周围繁茂的树木遮蔽的区域，有阴凉也有暴晒；提供的水体面积更大，有起伏的浅滩、深水区和岛屿，较深的水对于某些动物也有益。无须特地为增加物种丰富度挖深池塘，因为大多数的野生动物生活在0~10 cm深的浅水池塘。深层水的池塘和湖泊，只有在水源是清洁、无污染的情况下，才会对沉水植物有益，池塘的形状不一定是矩形或椭圆形的。长线性池塘适合建在面积小的地区或边界区域。为较大的水域创建一个边缘起伏的湾和岬，有助于提高栖息地的多样性。

（6）浅水池塘的边缘和0~10cm的深度范围是野生动植物最好的生活场所，创建

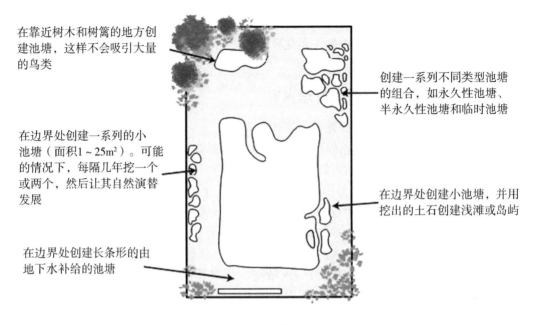

在靠近树木和树篱的地方创建池塘，这样不会吸引大量的鸟类

在边界处创建一系列的小池塘（面积 1 ~ 25m²）。可能的情况下，每隔几年挖一个或两个，然后让其自然演替发展

在边界处创建长条形的由地下水补给的池塘

创建一系列不同类型池塘的组合，如永久性池塘、半永久性池塘和临时池塘

在边界处创建小池塘，并用挖出的土石创建浅滩或岛屿

图 5-11　不同类型的池塘

（孟璇　绘）

这样的浅水区域要注意保证池塘的坡度要缓，低于 12°，最好保持在 3° 左右。为了创建更好的地形变化，可以通过挖掘，使土地变得不平整，这样在浅滩带创建的"小丘和凹陷"，能最大限度地提高此区域的水文多样性（图 5-12）。

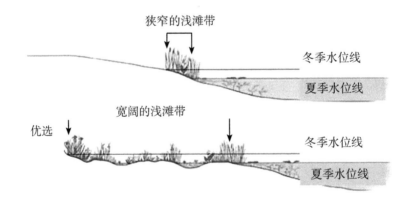

狭窄的浅滩带

冬季水位线

夏季水位线

宽阔的浅滩带

优选

冬季水位线

夏季水位线

图 5-12　不同的浅滩带类型

（张启宇　绘）

第七节　植物篱的建设

植物篱（Hedgerows）是分布在农田或草地周边，由乔木或灌木组成的人为管理的

植被条带，在世界范围内广为分布（图5-13）。植物篱有3个鲜明特征：①由乔木和（或）灌木构成；②成行即线性特征；③人为管理。

图5-13　农业景观的植物篱带
（刘云慧　摄）

一、植物篱的功能

植物篱及其网络对于农业景观生物多样性的保护具有特殊的生态意义。不同学者分别就植物（Forman & Baudry，1984）、鸟类（Pulido-Santacruz & Renjifo，2010）、甲虫（Kromp，1999）、蜂类（Lye *et al*.，2009）、蜘蛛（吴玉红等，2009）、害虫天敌、哺乳动物（Barr *et al*.，1995）等在农田边界植物篱中的分布展开了大量调查研究。众多结果表明，植物篱及其网络作为临时或长期的栖息地和活动场所，能保持农业景观中较高的生物多样性，是地方乡土植物、珍稀物种和害虫天敌重要的资源库，这对于农业集约化生产背景下的物种多样性维护意义尤其重大。同时，因动物栖息、活动带去的种子，也会促进植物多样性的增加（Pejchar *et al*.，2008）；植物篱及其网络是动物在分散的林地斑块间重要的迁移廊道，具有"踏脚石"作用，使动物能获取更多的资源和活动空间；植物篱网络的构建增加了农业景观的连通性，促进分散的斑块间物质和能量流动，这对于增加农业生态系统弹性和稳定性具有关键作用。

此外，植物篱在人们的生产、生活中具有重要的屏障和防护功能，可使财产、农牧生产免受侵扰，这也是植物篱在发展早期的主要应用形式。在生产方面，植物篱可以开展农林复合经营、种植果树、生产木材、发展蚕桑、生产烤烟、饲养牲畜、提供樵柴和沼气原料等，给人们带来多种经济效益。在生态方面，利用植物篱可以产生"篱效应"，能有效降低风速、减小风害、改善农田小气候和土壤物理性质（Forman & Baudry，1984），从而有效防止土壤侵蚀和水土流失，对比邻的农田也能起到促产稳产的功效。最后，植物篱网络在减少风沙、减轻面源污染、抗洪以及提升农业景观美学质量等方面具有重要作用（Forman & Baudry，1984）。

因此，植物篱作为一项多功能的景观要素，是乡村景观建设和生物多样性保护中考虑的重要建设内容。

二、植物篱营建和管理

根据国内外植物篱营建和管理的既有经验，结合课题组在我国北方平原地区的田野调查和集成示范，对其总结如下。

（一）明确定位

明确建设植物篱的主要功能定位，如提升景观质量，减少水土流失，植物篱间作，提供绿肥，提供饲料，为野生陆生动物提供食物、栖息地或通道，做围墙栅栏，防治风沙等。至少具有上述功能之一，明确建设方向。

（二）选择种植物种

选择适宜的物种需要慎重考虑，因为这在很大程度上决定着植物篱模式应用的效果。植物篱种植物种的特征包括适应性好、生长快、耐刈割并具有多种功用，而且要用地方乡土植物。在推广应用中，要注重选择适合于农村实际的投入低、易操作、功效长的植物，对于一些特殊地区，要具有针对性，如盐渍化区要选择具抗盐性的植物，而在一些山地丘陵地区就要选取耐干旱、耐贫瘠的物种；此外，也有些植物在生长过程中会逸散大量的种子，对邻近的农作物生长造成影响，要避免应用该类植物。国内常用的植物篱物种有银合欢、黄荆、马桑、紫穗槐、山毛豆、柠条、沙棘、山蚂蝗、木蓝、合欢、田菁、柑橘、杏树、海棠、槐、榆、石榴等。在实际应用中需要根据不同地区海拔、土壤和气候等因素结合功能定位加以考虑，确定植物篱种植物种。

（三）场地准备

整地可采用带状整地和穴状整地，带状整地宽度多在 30 cm 以上，根据实际地形可以适当进行调节，带长不宜过长，每隔一定距离保留 1.0 m 左右的自然植被；如果是坡地则要沿等高线种植，以防水土流失。在种植之前，地面杂草不能对种植构成影响，否则要用机械或化学除草剂进行处理。种植坑的大小要能满足扎根需要，不妨碍根系生长，一般要比幼苗根深 3~5 cm。

（四）种 植

根据具体情况选择种植模式，但在大面积推广之前，需要开展模式试验，证明可行后再做推广。一般种植密度：草本株距 5~10 cm、行距 20~60 cm；乔木间距 3.5 m 左右；灌木 1.5~2 m。植物篱最小宽度为 1.5 m，最大宽度为 9 m。种植时避开强风、干热和冰冻天气；在从苗圃到栽植现场的运输过程中要注意保护苗木，并且间隔时间不宜过长；栽植时根系应自然向下，避免成"U"形或打卷；植株定植后，要踩实种植坑的土，避免造成根系登空现象；也要注意灌溉设施的配套，满足灌溉需要。

（五）修 剪

不同的物种组成、功用和管理者对于修剪方式和形状的偏好不同，导致植物篱的修剪方式和修剪频率各异。植物篱的修剪方式分轻剪、重剪、刈割和混合管理，修剪时需要考虑植物篱与周边农田的关系，以及修剪对植物篱植物的影响。进行适时修剪，控制植物篱适当的生长高度，能避免植物篱与周边农作物争光、争水、争肥，还能增加土壤水分、提高土壤养分含量。修剪周期的确定需要考虑不同植物的生长特点及功能需求。

（六）植物篱维护与管理

在植物篱的日后维护中，要经常检查，以保证其健康生长。在植物篱定植后的前3年，每年要对死株进行补植，如发现植物篱密度过低或损伤严重则补栽，补种植株须与原来栽植的是同一种；为避免其他物种竞争影响幼苗生长，可以使用机械、人工或化学除草剂进行除草，但使用机械除草时，为避免划伤根部，作业深度一般不应超过8 cm，而且在树木生长到已覆盖或接近覆盖地面时的生长季节，不要使用化学除草剂；在植物篱的生长周期内要注意防火、牲畜破坏、虫害、鼠害和洪涝干旱，必要时对植物篱进行施肥以促进其健康生长，野生动物活动频繁季节尤应注意管护。

第八节　其他生态基础设施

一、保护性畦头

（一）保护性畦头的位置选择

由于阔叶植物能够维持高多样性的、对作物无害的昆虫，在种植谷类作物的农田中靠近边界的地带，留出一定宽度的地带，通过选择性地施用农药来保护阔叶杂草和依赖这些阔叶杂草的昆虫，这些作物带称之为保护性畦头。因此，保护性畦头能够促进维持农田边界昆虫的数量。

保护性畦头可以建设在丛生性草带边界或在靠近甲虫带的边界，在没有严重杂草问题的轻壤土上最为适宜，一般仅在谷类作物农田中建立。如果在保护性畦头建立的第二年发现杂草大量繁殖并且不能用选择性的除草剂控制，后面的年份应选择其他更合适的地点建立保护性畦头。

（二）保护性畦头的管理

保护性畦头的宽度最好能够在3 m以上（图5-14）。保护性畦头应该考虑避开具有高竞争性的杂草。管理包括在农田中避免使用阔叶除草剂，避免使用杀虫剂。对除真菌剂和植物生长调节剂的使用没有限制。在作物施用杀虫剂或者除草剂的时候，不应在保护性畦头中施用。

在春季和夏初，应当检查保护性畦头是否存在显著的杂草问题。减少保护性畦头中肥料的使用，这样有利于农田中竞争性小的植物，并可以减少杂草问题。即使是保护性畦头由于杂草问题位置选择不适合，也应该保持边界上不施用杀虫剂。减少杀虫剂的使用可以为鸟类提供食物，并且可以防止杀虫剂飘移至昆虫物种丰富的农田边界。

二、农田边角地建设

农田边角处长满杂草的地方能够作为物种源向农田溢出野生动物（图5-15）。这些地方长着自然草本植被，机械不易进入，作物产量也低，如果能再辅助种植一些开花植物和

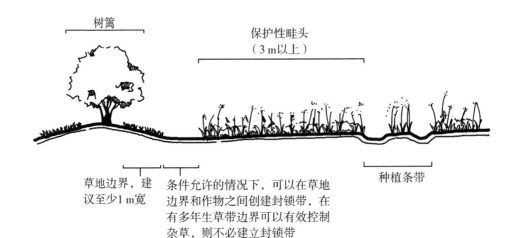

图 5-14 保护性畦头示意
（张启宇 绘）

灌木，将有益于包括无脊椎动物、鸟类、爬行类和两栖类（若靠近水）在内的野生动物。此外，合理地保留和设置这样的边角地，还有助于减少沉积物、养分和杀虫剂通过风和水的侵蚀在田间移动，也能够对受到土壤侵蚀和农事活动影响很敏感的生境起到缓冲作用。

图 5-15 农田中的边角地
（刘云慧 摄）

对于农田边角地的管理应当遵循如下几个方面的要点：①通过播种或自然演替，建立或维护一块农田边角地。要准备种床时，清除所有压实的表土。在第 12~24 个月内，定期割草，以控制一年生的杂草，并促进草本分蘖。不在土壤潮湿的时候割草，以免压实土壤。②边角地面积不超过 2 hm²，每 20 hm²耕地里最多只能有 1 块边角地，以确保边角地在田里更好地分布。③边角地建成后，最多每 5 年割草一次，让丛生草和低矮的灌木能长起来。3 月 1 日至 8 月 31 日间不得割草，不得使用化肥和有机肥。④可在边角地上浅播些丛生草混合草籽，边角地增加野花可以增加农田生物多样性。⑤农田边角地不得用作车行道、转弯道或者储物，不得碾压或踩踏。

三、其　他

除上述以外，农田中的片林、没有硬化的田间小道、散布在农田中独株的乔木、传统的石墙和土墙等也可以在生物多样性保护和维持中起到重要作用，也应当纳入生态基础设施的范畴（图 5-16）。这些绿色景观要素或许不需要特别的建设和管理措施，但是需要在景观管理中充分认识其对于农业生物多样性保护的积极作用，将它们纳入保护和保留的范畴，以避免过度建设造成的生境破坏。

（a）　　　　　　　　　　　　　（b）

（c）　　　　　　　　　　　　　（d）

图 5-16　农业景观中的其他生态基础设施
（刘云慧　摄）

注：（a）为片林；（b）为未硬化的农田小径；（c）为农田中独株乔木；（d）为石墙。

第六章 乡村生态景观建设与生态修复

前面的章节探讨了地块内、地块间尺度生物多样性保护景观调控途径。很多情况下，农业景观往往和乡村景观相互交融，农业景观中可能镶嵌有村落及围绕村落存在的道路、水生系统、不同形式的林地等要素，而农业景观也是乡村景观的重要组成部分，是乡村景观区别于城市景观的重要特征。因此，乡村景观也在不同程度上维持着农业景观的生物多样性，受农业生产、人类栖居、工矿开采、农产品加工等人类活动的影响，也面临生态景观质量下降、生态污染和破坏等问题，威胁到农业景观生物多样性及其相关生态服务功能的维持。因此，在乡村景观开展的生态景观建设和生态修复活动，既是提升乡村人居环境的关键，也对生物多样性保护具有积极的促进作用，是农业景观生物多样性保护的重要内容之一，本章将重点探讨以乡村为核心的、有利于生物多样性保护及村落景观提升的道路、水生系统、不同形式林地等要素的生态景观建设和生态修复措施。

第一节 乡村生态景观建设、生态修复与生物多样性保护

一、乡村景观存在的生态问题

生态景观是指由无污染、健康的不同类型土地利用镶嵌体形成的优美、能够重温乡村记忆、给人以独特和唯一性感知体验的一片地景。乡村生态景观是人类在自然生态景观的基础上，通过长期的生产实践，由自然生态系统、农田生态系统、农村聚落生态系统构成的具有乡土特色和气息的景观镶嵌体。改革开放以来，我国农村社会经济在获得巨大发展、乡村景观面貌发生巨大改变同时，集约化农业生产以及城镇化也快速发展，导致以下几个方面的突出问题。

（1）乡镇企业、集约化农业生产带来了生态环境问题。改革开放以后，乡镇企业快速发展，农业生产的集约化程度不断增加，乡镇企业发展过程中污染物排放，农业生产过程中化肥、农药的投入，畜牧业发展带来畜禽粪便排放，导致乡村土壤污染和退化、农业面源污染、水体污染等问题，生态景观受到破坏，生态环境有所恶化。

（2）土地开垦和利用，导致原有的自然、半自然生境丧失，使得依赖这些生境的多种生物数量也随之明显降低，生态系统稳定性和抗干扰能力受损，也破坏了村落、农田、道路、河流、林地等景观要素之间的功能联系；为实现农业现代化和集约化生产，适应机械化作业，追求"田成方、路成网、渠相通、树成行"的标准化建设，通过推土机对土地进行过度改造，致使农田道路沟渠过度硬化，多样化的林地景观被破坏，水

塘被填埋,河道被裁弯取直,出现"田园景观均质化"现象(图6-1)。

(3)乡村建设过程中,重"灰色基础设施"、轻"绿色基础设施"的建设模式,导致乡村绿色基础设施缺乏,自然性和田园景观破坏;伴随人口流出,农村出现居民点废弃、乡村居民点空心化问题;同时一些乡村建设过程中片面追求城市化或者盲目崇洋媚外,导致乡土景观风貌受损、乡土特色丧失,景观污染、"千村一面"等问题突出(宇振荣和李波,2017)。

（a）　　　　　　　　　　　（b）

（c）　　　　　　　　　　　（d）

图6-1　乡村生态景观存在的问题

［（a）（b）（c）宇振荣 摄；（d）刘云慧　摄］

注:(a)沟渠过度硬化,生物多样性丧失,生态功能下降;(b)过度硬化及裁弯取直的河道,河岸缓冲带结构单一且片段化,自然性和生物多样性缺失,河流水体污染;(c)乡村道路的过度硬化侵占生物通道和栖息地,导致生物多样性丧失;(d)结构和树种单一的村庄人工林,存在病虫害暴发风险和生物多样性维持功能不足的问题。

二、乡村生态景观建设、生态修复促进生物多样性保护的实践需求

生态景观建设是将生态环境科学融入景观设计、空间规划学科的综合活动,提供了创造一个可持续、环境优化和自然和谐的设计和/或建设实践方案(宇振荣等,2017)。近些年随着对乡村振兴和山水林田湖草生态修复的重视,开展乡村生态景观建设和生态修复具有重要社会、经济、生态意义,这也是促进生物多样性保护和恢复的重要途径,而生物多样性也是实现乡村景观良好生态的重要指标和生态建设的重要目标。因此,生物多样性保护与乡村生态景观建设和生态修复互为支撑、互为协同。针对目前乡村景观存在的问题,结合生物多样性保护,对于乡村生态景观建设和生态修复有如下几个方面

的实践需求。

(1) 加强乡村景观原生林草植被、自然景观、小微湿地等自然生境及野生动植物栖息地保护，全面保护乡村自然生态系统的原真性和完整性。

(2) 加强乡村绿色基础设施建设，增加乡村生态绿量。因地制宜开展乡村绿色基础设施，如环村林、护路林、护岸林、风景林、游憩林、康养林、水源涵养林、水土保持林、防风固沙林、农田（牧场）林网等建设；推进乡村绿道建设，有条件的地方可依托地形地貌，将农田、果园、山地、森林、草原、湿地、古村、遗址等特色景观联成一体，构建布局合理、配套完善、人文丰富、景观多样的乡村绿道网；开展庭院绿化和立体绿化，乔、灌、草、花、藤多层次绿化，提升庭院绿化水平。

(3) 提升乡村绿化质量。要科学开展乡村绿化美化，坚持因地制宜，以水定绿、适地适树。对村庄周边缺株断带、林相残破的河流公路两侧林带、环村林带、农田林网等进行补植修护，构建完整的村庄森林防护屏障。对生长不良、防护功能低下的退化防护林，实施修复改造，提升防护林网功能质量。对成过熟林、枯死林木进行更新改造，优化防护林网结构，提升防护林网、林带生态功能。对乡村范围内的中幼龄林，及时进行抚育间伐，利用林间空地补植乡土珍贵树种，促进天然更新，优化森林结构，培育健康稳定的多功能森林，构建优美森林生态景观；开展村庄绿化美化，建设一批供村民休闲娱乐的小微绿化公园、公共绿地。

(4) 加强废弃、退化和污染生境的生态修复。对乡村裸露山体、采石取土创面、矿山废弃地、重金属污染地等绿化美化，加强污染河流、湖泊和湿地的生态修复，推动生态修复。

三、乡村生态景观建设和生态修复促进生物多样性保护的原则

(一) 基于自然的解决方案

人类社会的发展历程充斥着人与自然的辩证关系，如何认识人与自然关系，影响到人类社会的可持续发展。工业文明浪潮下涌现出的种种工程技术手段，为调和人与自然的矛盾提供了方案，但这类方法通常以社会经济效益最大化为导向，着眼于短期目标，功能单一，忽视与生态系统的关联性，从根本上很难协调人与自然的矛盾、促进人类社会与自然的可持续发展。因此，发展基于自然的解决方案，强调通过资源高效利用、因地制宜和系统性干预手段，使自然特征和自然过程融入生态系统管理，最小化地干扰生态系统，重视对自然或人工生态系统中自然的保护、可持续管理和生态恢复，将维护生物多样性和生态系统服务作为基础性任务，修复生态系统，恢复生态系统功能，模仿自然规律创造生态系统成为未来生态建设和生态修复需要遵循的重要原则。

(二) 保持景观的连接度，加强生态廊道建设

连接度是生境、生物和生态过程相互作用在多个空间和时间尺度上的连接程度。连接度影响诸如种群在干扰后存活和恢复的关键过程，影响种群内部个体和基因的交流，影响生境斑块的利用。景观中廊道对促进景观的连接度具有重要作用，不仅增加斑块间动物的交流，也能够促进传粉和种子扩散这两个关键的植物动物相互作用过程。通过廊道增加植

物和动物的运动能够对破碎化景观中植物种群和群落的相互作用有积极影响，因此可以通过加强景观中生态廊道建设来促进连接度的维持，一些情况下也可以通过修建一系列的踏脚石来达到提升景观连接度的目的（图6-2）。例如，河岸带廊道可以为大量的陆地生物和水生植物或动物提供生境，能够为一些陆地生物提供栖居地，除了保持水生生态系统的完整性和河流盆地，山地物种也需要河岸带廊道以外的连接来维持连接度。

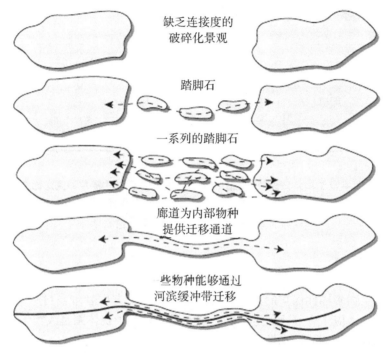

缺乏连接度的
破碎化景观

踏脚石

一系列的踏脚石

廊道为内部物种
提供迁移通道

些物种能够通过
河滨缓冲带迁移

图6-2　通过踏脚石、廊道和河岸带植被提供连接度

（孟璇　绘）

（三）保持生境结构的复杂性和异质性

保持结构复杂性的积极管理对阻止生物多样性丧失极为重要。世界各地的研究结果显示，结构复杂的自然生境普遍比结构简单的系统维持更高的生物多样性，保持空间复杂性或景观多样性的适宜水平是保护生物多样性的基本原则。在人工系统中，结构复杂的种植系统同样比结构简单的种植系统维持更高的生物多样性（图6-3）。在乡村景观中，结构复杂表现在种植多种作物的家庭庭院、多个植物物种、多个龄级结构、由多个冠层构成的垂直结构的林地、多种生境类型景观镶嵌格局等。

（四）注重本土物种的开发和利用

外来物种的入侵是导致生物多样性丧失的重要原因。乡土植物不仅仅是当地生物多样性的重要组成部分，它们对本地的自然环境条件有着良好的适应性，同时乡土植物与本土的动物已经形成良好的适应性和相互作用，有利于区域生态系统的稳定性。同时，乡土植物还是本土文化和地域风情的象征，反映当地的文化背景和特色，因此在生态景观建设和生态修复中要充分利用和开发本土物种。

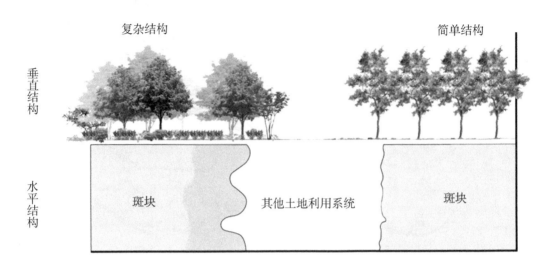

图 6-3　具有高结构多样性和低对比度的生境（左）比结构简单和高对比度边界的
生境（右）具有更多的物种多样性
（改自 Dramstad，1996；孟璇　绘）

（五）管理干扰

作为人类主导的景观，乡村景观中充满了各式各样的人类干扰，管理景观中的干扰体系，是乡村生物多样性保护的重要方面。可以从几个方面管理乡村景观的人类干扰：①生物可能已经适应于它们所处生境的干扰，采用自然干扰体系是人类干扰体系的最好参照，如模拟自然风倒的选择性采伐。②尽可能地采取野生动物友好的农业生产方式，如发展有机农业。③合理规划空间土地利用强度，构建合理的土地利用格局。

（六）注重景观多功能性

生物多样性为人类提供多种生态服务，在强调生物多样性保护和管理的同时，也在事实上推动着多种生态服务功能的管理和维持（图 6-4）。乡村作为人类栖居的重要场所，人类土地利用和生物多样性保护难免存在冲突，因此通过强调景观多功能的管理，也可以很好地促进生物多样性保护和管理的推动，可以更好地促进乡村可持续发展。

（七）鼓励居民参与

居民是乡村活动的主体，其生产、生活、日常行为等都会直接或间接地影响到生态景观建设和生态修复的成果及乡村生物多样性，因此乡村生物多样性保护工作离不开社区居民的参与。乡村居民参与生物多样性的保护可以有多种形式，包括不采取直接有害生物的行为（如捕猎、过度采伐等），也包括社区内家庭庭院的管理、对生态景观的管护和直接参与生态修复建设等。

第二节　生物多样性保护的乡村生态景观建设措施

乡村景观中，高质量的绿色空间和其他环境要素构成的生态网络，包括公园、家庭

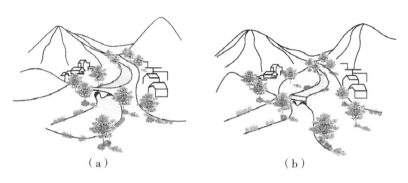

（a）　　　　　　　　　　　（b）

图 6-4　乡村景观多功能性

（改自 Natural England；孟璇　绘）

注：（a）和（b）分别表示同一个地点生物多样性管理提供不同的生态服务功能，（a）以栖息地提供和亲近自然为主，（b）以洪水调节和水资源管理为主。

庭院、屋顶绿化、乡村合围植被、绿道等对农业景观生物多样性保护和维持、农村人居环境改善具有重要的作用。但是在很多农村地区，普遍存在生态景观缺乏、乡村总量不足、质量不高的问题。在乡村景观管理过程中，绿色基础设施可以通过设计和管理用于生物多样性的保护，并为乡村居民提供视觉欣赏、景观美化、小气候调节、休闲娱乐等多功能生态服务（图 6-5）。下面将具体介绍几种常见乡村绿色基础设施的建设方法。

图 6-5　乡村生物多样性保护生态景观组成示例

（改自 Natural England；张启宇　绘）

一、庭院建设

(一) 庭院的类型

庭院是农户院落内或其周围，由不同种植作物、草本植物和多种乔灌木形成的多层复合系统（Niñez，1987）。其周边一般都标有明显的界线，如采用院墙、栅栏等，由于受到场地限制，在院落周围一些边角地带上进行栽培，具有确定的结构和功能特征，在粗放管理下，呈现近自然特征（Fresco & Westphal，1988）。

基于庭院地理分布、规模大小、植物组成结构和价值功能等特征，庭院可以分为多种类型，如 Niñez（1987）在研究中根据生态区分为热带庭院和温带庭院，依据对家庭经济的贡献，分为自给型和经济导向型庭院；Mendez 等（2001）把庭院分为观赏型、食用型、手工艺型、混合型和粗放型等；Trinh 等（2003）根据庭院的主要功能和物种组成，把庭院分成"林果型庭院""蔬菜型庭院"和"林荫型庭院"等类型。

在我国，常见的庭院可以有如下几种模式（路姗姗等，2009）。

（1）自然绿化型。以农村常见的果树、花灌木等为植物素材，具有观赏性高、布局紧凑和近自然搭配的特点，配置模式为乔木、灌木和草搭配。通常采取房前屋后就势取景，建筑点缀，灵活构建的布局形式，建设主体通常地面硬化程度较高、空间较大。

（2）园林小品型。以园林上常用的花架、棚架作为主要的造园形式，具有尺寸小巧、立体复合的特点。配置模式多为乔木、藤本绿化树种搭配。多采用垂直绿化植物的架、廊结构，有的还配套建有汀步铺地。一般院落硬质化程度高，绿化种植面积有限。

（3）经济林果型。以农村常见果树为主要造园素材，具有经济价值高、实用性强等特点。配置模式以乔木经济树种为主，一般主要满足家庭绿化、美化和取食鲜果的需要，多栽植于房前屋后或路旁。由于庭院面积的限制，大多用户栽植的数量不大，一般每户栽植 3~5 株。

（4）阳光晒场型。以硬质铺装为主，仅在庭院的某一侧栽植少量花灌木进行美化，作为绿化和点缀，具有通透性强、视野开阔、实用性强等特点，主要用于农作物的晾晒和喜爱充足阳光的家庭。其中树种配置要求少而精。

(二) 庭院的生物多样性

庭院由不同背景特征的农户分散管理着，因环境条件和管理者社会经济状况的差异，庭院植物物种组成及结构布局也各不相同（Hamilton，2012），同时庭院内空间又常常被划分成多个功能单元或管理小区。因此，庭院生态系统是具有高异质性的景观单元，具有鲜明的生态多样性特征。

（1）庭院植物基因多样性。庭院种植以自给自足型为主导，因而，在实际栽培上表现出很大的灵活性，促使引进和维系一些野生种、野生近缘种、乡土物种和传统的栽培品种的应用，这导致了明显的种群间基因多样性（Eyzaguirre & Linares，2004）。同时，庭院中常常保存有较高的种群内基因多样性，如采用现代分子标记方法对意大利农户庭院中番茄、豇豆、芹菜、菜豆等蔬菜品种多样性进行检测，发现农户保存了较高的种群内基因多样性（Negri *et al.*，2007）。

（2）物种多样性和生态系统多样性。庭院中包括了乔木、灌木以及一年生与多年生农作物、草本、花卉、香料、药用植物等，是具有时空变化的生态单元（Eyzaguirre & Linares，2004）。庭院受不同的土壤类型、灌溉方式和文化偏好等影响，导致其配置上变化极大，庭院常具有较高的植物多样性。例如，在2012年沿北京近郊、中郊、偏远农村3个城市化梯度5个村庄共计104户庭院进行调查，共计记录到植物278种，每个村庄所有庭院物种总丰富度有76~163种不等。庭院植被与邻近的自然生态系统更为近似，与集中在少数几个作物的农业生产系统相比，拥有较高的Shannon多样性指数（Eyzaguirre & Linares，2004）。庭院中较高的植物多样性也增加了区域景观的异质性，提高了景观多样性。

（3）庭院植物水平结构多样性。庭院种植组成结构由相对复杂的农林系统到以单一作物为主的简单类型，组成结构变化多样。庭院生态系统的结构复杂，配置灵活，充满创意，适应性强，不同功能区布局，反映出了农户的管理重心和特殊需求。

（4）庭院植物垂直结构。多层垂直结构和不同生活型组成是庭院的重要特征，这有利于水、光照、营养物质和地上地下空间等资源的有效利用，使不同物种在时间和空间上得到合理安排，不同生态位之间形成良好的适应性，如耐阴作物构成较低的植被层，遮阳向阳树种位于顶层，中间层是不同程度的耐阴性物种，不同地下根系结构也相互交错，从而形成相对持续且具有一定抗干扰能力的生态系统。

（5）庭院植物来源和功用多样性。传统庭院不仅包括很多农作物和经济作物的遗传多样性，而且保持了丰富的野生植物资源，在南非农村庭院中野生物种占31%（High & Shackleton，2000）。多种植物组成为家庭提供了多种功能的产品。一般来说，按照植物功用，可将庭院植物分为九大类别：食用植物（包括果树、作物、蔬菜、香料、调味品、豆类、块根类植物等）、药用植物、观赏植物、建材树木、薪柴、遮阴/植物篱、文化意义植物、饲料植物和其他种类植物（其中包括绿肥、工艺品、纤维等），许多植物同时具有多种功用（Blanckaert，2004）。

（三）乡村庭院空间建设

作为乡村聚落空间中占据重要位置的景观要素，庭院具有居住、休憩、生产等多种功能，兼具经济、社会、生态价值，在乡村生物多样性保护中也具有独特的价值和作用。从生物多样性保护的角度，乡村庭院的空间建设需要注意以下几个方面。

（1）庭院植物选择应将观赏和使用相结合，选择形态、花期、色彩均不同的树木花卉，且应细腻、丰富多彩、适应性强、耐粗放管理。绿化要选择具有滞尘功能的高大阔叶乔木；潮湿区绿化应选择喜水湿、根系发达、具有涵养水源、保持水土作用的树种；农民住宅庭院绿化可选择有花有果、有经济价值的树种；同时，还要注重选择春季开花、秋季彩叶等具有观赏价值和景观效果的树种。

（2）植被的搭配注意垂直结构的复杂性和多样性。

（3）因地制宜、适地适树、优选苗木，注意乡土物种的使用。

（4）庭院地面尽量避免过度硬化，提倡透水、透气地面的应用。

二、屋顶绿化

屋顶绿化在城市发展过程中作为引入和增加自然因素的重要措施得到重视和发展。随着经济发展和生活水平提高，将屋顶绿化纳入乡村绿色基础设施建设在改善乡村生态环境、保护乡村生物多样性方面具有重要应用前景。屋顶绿化可以扩大乡村绿色空间和绿色面积，改善乡村生态环境和生物多样性，也可在改善乡村居住环境、节能、积蓄降水、改善空气质量、减小温差、保护建筑构造层方面发挥积极功效。例如，在荷兰有一半种类的蜜蜂被纳入红色濒危物种名单，为保护蜜蜂，在乌得勒支人们甚至在公交车候车亭顶棚种植景天属植物，为蜜蜂提供食物来源，同时还可以净化空气，储存雨水，在夏季起到降温作用。

（一）屋顶绿化的类型

一般来说屋顶绿化有如下模式。

（1）开敞型屋顶绿化系统。又称粗放型屋顶绿化，是屋顶绿化中最简单的一种形式，一般来说低养护，免灌溉，从苔藓、景天到草坪地被型绿化，整体高度 6~20 cm，重量为 60~200 kg/m²。

（2）半密集型屋顶绿化系统。是介于开敞型屋顶绿化和密集型屋顶绿化之间的一种绿化形式，植物选择趋于复杂，效果也更加美观，需要定期养护和灌溉，可以是草坪绿化屋顶，也可以是灌木绿化屋顶，整体高度 12~25 cm，重量为 120~250 kg/m²。

（3）密集型屋顶绿化系统。结构复杂，集成了植被绿化与人工造景、亭台楼阁、溪流水榭等，需要经常养护、经常灌溉，从草坪、常绿植物到灌木、乔木，整体高度 15~100 cm，重量为 150~1 000 kg/m²。

（二）屋顶绿化的施工程序

（1）调查荷载。设计活荷载大于 350 kg/m² 的屋顶，除种植地被、花灌木外，可以适当选择种植小乔木；设计活荷载在 200~350 kg/m² 以内的屋顶，栽植植物以草坪、地被植物和小灌木为主；设计活荷载 200 kg/m² 以下的屋顶不宜进行屋顶绿化。

（2）施工安全处理。为保证屋面防水、排水和消防要求，植物的种植面不能直接靠近建筑立面边缘，要以 20~50 cm 的砾粒带或轻质物质带隔离。在屋顶绿化的下水口、排水观察孔、通气孔等处应该以 10 cm 的砾粒带或轻质物质带隔离。

（3）测试屋顶现有防水能力。屋面加砌花台、花架、水池、安装管线等施工活动，均不得打开和破坏原屋面防水层。在进行屋顶绿化施工时，首先在原屋面增加一层柔性防水层，且按相关技术规范操作。屋面进行两次闭水试验以确保防水质量，第一次在屋顶绿化施工前进行，第二次在绿化种植前进行，每次闭水时间不小于 72 h。

（4）放置阻隔根膜。为防止植物根系穿透防水层，在防水层上要专门设置隔根层，避免对建筑结构造成破坏。

（5）铺装保湿毯。保持营养基质水分。

（6）铺装蓄排水通气板。种植层下必须设置过滤层、排水层，种植面层应保持排水的坡度，保证排水畅通。改善植物根部与基质的通气状况。

（7）放置过滤膜。防止人工合成基质颗粒随水流失。过滤层直接铺设在蓄排水通气板上，铺设时搭接缝有效宽度不得低于 10 cm，并向建筑侧墙面延伸，折起高度不低于 20 cm。

（8）铺设轻量合成营养基质。要选择蓄排水、保肥、通气、绝热、膨胀系数等理化指标安全可靠，pH 值为 6.8~7.5 的轻型人工种植基质。

（9）合理装置灌溉系统。应选择滴灌、喷灌形式。栽种后马上浇水，之后则不宜过勤，因为植物会因水大而生长过快，综合抗性降低。

（三）屋顶绿化应注意的问题

（1）屋顶承重问题。由于建筑结构承载力直接影响房屋造价的高低，因此屋顶的允许荷载都受到造价的限制，只能在一定范围，特别是对原有未进行屋顶设计的楼房进行屋顶绿化时，更要注意屋顶允许荷载。

（2）渗漏问题。由于植被下面长期保持湿润，并且有酸、碱、盐的腐蚀作用，会对防水层造成长期破坏。同时，屋顶植物的根系会侵入防水层，破坏房屋屋面结构，造成渗漏。

（3）考虑屋顶环境恶劣植物成活难问题。植物要在屋顶上生长并非易事，由于屋顶的生态环境因子与地面有明显的不同，光照、温度、湿度、风力等随着层高的增加而呈现不同的变化。

（4）考虑栽培基质问题。传统的壤土不仅重量重，而且容易流失，如果土层太薄，极易迅速干燥，对植物的生长发育不利。如果土层厚一些，满足了植物生长，但屋顶承受不住。因此，应该选用质地轻的无土基质来代替壤土。

（5）考虑植物搭配问题。屋顶花园面积都不大，绿化花木的生长又受屋顶特定的环境所限制，可供选择的品种有限。一般宜以草坪为主，适当搭配灌木、盆景，避免使用高大乔木，还要重视芳香和彩色植物的应用。做到高矮疏密错落有致、色彩搭配和谐合理。

三、乡村道路生态景观建设

道路在推动社会经济发展的同时，也对沿线生态系统和景观格局产生了威胁（Forman et al.，2003；潘丽娟等，2015）。道路的建设不仅占用其他土地利用类型的土地，造成景观破碎化、生境丧失，而且还会对动植物的分布格局产生影响，最终对周围的动植物产生隔离和干扰，造成生物多样性的降低。为降低道路对乡村景观格局和生物多样性的消极影响，通过道路生态景观建设可以在一定程度上缓解道路对生物多样性的负面影响，这些措施主要包括路沿植被带建设、道路主体的生态化建设，需要综合考虑道路本身的建设以及周围环境的建设。

（一）乡村道路生态化建设注意事项

乡村生态道路景观建设原则主要包括道路等级和位置、路面硬化方式等内容。调查现有道路网络和未来需求，合理规划道路的位置和等级，应避免道路穿越生态敏感区，防止生境破碎化。根据道路等级和车流量确定道路的硬化方式，应避免过度硬化。道路的硬化方式可选择透水性沥青或透水性混凝土，田间道路和生产道路可选择砂石、碎石、泥石等材料，增加路面透水性，涵养土壤；重视车辆行驶安全问题，构建多样化的开阔空间；避免穿越生态敏感区，防止生境破碎化，对于大型动物的迁移要建立生态桥和涵洞。

路沿植被是乡村道路生态化建设的重要内容，其首要功能是保障道路的安全，减弱噪声，改善地温，防止路面老化，防风沙、雨雪，保护路基，诱导交通视线，缓解驾驶人员视觉疲劳，吸附交通污染物，美化景观，同时，也具有生物多样性保护的作用。路沿植被对于生物多样性的作用主要体现在两个方面：①路沿植被可以为生物的迁移和扩散提供廊道，使得动物在生境斑块之间的取食、扩散以及对气候变化或生境变化的适应更为有效；②路沿植被，如树篱、草带等，可以为乡村景观中的物种提供避难场所，尤其是在高度均质化、缺乏自然和半自然残存植被的景观（图6-6）。此外，路沿植被还能作为相互隔离的高质量生境片段之间物种迁移的踏脚石，例如，最近研究显示，线性路沿植被通过影响蜜蜂采集花粉时的路线而具有显著的经济价值（Cranmer *et al.*，2011）。在路沿植被的建设过程中，应以乡土物种为主，开花植物和乔灌草合理搭配，维护生物多样性（图6-7）。

**图 6-6　与农田相邻的道路缓冲带和沿线开花植物可以
作为农田生物的重要栖息地和避难所**

（刘云慧　摄）

（二）乡村道路建设的模式和建设方法

1. 干道设计

在绿化方面，首先，干道绿化应充分考虑大尺度空间和时间的变化情况，避免零碎杂乱。总体上应当根据道路规模和容量及设计车速进行简洁明快的大色块景观设计。例如，宽度超过8 m的干道应当设计中央分隔式绿化带，根据设计车速和驾驶时的动态视角，采用高度为1.6~1.7 m的灌木连续栽植为主体，间隔点缀观花或彩叶植物。其次，干道两侧绿化应把握外高内低原则，即距离干道从远至近的植物高度应递减。例如，远处种植乔木，中等距离种植灌木，近路沿处种植草坪花丛。且植物配置应有一定规律，

图 6-7　道路沿线植被以乡土植物为主，乔灌草合理搭配

（刘云慧　摄）

视觉上较为明朗，以防司机驾驶时产生眩晕感。最后，必要时应采取适宜具体情况的绿化方式。道路两侧绿化如有必要也可采用挂网等方式；填方区的绿化可采用种植草坪或灌木等方式以起到护坡作用；道路转弯处应避免设置高大乔木以免影响驾驶视线；边坡区域的花卉树木最高生长线也应控制在不得妨碍驾驶视线和路面标识识别的范围内。

在铺装方面，当适宜地区能满足基层承载力时，干道路面可根据承载量和其运输功能特点采用透水性铺装，如透水性沥青和透水性混凝土铺装。

2. 支道设计

在绿化方面，支道两侧绿化可选用"乔—草"或"灌—草"结构，植物种类以乡土种为宜，构成复层混交群落，群落内部以株间混交的模式突出防护功能和生态功能。尽可能设置利于生态化的缓冲带，以"灌—草"或"花—草"为宜，缓冲带宽度应视支道宽度而定，一般为 2~5 m。乔木应当选择株型整齐、生命力强健、病虫害少且便于管理的适合当地生长条件的树种；灌木选择枝叶丰满、株型好、花期长且萌蘖不会妨碍交通的植物。

在铺装方面，支道生态路面的设计可使用透水性沥青和透水性混凝土铺装材料，另外，在适当场地地区也可选择石灰岩碎屑、砂石铺装和碎石铺装等材料，石灰岩碎屑铺装使用颗粒直径为 2~3 mm 的石灰岩碎屑，砂石铺装和碎石铺装选用直径为 2.5~5 mm 的石子为原材料。

3. 田间道路设计

在绿化方面，田间道路两侧绿化可选用乔灌草、乔草、灌草或花草结构，植物种类以乡土野生物种为宜；在道路两侧适当位置可种植具有生产功能的果树和特色花卉等，形成经济、生态功能并举的绿化模式。考虑到田间道路独特的生态性要求，田间道路两侧应建设 40~50 cm 宽的缓冲带，可选用部分灌木和一些草本植物，以乡土种为宜，灌木选择应耐修剪且易于管理。

在铺装方面，因田间道路的路面承载力要求较低，其路面材料除了可选用石灰岩碎屑和碎石铺装外，考虑到其对农田景观的生态影响，还可选用砂石铺装，这种路面很少有泥泞现象，透水性较好；砂石铺装的微细砂土和良质土的标准及其配比为 2∶3。

4. 生产道路设计

在绿化方面，生产道路两侧绿化可结合缓冲带一起设计，宽度约 50 cm 即可，植物种类可选用野生花卉或草本地被植物。

在铺装方面，生产道路的路面承载力要求最小，也最容易达到，为减小道路分割农田斑块对景观生态造成的影响，路面铺装可选择黏土铺装或土壤改良材料铺装，黏土铺装适用于排水良好的地方，一般使用水田土或沼泽土，也可采用黏土和砂石的混合土。

5. 游憩道路

在绿化方面，游憩道路绿化应在保障基本生态功能的基础上，适当增加景观观赏效果，多选择既有好的观赏效果又有较高生态价值的植物。植物种植形式以高大乔木形成背景，以中小乔木形成中景，以观赏植物形成前景。

在铺装方面，人行路面可选择生态、环保、吸水性、透水性强的环保砖；路面采用大理石、卵石、改性沥青混凝土、透水性沥青混凝土或橡胶沥青混凝土等材料，起到降低噪声、增强路面的渗水性、涵养土壤、保持养分的作用。游憩道路形式多样，还可选用透水性草坪铺装、木屑铺装材料。

（三）生物通道的建设

道路的建设往往造成生物生存空间的分隔，空间趋小，生物的食物来源、种群数量、必要的活动或迁徙都受到限制。通过修建生物的通道，为生物提供一定宽度、免受人类活动影响、可供迁徙的道路，将道路两侧生境联系起来，使两侧的生物得以交流，可以降低和减少道路修建给生物多样性带来的负面影响。生物通道横穿道路形式通常分路上式、路下式和涵洞式（图 6-8）。

1. 路上式生物通道

一般位于被道路切断的山体处，在道路上方设桥并将两侧山体连接为一体，桥面则模仿自然状况覆土种植，桥两侧密植灌木。在降低道路噪声干扰的同时还可避免动物受到视觉惊扰。

2. 路下式生物通道

道路在通过沟壑时顺势架桥，桥之上部车水马龙，下部空间则保证陆地连通，生物可利用该连通空间进行交流，这是一种较为普遍的通道形式。其空间跨越的基本尺度是 8 m，小于该值则称为涵洞式。

3. 涵洞式生物通道

该类通道实质上属路下式，因其跨度较小而采取造价较低的金属涵管、混凝土涵箱或涵管形式，其尺度上限一般为宽 8 m。建立涵洞，涵洞设计应尽量结合地形、地貌特征，尽量做到与周围环境相协调（图 6-8）。

四、河岸缓冲带的建设

（一）河岸缓冲带的功能

河岸缓冲带具有重要的生态廊道和栖息地功能，是鱼类、鸟类、爬行类、两栖类甚

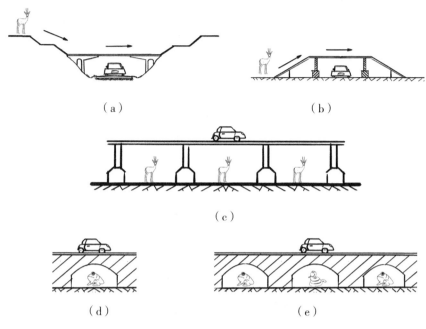

（a）　　　　　　　　　　　　（b）

（c）

（d）　　　　　　　　　　　　（e）

图 6-8　不同形式的生物通道
（张启宇　绘）

注：（a）（b）为路上式，（c）为路下式；（d）（e）为涵洞式。

至可能是一些大型哺乳动物的栖息地。同时，河岸缓冲带还能起到过滤来自径流的污染物和沉积物、控制农田地表径流、防治农田面源污染的作用。宽度适宜的河岸植被带不仅可以保护生物多样性，还可以缓解农业生产、交通运输等对河流生态系统的影响，还可以调节水分循环、阻挡洪水、削减洪峰、净化空气、涵养水源。同时，河岸缓冲带郁郁葱葱的树木及花草还可以提高乡村乃至整个流域的景观美学及游憩价值。

（二）河岸缓冲带的结构模式

1. 基础型缓冲带

当河岸缓冲带宽度在 15～25 m 时，应该建设基础型缓冲带。基础型缓冲带的宽度一般为 10～15 m，由以下几部分构成：①农田（降雨后通常造成养分流失）—地被缓冲带（种植草和野花等地被植物）3～5 m。②栖息林地带 5～10 m（多年生自然乔木植被，截留水分和养分，为小动物提供阴凉的栖息条件）—径流（一般为生境）。其中，草被带主要用于防止面源污染，通过种植豆科植物提高土壤肥力；中间林带种植较大的乔木、灌木，滨水岸边及潜水坡地种植芦苇、柳树等耐水植物及乡土植物，增加生态过度作用及防洪功能。

2. 扩展型缓冲带

当河岸缓冲带的宽度在 25 m 以上时，应该建设扩展型缓冲带。扩展型缓冲带的宽度一般为 20～30 m，主要结构包括：①农田（降雨后通常造成养分流失）—截留草带（种植草和野花等地被植物，存在地表径流）。②管理林带 5～10 m（截留有害物质，定期管理）。③栖息林带10~15 m（稳定径流，其阴凉环境为小动物提供生境）—径流（清澈的径流，可作为生境）。同时，也要通过水文分析确定水位变幅，选择适合当地生长的耐淹、成活率高和易于管理的植物物种（图6-9）。

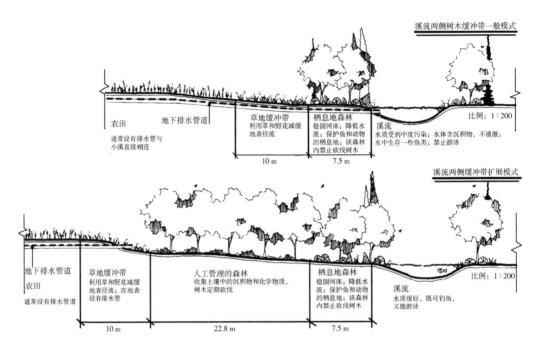

图6-9 河岸缓冲带的结构模式

（张启宇 绘）

（三）河岸缓冲带设计和建设原则

河岸缓冲带是农业景观的重要组成部分，不仅在生物多样性保护中具有重要作用，也是乡村重要的开放空间和生态基础设施，因此除了满足生物多样性保护的需要，还可以进一步考虑其多功能性，其设计和建设一般遵循如下原则。

（1）保持原有河流形态和生态系统。依形就势，遵循原有自然河道，尽量减少人为改造，保护天然河岸蜿蜒柔顺的岸线特点，保持河道的形状和形态的自由性，保持水的循环性和自动调节功能。在满足河道、堤岸安全的前提下，研究分析河道特性、水文条件、岸滩结构和绿化功能需求，确定河流宽度、横面设计、缓冲带建设和绿化植物配置方式等。

（2）生态设计优先。在河流护岸的过程中，尽可能保持原有生态系统的结构和功能，特别重视对河岸带原有植被廊道的保护，保护河流两侧生物多样性，尽量采用滨水区自然植物群落的生长结构，增加植物的多样性，建立层次和结构复杂的植物群落，并尽量根据条件，进行适度的修复和整治工作。

（3）提高河岸抗洪能力。在生态设计优先的基础上，将工程技术与生物技术相结合提升河道的生态景观服务功能，在水流较急、河岸侵蚀较强烈的地区可采用混凝土、石砌护岸，在护岸植被的选择上，尽量选择乡土树种，特别是具有柔性茎、深根的可固定河岸、防止土壤侵蚀的植物。

（4）增加滨水地带开放性。适度增加滨水地带的开放性，以方便水生、陆生植物的迁移、交流，同时，通过构建生态廊道、文化休闲区和滨水生态观赏区，使得人们有机会亲近河流，满足人类亲近自然的需求。

第三节　乡村景观生态修复

一、河流景观的生态修复

河流景观的发展和人类社会进步有着密不可分的联系，人类已经意识到过去过度开发利用资源的破坏性以及重视生态环境的必要性，河流景观作为生态环境的重要组成部分也随即产生变化。目前我国对于生态文明建设非常重视，河流是生态系统中的物质能量运输廊道，最大化发挥河流的生态服务价值和维持人类社会可持续发展的前提是保证河流生态系统的健康。在生态修复方面，由于乡村河流是城市河流的源头，城市河流的分布数量及广度远小于乡村河流，因此这两类河流之间存在生态协作关系，只有先重视修复乡村河流的生态问题才能使城市河流的生态修复起到显著效果。

河流生态系统是复合系统，包含陆地河岸生态系统、水生生态系统、湿地及沼泽生态系统等一系列子系统。概括学术界对于河流生态修复的定义，有以下3个要点：一是对河流生境的恢复；二是对河流生态空间结构的恢复，通过恢复河道自然形态（纵向与横向截面），使河流的蜿蜒性、延展性得到保护与还原；三是对河流生态系统中生物种群的恢复，修复改善河流中物种的生态环境，提高物种的多样性。目前河水水质的净化、恢复河流自然形态和丰富生物栖息地是乡村河流生态修复的3个方向。

（一）河流生境的恢复

1. 改善河流水质

可以通过增强对乡村河流水质的净化来解决目前乡村所面临的农业及生活污染问题。根据以河水自身净化水质为主，用一定程度的生态修复技术为辅助的原则来选择修复水质的方法。

在物理方法上，搭建拦截型水利设施，如以天然石块搭建的水坝等，利用增大河流高低落差的方法，使河道内含氧量上升，以达到加快有机污染物在河道内的分解速度。

在生物方法上，构建生态浮床（图6-10）、接触氧化浮床，使河道内水生植物吸收水中氮、磷等污染元素净化水质。应对水质退化的区域，采取种植河岸带形成植被过滤带的措施，可起到吸收耕地退水中氮、磷等元素，净化耕地区域水质的作用，种植带植物可选择野薄荷、紫花苜蓿等植物；河道内种植植物净化蓄留水体水质，同时河道内蓄水调流。选择三白草、菖蒲、三棱草等挺水植物人工植入效果最佳。跌水曝气增加水体含氧量（图6-11）。用壅水构筑物来建成河道内湿地出水口的溢流堰、拦沙、调蓄水位、保证下游用水、曝气充氧、加速水体溶解氧和有机污染元素。此外还可利用河道内原本的地势起伏和多种形态植物（沉水、浮水、挺水植物）构建多层级河流自净系统。

在化学方法上，由于河流内使用化学药物会造成村民用水产生健康安全隐患，且化学净水有可能造成二次污染，对河流造成生态系统破坏，所以在乡村河流生态修复上几乎不会使用。

图 6-10　用于净化水质的生态浮床

（满吉勇　摄）

图 6-11　跌水曝气促进水质恢复

（张启宇　绘）

2. 在纵断面增设小型漫水石堤

既能确保干流和支流的连续性，又能丰富水体生境。河流的横断面增设深潭与浅滩交错的布局。确保水域到陆地间的过渡带；不对河床固定设计，使河流有天然的活动幅度；在河流水域窄小的区域，重视河岸的丰富性。部分已被硬化的河岸采取相应的生态修复措施，对硬质河岸进行软化，保证河流的生态连续性。

3. 保护本土植物

在具体的修复和重建过程中，对现有长势良好的本土植物以保护为主，防止人为破坏，在此基础上，进行部分补充和景观营造。保证河道景观植物的丰富性，建立由沉水植物、浮叶植物、挺水植物和草甸等类别构成的完整植物结构。

（二）河流生态系统空间结构的恢复

1. 修复河道形态

（1）恢复河道蜿蜒的自然驳岸，使河岸边界的生态服务性、河道生境面积、质量与多样性都明显增加。

针对河流存在洪水期、河岸不稳定期等问题，在修复区应进行近自然生态修复。在保证河岸土地使用承受范围内，注意保持河道原有蜿蜒性与恢复顺直河道的自然形态。蜿蜒自然的河道延长了河道内洪水的滞留时间，降低了洪峰，起到缓解洪水的作用。

针对受损的河道，需根据河道受损原因，例如，因崩坍侵蚀、水土流失受损的河道，在考虑具体受损程度、防洪要求和河道两岸土地利用的情况下，应当拓宽河道，建立生态护岸，稳定河流流态，降低洪峰和增加动物栖息地。生态护岸可用乡村本土材料进行设置，如天然石块、木材、树枝等自然本土特色材料。

（2）恢复多样化河道断面。在确保防洪安全的情况下，改变河道单一的断面，依据河岸自身情况，组合构建复合断面（图6-12）。缓坡化处理陡峭、侵蚀崩塌的河段，将大坡度河岸（边坡比大于1:2）的边坡比降到1:（4~5）范围，在降低边坡比后的河岸种植苜蓿等植物，可以保持河岸带水土，净化面源径流（李昆，2015）。陡峭边坡比降低以后，构建生态复式护岸等多种缓坡生态护岸，以稳固河岸、防止河岸崩塌、减少水土流失，保障河势相对稳定，为河流生态系统提供稳定的大环境。

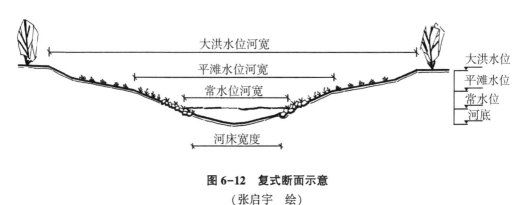

图6-12　复式断面示意

（张启宇　绘）

2. 构建生态护岸

河道护岸措施对于保障防洪安全、减少水土流失、稳定河势有直接作用。传统的钢筋混凝土硬质护岸虽然易于施工、强度大，但是对生物生境破坏严重，影响河流的连通性。因此尽可能修建近自然的生态护岸（图6-13），既可以保证河岸防洪安全，又可为生物建造一个丰富多样、高质量的栖息地（王雪和杨建英，2008）。对侵蚀崩塌严重的河岸，可采用块石、木桩、活柳枝条等自然材料修建抛石护岸（图6-14a），对防洪安全高的河段采用木桩结合抛石的护岸类型（图6-14b）。

（三）河流生态系统中生物栖息地的恢复

1. 丰富河流栖息地类型

在自然河道生态修复过程中，可利用大型抛石、跌水、丁坝和湿地等措施调节水流

图 6-13　近自然的生态护岸

（刘云慧　摄）

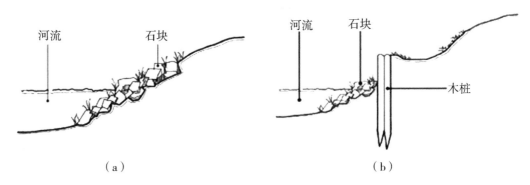

图 6-14　抛石护岸及木桩结合抛石护岸

（张启宇　绘）

注：（a）为抛石护岸；（b）为木桩结合抛石护岸。

速度与水流方向，通过河流自动力来构建多种类型的生物栖息地。

（1）大型抛石：对于因客观因素受限无法恢复蜿蜒曲度的河流，可采用设置大型抛石，利用河水流动的自动力改变单一流水形态，重新建立天然河流深潭浅滩的河床结构，为生物提供深浅变化丰富的生存空间。

（2）跌水：通过模拟自然河床的形态，可在河道内增设多个具有透水性质的跌水（图 6-11），模拟河底高差，水流跌落，增加水流接触氧气的面积来提高水体溶氧量，从而提升河道内水流的形式丰富性，为好氧生物提供更优良的生境条件。

（3）丁坝：采用丁坝来保护河岸，使河岸不会被高速水流所侵蚀（图 6-15）。使用石块、树枝、木桩等天然材料构成透水性丁坝，在洪水和高速流水的环境中可以有效地防止河岸带受损，同时又进一步为生物提供良好的缓流生境。

（4）河道内湿地：在河道内增设湿地，形成特殊的生境类型，湿地的溢流堰可以起到缓解水流的作用，使得湿地底部水深增加，有利于形成富含有机物的淤泥质土壤，从而吸引喜好淤泥质土壤的生物，丰富淤泥质土壤的缓流生境，进一步丰富河流内生物多样性。

（5）河岸缓冲带：河岸植被缓冲带由水生植物带、湿地灌丛带、湿地乔木带组成，能有效避免面源污染物随地表径流进入河流影响河流水质，对已进入河流的污染物进行

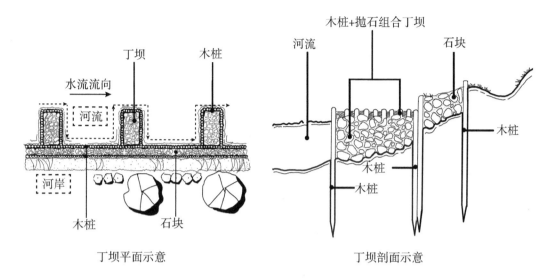

丁坝平面示意　　　　　　　　　　丁坝剖面示意

图6-15　丁坝
（张启宇　绘）

有效降解，保障水生生物的生境质量。连续的河岸植被带能给野生动物提供生存的空间及迁徙的通道。根据河岸湿地的发育、演替规律，沿着河流横向高程梯度在垂直空间上可以设计形成沉水植被→浮叶根生植被→挺水植被→岸滩湿地草甸→湿地灌丛→湿地乔木林的河岸湿地演替系列生境，以丰富河岸带生境类型。

2. 提高河流水文的连续性

提高河流水文的连续性，疏通河道内的淤堵部位，有利于形成一个完整连续的生态廊道，便于更多动植物繁衍和迁徙，增加物种的丰富性。

针对水文不连续的河道，可增设用多个河道内湿地（In-stream Wetland），用溢流堰蓄水来改善河流的水文条件。对于流域内涵养水源的植被被破坏、丰水期容易洪涝、枯水期流域水源不能持续补给甚至断流的河道，在不改变土地利用的情况下，河道内增加湿地还可以有效存储丰水期时的降水，在枯水期通过半渗透溢流堰为河道提供基本的生态用水功能，从而保证河流水文基本的完整性。

二、湖泊生态修复的景观途径

淡水湖泊是世界上很多地区的重要水资源，提供人类生产生活所需的饮用、灌溉、景观用水，并为许多陆生动物和水鸟提供食物来源，有很高的水生生物多样性。湖泊具有水平分层和垂直分层。水平分层可以将湖泊分为沿岸带、湖沼带和深水带。

随着人口的增加、工农业生产的迅速发展和城市化进程的加快，湖泊受到工业废水和生活污水排入、围湖屯垦、堤坝建设、网箱养鱼等多重影响，人类活动的干扰大大超过湖泊自然调节能力，许多湖泊水体发生有机污染，淤积、萎缩或咸化，水生植物群落退化消失，水华暴发，水体混浊，生态系统结构和功能退化等问题，其中富营养化是最为突出的问题，也是当今世界面临的最主要的水污染问题之一。虽然湖泊也存在自然富营养化的过程，但是其过程非常漫长，而人类活动可大大加快湖泊富营养化进程。近一个世纪以来，世界上大多数湖泊的富营养化是因人类活动引起，这也成为了湖泊生态修复需要解决的首要问题。控制湖泊的富营养化必须将把控源头和生态修复有机结合起来，在富营养化湖泊中恢复水生植被，建立以水生植物为主要初级生产者的生态系统，被认为是治理富营养化湖泊的有效途径（秦伯强，2007）。湖泊的生态修复是一个复杂的系统工程，涉及的技术和措施多样（表6-1），这里主要介绍综合了植物修复与景观管理和重建的方法。从景观管理和修复的角度，湖泊的生态修复可以从以下几个方面开展。

表6-1　适用于湖泊的修复技术

修复技术	具体措施
地形恢复和改造	营造缓坡岸带，营造浅滩，营造深水区，营造生境岛，营造洼地，营造水塘，营造急流带
土壤修复	清除土壤污染物，修复受污染土壤，控制土壤侵蚀
水文调控	引水设施（沟、渠、闸、坝、泵站等），水文控制设施（水坝、潜坝、水闸、泵站、堤坝等），拆除水坝等控水设施（包括水坝、堤坝），水系连通（引水沟渠、桥涵、水闸、泵站、底泥疏浚等），水通道疏浚，填埋排水沟，自然堤岸恢复，围堰蓄水，水塘（洼），雨水收集利用系统（包括雨水花园、生物滞留塘、生物沟、生物洼地等），暴雨储留湿地，水源涵养林
水质改善	泥沙沉淀池，人工湿地，稳定塘，功能性湿地，滨岸缓冲带，种植沉水植物，人工浮岛，生物操控（如投放滤食性鱼类等）
植被恢复	自然封育（封滩育草、封滩育林），水面植被恢复种植，滨水带植被恢复种植，常水位出露滩地植被恢复种植，常水位以下植被恢复种植，土壤种子库引入，外来有害物种控制
生境恢复与改善	动物通道（如鱼道、两栖动物通道等），深水生境，浅滩生境，浅滩—大水面复合生境，滨岸和洲滩湿地恢复，滨岸腔穴系统恢复，水下生态空间营造，近自然巢箱、巢台（包括鸟巢、鱼巢等），人工鱼礁，生境墙，篱笆系统，木质物残体（如放置倒木），生境岛，种植鸟嗜植物（如浆果类灌木、球茎类挺水植物等），种植蜜源植物和宿主植物，放置软体动物（如河蚬等），水体自然蓄纳种苗结构

资料来源：马广仁，2017。

（一）湖泊流域景观生态环境保护及污染源控制

对湖泊周围的景观进行综合治理，采用分级保护，分级明确保护区的范围、明确保护区内禁止建设、限制建设、控制建设范围线。具体的措施包括，保护流域内的森林生态系统，开展水土流失治理，开展上游河流的修复与整治，沿湖生态缓冲带建设，完善湖泊流域内乡村污水排放的相关设施，改进农业耕作方式和调整产业结构，减少施肥和农药用量，控制污染物的出入水情况。以太湖保护区为例，依据《江苏省太湖水污染防治条例》，将无锡境内的太湖流域保护区域划分为一级保护区、二级保护区、三级保护区。一级保护区：在禁止和限制建设区，通过退圩还湖、退渔还湖、退耕还湖、修复湿地一系列措施建立绿色生态功能区。在控制建设区，更注重资源整合，大力发展高端制造业和第三产业，如服务业。封堵排污口，从污染的源头上解决成因，升级并改造现存的污染处理设施，确保工业、生活污水集中处理。二级保护区：入湖道及其两侧空间地带进行引导控制，对污染企业进行改造升级，大力发展绿色产业，能源方面提倡使用风能、太阳能等绿色循环再生能源。注重生态建设，建立生态乡镇、生态园等新型生态发展空间。三级保护区：距离湖区相对较远，管制措施可以略微宽松，但仍须注重生态保护与生态修复，促进上游土地利用结构优化。

（二）湖滨带修复

湖滨带处于水域与陆地的交错地带，水陆过渡性是关键特性。湖滨水带修复包括形态修复和生态护岸修复两方面。

形态修复主要是恢复滨水带的景观连通性，河岸带的自然性及纵向生态连续性。生态修复则重视生态系统管理和生态服务功能提升。根据生态修复的目标、功能以及生态退化程度来进行分类，分为植物修建型、生态修补型、生态调整型、生态保护型 4 种典型的类型。

1. 植物修建型

湖滨水带植物体系在历史进程中被破坏的部分，需要进行生态修复，可以利用乡土植物营造新的生态体系。在生态退化程度严重区域，重新恢复生态体系，选择本土植物和抗逆性强的植物种植生态林带、采用本土耐水性植物营造乔灌草的生态体系，从而达到提高湖泊区域生物多样性的目的。也可运用生态湿地，生态堤岸、植物辅助工程护岸进行景观营造，在恢复湖滨水带植物体系的同时，打造旅游景观，协同提升乡村景观和生态旅游。

2. 生态修补型

如果滨水带存在生态退化状况严重的情况，需要二次修复植被覆盖不均匀的地方，补充种植乡土植物相对应缺失结构的植物；辅助种植植物主要在退化区域进行。可在严重区域采取适当的工程辅助形式修复当地生态系统，提高生物多样性和生境异质性。

3. 生态调整型

在损坏程度并未达到需要重新修建的区域，主要以生态调整为主。需要调整生态结构、景观规划方向、水文水情，调整乔灌草的比例，从而改善植物比例结构，恢复林下植物带和合理的土壤结构，减缓水流的冲刷对于湖岸的侵蚀。从而调整成为高层次结构丰富的生物环境。将"人进湖退"的开发理念调整为"人退湖进"，从整体布局出发，把湖滨带的净化功能与景观性相结合，进行合理分区，并且强调调整重点，结合本湖泊区域调整修复技术，修复生态结构，逐步过渡到健康良性生态系统。

4. 生态保护型

乡村滨水带建设主要以生态保护型为主，一般情况下乡村滨水带受外界干扰较少，主要干扰为自然灾害、水土流失、水质污染，所以主要以生态保育为主，为了减少人为破坏可以适当封闭滨水带，设立自然保护区，提出保护的目标，维持湖泊生态的稳定性。可将整个湖泊系统通过湿地连接起来，通过湿地生态修复和水系的改造，构建起湖泊湿地水系的基本骨架，种植芦苇、菖蒲等湿生植物，并且增加观景距离，在沿岸水面种植高型水生灌木对水体进行保护，再将现有置石进行重新组合，丰富生境的种类及动植物的栖息地，使湖泊修复成生态功能完备的湖泊生态系统。

（三）湖泊水质生物修复与湖泊生物恢复

存在水体污染的湖区，可以采用生物修复的方法改善湖泊水质。但是，由于生物恢复需要时间较长，它对湖泊水质的改善效果也是一个由小到大的过程，在治理初期水生动植物的发展缓慢，生物净化功能弱。因此，在修复初期有必要引水在短期内促进湖泊水质改善，从而加快湖泊水生动植物恢复的进程，而水生生物的恢复反过来又能净化湖泊水体，从而形成系统的良性循环。在湖泊水质得到一定程度改善后，逐步实施生物修复工程。经过一段时间的水生生物恢复，生物的净化能力逐步增强，湖泊正常生态功能逐步得到恢复，此时视情况降低调水频次，维持湖泊生态的良性发展。

在水体质量基本恢复的基础上，可以进一步加强水体植被的恢复。

（四）对水生植物恢复

控制湖泊水深在水利调控中很重要。适当降低湖泊水位可以减小水生植被恢复区的水深，改善水下光照条件，促进水生植物繁殖体的萌芽和幼苗的生长。对湖泊水生动物而言湖泊由于长期的沟渠淤积，加上人为的分割，沟渠连而不通，极大限制了水生动物的生存空间，减少了动物生境的多样性。通过水利调度可实现湖湖连通，为水生动物的繁殖和生长提供广阔的水域。同时，在适当季节，可以通过水利调控引江入湖，增加湖泊水生生物的种类。

三、农业灌溉渠道的生态修复

农业灌溉渠道是人类基于农业的发展，为了调水配水而修建的人工设施。近年来，随着城市的不断扩张，越来越多的灌溉渠道开始穿过城镇，这就使得传统灌溉渠道所要承受的污染更为严重，其生态环境进一步恶化，生物多样性和水体自净能力等进一步下降。如何在满足乡村周边农田灌溉需求的同时，改善渠道水质下降状况，丰富渠道景观环境，提升人居环境质量，已成为新课题。从发挥灌溉渠道生态功能，实现对其水体生态改善与修复、提升生物多样性的角度，可以从以下方面开展农业灌溉渠道的生态修复。

（一）灌溉渠道水体修复技术

灌溉渠道的水体，一方面受制于河流、湖泊水质的影响，对渠道水体的修复是建立在对河流、湖泊水体保护与治理的基础上的；另一方面，灌溉渠道因其具有输水、蓄水和生态廊道等多重功用，这就需要在灌溉渠道景观设计时，协调它们之间的关系。

1. 恢复灌溉渠道水生植物多样性景观体系，提高渠道自身净化能力

水生植物多样性完整的自然水系，具有天然的自净能力，但灌溉渠道多数是在人工的干预下修建，生物的多样性不完整或受到了破坏。通过植物在生理活动过程与环境间的物质交流来吸收降解污染物质，可以使水体的自净能力得以提升（曹虎，2012）。水生植物多样性生态景观建立与恢复主要是沟渠底部沉水植被和沿岸挺水植被的建立与恢复，通过对乡土植物种类的筛选和应用，并依靠改善植物生长条件及人工移植栽培，营造适宜的湿生、水生植物生长环境。具体的设计过程中，在不影响渠道输水配水功能的前提下，可以在宽度或水深适宜的土质渠道进行水生植被体系的恢复，以提高渠道水体的自净能力，净化水质。

2. 水体修复技术工程

（1）加气阶工程与跌水。灌溉渠道的平面形式多是以带状形式分布，在有一定自

然落差的沟渠部位，可人工设置加气阶，即人工设置多级落差，如滚水坝或橡胶坝。通过在适当的位置设置滚水坝或橡胶坝的形式，使渠道水体形成多级人工落差，水在流经下落过程中，一方面可以使水体的复氧能力得以增强，另一方面也形成比较自然的跌水景观。

（2）河道曝气技术。河道曝气技术是根据水体受到污染后缺氧的特点，人工向水体中连续或间歇式充入空气（或纯氧），加速水体复氧过程，以提高水体的溶解氧水平，恢复和增强水体中好氧微生物的活力，使水体的污染物得以净化，从而改善渠系水质。这种曝气技术投资少、见效快，在我国河流（湖泊）、渠系污染的综合治理中具有广阔的应用前景。

（3）沸石处理工程。沸石是一种天然而廉价的多孔性非金属矿物质，其表面积大、吸附能力强，对污水中的氮和磷有较好的去除效果。在生态修复过程中，可以将沸石置于渠道的较窄处或是桥梁下方的水中，尽量增加沟渠内水流与它的接触面积，通过在狭长型渠道中适当距离均匀或非均匀地排布，一方面能使水体在流动中得到反复净化，以进一步改善水质，另一方面也成为水体中自然的散置石景观。散置石景观空间及其环境又为某些种类的水生动植物提供了良好的栖息环境，丰富了渠道的水生态系统，也使景观形态更为多样化。

（二）生态型渠道空间构建技术

1. 修复马蹄形湿地，重塑渠道的弯曲度

沟渠中的马蹄形湿地及其蜿蜒性为沟渠生态的生物多样性提供了条件，使其可以拥有更复杂的动植物群落。然而，渠道蜿蜒性的增加会对输水时间和输水流量造成影响。设计可根据具体空间特征，留大湾而限小湾，以避免弯道过多而影响水流（杨非等，2018）。

2. 渠道断面形式多样化

灌区沟渠断面形式主要有："U"形断面、梯形断面、矩形断面、复式断面等（杨非等，2018），根据渠道不同渠段的具体情况，可采用多种不同的断面形式，在增加渠道空间形态多样性的同时，也能增加水体流经这些断面时流态的多样性，这种多样性能提高水体在流动中的复氧能力与自身修复能力。

3. 修复浅滩和深潭工程

通过对浅滩和深潭的修复，可极大增加渠床的表面积，形成水体中的不同流速和生境，丰富沟渠生物多样性，从而使水体的自净能力得以增强。在修复过程中，位于水流较缓慢的渠段，浅滩和深潭可以通过挖掘和垫高的方式来表现；而对于水流湍急的渠段，可采用置石和浮石带的方式来表现。置石是在渠床经排列后埋入直径为 $0.8\sim1.0$ m 的砾石，以形成浅滩和深沟。浮石带是将既能抵抗洪水袭击又可兼作鱼巢的钢筋混凝土框架与置石结合起来的一种方法（杨非等，2018）。多样化的水体形态又为各类水生动植物提供更多栖身之所和生长环境，使水体生态系统更为丰富。

（三）生态护坡技术与景观设计

1. 打木桩护岸技术

可以在驳岸的入水区域交叉打入木桩，用钢丝固定，并用竹排绕行用以挡土（图

6-16）（曹虎，2013）。待水生植物长成以后，便可将土壤固定，而木桩和竹排腐烂以后又不会造成环境污染。该技术硬化了驳岸，满足了渠道引水的功能需求，采用水生植物生态自净的方式净化水体，改善了渠道内水质。

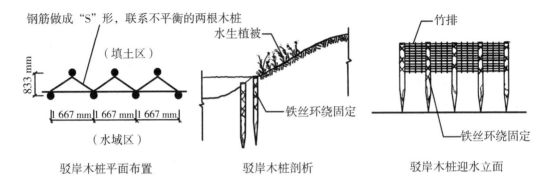

图 6-16　打木桩护岸技术

（改自曹虎，2013；张启宇　绘）

2. 石笼枝桠床护岸工程

利用废弃的植物材料的枝干，编织成枝桠床，并结合石笼工艺，布置于渠岸。枝桠床柔韧性较好，可以随着地形的改变而变化，对各种地形都具有很好的适应性，可以使渠岸得到长久的覆盖和固定。此外，由于使用的是天然材料，枝桠床对环境不会造成任何污染，其多孔构造又为小型水生生物创造了栖息环境。

3. 植生型防渗砌块工程与水生动植物、微生物复合的生物系统结合

植生型防渗砌块技术由不透水的混凝土块体和供水生植物生长的"井"形无砂混凝土框格组成（图 6-17）（曹虎，2012）。对渠道进行防渗衬砌，通过砌块之间的凸块和凹槽的联结紧密地排列于渠底和边坡，可以有效地防止渗漏；向网格形无砂混凝土框格中填土，种植适宜的水生植物，框格和植物都利于防止土壤的过度冲刷，而水生植物的生长又为其他微型生物提供了生长环境，进而形成水生动植物、微生物复合的生物系统，还可以吸收降解水体中污染物质，提高水体的自净能力。

四、退化土地生态修复

我国乡村存在着大量的退化土地，生境退化是导致生物多样性丧失的重要原因，因此修复退化生境，也是实现生物多样性恢复的重要措施。对于一般退化土地而言，大致需要或涉及以下几类基本的修复技术体系：①非生物或环境要素（包括土壤、水体）的修复技术。②生物因素（包括物种、种群和群落）的修复技术。③生态系统结构与功能的总体规划、修复技术。

（一）损毁土地生态修复

损毁土地修复重点是地形、土壤、植被、景观、生态系统、生态服务功能重建，主要技术要点如下。

（1）地形重构。主要任务是恢复损毁土地的原始地形地貌，防止地质变动，提供

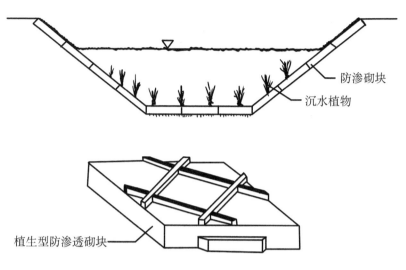

防渗砌块

沉水植物

植生型防渗透砌块

图 6-17　植生型防渗砌块技术

（改自曹虎，2012；张启宇　绘）

土壤基质，为今后的土壤恢复和生态系统恢复奠定基础。按照设定的土地利用方式和开发计划，重构地形。

（2）土壤重构。主要目的是建立适宜植物生长的土壤层保留地和重构土壤层的稳定性，以满足植被恢复的需要。

（3）控制二次污染。将那些可能会影响水体质量或植被生长的土料进行合理的转移或填埋。

（4）保护自然和文化景观。保护场地中那些高价值的树木、灌木、草坪、河流廊道、自然泉眼、历史古建及其他具有重要生态文化功能的实体。

（5）植被建设。定期开展场地整理、种植和播种，进而确保所选物种的存活与生长。

（6）生态系统修复。通过先锋植物定植，逐步丰富植物群落，构建地域生态系统。

（7）景观重构。按照土地复垦计划和未来利用方式，逐步重构景观格局和生态过程，改善景观视觉效果与功能质量。

（8）消除安全风险。开垦规划必须为公众消除各种安全风险，如侵蚀与水污染、较高的墙体、具有陡坡的水池、潜在的滑坡、地下矿山开口，这些都会使公众在面临危险时无从逃生。

（二）污染土地生态景观建设

污染土地可以通过生态修复重新获得生态和生产价值。植物景观修复技术成本低廉，环境友好，利于土壤生态系统的有效运行，适合大规模应用，同时具有美学价值等优点，适于修复中等浓度和低浓度的重金属污染。

1. 制定土壤污染修复策略

因地制宜制定相应的修复策略以及短期和长期的土壤利用规划是种植植物进行修复

的前提。其中，清洁区域不需要修复；中度污染的土壤可采用原位植物修复技术，即直接将修复植物种植在污染区域内；重度污染区域及混合污染区域，利用植物进行原位修复需要的时间过长，如果需要在较短时间内实现修复，适宜采用异位修复法，即将污染的土壤挖出，移到他处，然后再进行修复。

2. 选择用于生态修复工程的适宜植物品种

选择适宜的植物是利用植物修复土壤污染成功与否的关键。表6-2总结了适宜不同类型污染的植物类群。一般而言，宜选择生长快、抗逆性好的植物，优先选择固氮植物、乡土树种和先锋树种，综合考虑植物的经济价值和生态效益。对于草本植物来说，禾草与豆科植物往往是首选物种，因为这两类植物大多有顽强的生命力和耐贫瘠能力，生长迅速，而且豆科植物具备固氮作用。在禾本科植物中，狗牙根是使用最早、最频繁、最广泛的植物种之一。

表6-2 土壤污染类型及其适宜的植被修复种类

土壤污染类型			修复植被种类
化学污染	无机污染物	各种重金属 铬	蕨类植物
		镉	向日葵、菊花、柳树、十字花科的遏蓝菜属等
		铝	石松、地刷子、野牡丹、铺地锦等
		锌	十字花科的遏蓝菜属、东南景天、海桐、夹竹桃等
		铜	遏蓝菜、羽叶鬼针草、酸模、紫首蓿、印度芥末、海桐、广玉兰
		铅	东南景天、桐花树、秋茄、白骨树等
		镍	柳树、海桐、夹竹桃等
		锰	栾树、木荷、马尾松等
		硒	柳树等
		砷	蕨类植物、蜈蚣草等
		放射性元素	菊科、木灵藓科、蔷薇科等
		氟化物	柏树、杨树、柳树、刺槐、国槐、臭椿、合欢等
		无机酸、碱、盐	玉米、高粱、甘蓝、紫穗槐、水稻、沙枣等
	有机污染物	苯类、酚类、氰化物、有机农药、除草剂、洗涤剂、石油及其产品	杨树、黄豆、玉米、印度草、臭椿、悬铃木、夹竹桃、金银花、银杏等
物理污染	建筑生活垃圾、农业废渣、废农膜等		枸杞、冬青、画眉草、中华结缕草、马尼拉草、紫花苜蓿等
生物污染	粪肥、乡镇污水、垃圾、寄生虫卵、有害微生物		豆科植物、旱金莲、万寿菊等

资料来源：于晓章和Trapp Stefan，2004；冷平生等，2011；张庆费等，2010；方松林，2017；田军华等，2007；肖舒，2017；杨英等，2013。

　　近几年，香根草和百喜草被发现对酸、贫瘠和重金属都有很强的抗性，适用于污染土壤的植被恢复。此外，除了针对不同的重金属污染类型来选择具有耐受力和积累能力的物种外，还要充分考虑土壤的理化性质，如土壤的 pH 值、盐度、地表水、透气性、土壤氮磷含量、有机质及土壤温度等。同时需要注意将乔、灌、草、藤多层配置结合起来进行恢复，提高生物多样性，也使生态系统稳定性增加。

　　在上述修复的基础上，可以进一步引入景观设计，利用景观设计的方法可以将植物的修复功能与美化环境的作用有机结合起来，提升景观的多功能性。

第七章 农业景观生物多样性保护规划方法

第一节 景观生态规划与农业景观生物多样性保护

一、景观生态规划概念、内容及一般步骤

（一）景观生态规划的概念与内容

景观生态规划是应用景观生态学原理、方法及其他相关学科的知识，在景观格局与生态过程及人类活动与景观关系的生态分析和综合评价的基础上，通过优化设计景观空间格局，提出景观优化利用方案、对策和建议，以促进景观功能的健康和安全（傅伯杰等，2006；曾辉等，2017）。景观生态规划具有高度的综合性，需要多个学科知识体系的支撑，尤其需要对景观格局、生态过程及其与人类之间相互关系的深入理解，其核心目的是协调景观格局与生态过程之间的相互关系，进而改善景观的整体功能；通常以土地利用空间配置规划为基础，在此基础上协调自然、社会经济及文化过程。

景观规划的主要内容是优化廊道、斑块、基质等景观组分的数量及其空间分布以满足各类生态经济过程与生态系统服务功能的需求。

（二）景观生态规划的一般步骤

随着景观生态学的发展，景观生态学原理不断应用到景观生态规划和设计中，并形成了各具特色的方法和模型，比较经典的有 McHarg 基于适宜性分析所形成的规划模式，Odum 以系统论思想为基础提出的区域生态系统发展战略，Forman 以空间格局优化为核心的景观格局规划模式，以及基于景观生态背景、格局与过程定量化分析建立的景观生态规划模型，如捷克的 LANDEP 模型、荷兰生态学家发展的景观生态与评价决策与评价系统（LEDESS）、美国的大城市景观规划模型（METLAND）、澳大利亚的南海岸研究模型等（肖笃宁等，2003；王军等，1999）。虽然每种模式各有特点，但是概括总结起来，可以将景观生态规划的一般步骤归纳概括如下（傅伯杰等，2006；曾辉等，2017）。

1. 景观生态规划区域和目标的确定

从长期来看，景观生态规划的目标是系统地考虑各种土地利用类型之间结构和功能的关系，促进土地的合理利用，协调人与环境、社会经济发展与资源环境、生物与非生物环境、生物与生物以及生态系统与生态系统之间的关系，促进景观的可持续发展。然而，不同区域的自然、社会、经济、资源环境状况不同，所面临及所需协调和解决的问

题不同，其规划的目的及侧重点也就不同。因此，在确定景观生态规划区域之后，针对规划区域的自然环境状况和所需解决的生态环境问题，细化规划目标。

2. 数据收集与实地调研

在确定规划区域和规划目标的基础上，收集研究区景观生态数据和社会经济数据。常用的数据包括区域基础地理数据（如行政边界、地形）、土壤数据（如成土母质、土壤类型，物理与化学属性）、土地利用类型、气候数据、植被类型与分布图、动物区系和生境，社会经济、工业发展、城市发展、交通、自然保护等相关信息。

实地调研的主要目的是通过资料收集难以获取的补充数据，或获取更加详尽的数据资料。通过实际调查也可以深入发现研究区存在的问题，制定更加符合实际的规划。实地调研可以有针对性地展开，以避免增加不必要的工作量和经费支出。

3. 景观评价与适应性分析

评价是对景观对人类活动的适应能力和承受能力进行评价。选取能够反映所关注景观问题的关键特征指标建立指标体系，根据不同指标的重要性给予权重，在此基础上对景观适宜性进行分析，确定适宜性等级。

4. 规划的编制与选择

以规划研究的目标为基础，基于适宜性分析结果，针对不同的社会需求，选择一种与实施地适宜性结果矛盾最小的方案作为景观生态规划的方案。如果需要的话，规划的制定过程中应当鼓励公众的参与，以便更好地听取公众意见、了解公众需求并利于规划的后期执行。

5. 规划的落实、实施与调整

在规划方案制定以后，使用不同的策略、手段和过程以实现被选择的方案，并根据需要为规划实施制定保障措施，并对规划实施进行必要的管理。在规划实施过程中，也有必要对规划结果进行动态评价，根据实施的效果以及由于社会、经济、环境参数的动态变化引起规划的不适宜性，作出一些必要的调整，以保证规划的适宜性和正确性。

二、农业景观生物多样性保护景观生态规划

（一）规划的目标

随着对农业景观生物多样性和农业可持续发展的重视，应用景观生态学原理、方法和相关学科知识，通过优化农业景观格局，为农田生物提供必要的栖息地、避难所、食物来源，构建复杂多样、健康、稳定的农业景观，是景观生态规划实现农业景观生物多样性保护的首要目标。同时，由于生物多样性相关生态系统服务和农业可持续发展及多功能性成为关注的热点，针对具体景观的情况和存在问题，进一步通过农业景观格局优化，在保护农业景观生物多样性的同时，进一步优化和提升可持续生产所需生态系统服务（如昆虫传粉、害虫生物控制、农田污染物吸附与截留、农田微气候调节等），同时根据人类不断提升的物质、文化、精神需求，进一步兼顾景观美学、休闲观光、科普教育等是农业景观生物多样性保护景观规划更高一层次目标。

针对特定农业景观特征和保护目的，农业景观生物多样性保护目标又可以分为一般性保护目标和重点保护目标。一般性保护目标是强调对现有农业景观和现有生物多样性

的整体保护，这需要重点分析和了解景观中自然、半自然生境主要维持的生物多样性状况，可以通过对部分生境的保护来实现对农田生态系统生物多样性的保护。另外，由于农业景观的生产性功能和目的，根据农业生产和人类需求状况，可以进一步划定重点保护目标，这包括保护与生产和人类需求密切相关的种质资源、天敌或传粉昆虫等。例如，在以果树栽培为主的景观中，对于果树传粉起重要作用的传粉蜂类应该作为重点保护目标；在小麦生产为主导的景观中，则需要重点考虑小麦主要害虫天敌，如蚜虫等的天敌（如蜘蛛、食蚜蝇、瓢虫等）可以作为重点保护目标。

（二）农业景观生物多样性保护规划的要点

农业景观生物多样性保护景观规划的主要内容也是优化农业景观中廊道、斑块、基质等景观组分的数量及其空间分布，满足物种多样性维持和生态系统服务功能的需求。由于农业景观是一个充满人类活动和干扰的系统，一些时候同一景观要素类型可能经受不同程度的人类干扰并由此而导致生物多样性的变化。因此，对于不同土地利用强度的规划也可能成为重要的规划内容。笔者建议农业景观生物多样性保护规划应关注以下要点。

1. 识别和保护生物多样性保护热点区域

识别生物多样性关键区域进行优先保护的思想在保护生物学界得到广泛认同，并被应用于大尺度生物多样性保护的实践中（赵淑清等，2000），针对特定的物种这些热点地区和优先保护区域可能需要通过实地的取样来确定，一般而言生境质量高、人类干扰少、处于特定位置的特殊生境往往具有较高的生物多样性，或者维持一些特定的物种，可以划定热点区域。农业生态系统生物多样性保护的过程中，划定生物多样性保护热点区域这一思想也很重要，尤其是对一般性的生物多样性保护目标尤为重要，对于农业景观而言，这些潜在的热点区域如下。

（1）农业景观中残存的自然生境，如森林、湿地和草地。

（2）农业景观中残存的、一些重要生物的原生境，如野生稻的原生境。

（3）保护区附近的区域。

（4）处于关键位置的生物廊道。

（5）具有森林和高植被覆盖、但正被集约农业和城市化所侵占的区域。

在区分和确定这些重点保护区域之后，通过划定保护区、制订保护计划（如禁止采伐、设置栅栏等）进行保护。

2. 非农作的自然、半自然生境的保护与重建

除了保存现有的非农作生境，根据生产发展需求，或者景观位置对生物多样性保护、维持或对其他生态服务的功能（如防风固沙、污染防控等）的重要性，规划在特定景观位置通过人工种植或者自然演替的方式建立农田景观中半自然生境，或者是制订特定景观位置的自然、半自然生境的保护计划。如农田边界、河滨植被带、生物树篱、防护林等可作为生物的栖息地、避难所和生殖繁衍后代的场所（Wehling & Diekmann，2009），小的非农作植被斑块也可为物种生存提供额外的资源和景观连接性（Sekercioglu *et al.*，2007），这些生境需要纳入生物多样性的保护规划加以保护，在必要的条件下需要进行重建。

3. 生态廊道与生态网络

生态网络在自然保护区的设计中早已得到重视（Noss & Cooperrider，1994），在农业景观中，通过规划和设计生态廊道，连接残存的自然、半自然生境，有利于增加景观连接度，可以在更大的农业景观范围内实现生物多样性的保护，一些情况下也可以实现自然保护区之间的连接，避免由于自然保护区相互隔绝带来负面影响（Miller *et al.*，2001）。

4. 种植景观/土地利用强度的规划

大量的研究显示，一些集约化程度较低的农业用地，如草地、果园、人工林等，仍然能够维持较高的生物多样性；同一种土地利用类型，在不同的土地利用强度下生物多样性的维持功能是不一样的，如不同载畜量的草地、有机和常规管理的农田。因此，合理地配置不同类型的农业用地方式，在不同景观中维持这一类用地较高的比例也将有利于生物多样性的维持，也是农业景观生物多样性保护规划的重要方面。

（三）规划的方法

农业景观生物多样性保护规划，在遵循景观生态规划的一般方法和步骤的情况下，在具体的实施上，有其特定性。

根据规划所关注核心对象的层次性，可以分为对景观关键要素的规划和景观总体格局的规划。由第二章的内容可知，景观，也包括农业景观的基本组成要素斑块、廊道、基质，这些景观要素的特征，如数量、面积、形状、宽度等，是影响到农业景观生物多样性状况的重要因素，因此农业景观生物多样性保护规划的重要内容就包含合理规划和设计斑块、廊道和基质的基本特征，如斑块需要考虑其大小、形状、数目、位置，廊道需要考虑数目、构成、宽度、形状等。在本章第二节将对这些影响生物多样性的要素特征的规划要点进行总结，为农业景观生物多样性保护过程中局部景观要素特征的规划和设计提供参考。

就总体格局的规划而言，生物多样性的景观规划方法可以分为两种途径：一种是以物种为中心的途径，另一种是以景观要素为中心的途径（俞孔坚等，1998）。前一种途径，强调对物种本身的直接保护，强调景观生态规划有意义的充分必要条件是选准保护对象，针对保护对象的习性、运动规律等相关信息，以此为基础来设计景观格局。在农业景观中，关注的物种可以是为农业生物提供重要生态系统服务（如传粉或害虫控制）的生物类群，也可能是特定依赖农田生境生存的珍稀濒危或对生态系统稳定性有重要决定作用的物种，需要在综合考虑农业生产需求和目标生物需求的情况下制定规划方案。而后一种途径可称为景观途径，有时也称为生态系统途径，强调通过保护景观系统和自然栖息地来实现对生物多样性的保护。该方法不考虑单一物种的需求，而是将生物空间等级系统作为一个整体来对待，针对景观的整体特征（如景观连续性、异质性和景观的动态变化）来进行规划设计。不同于以物种为核心的规划，以景观要素为核心的规划首先分析的是现存景观要素及相互间的空间联系或障碍，然后提出改进和利用现存景观格局的方案，包括在现有景观格局的基础上，建立景观保护基础设施，加宽景观要素间的连接廊道、增加景观多样性、引入新的景观斑块和调整土地利用格局等。具体到农业景观，通常强调对非农自然、半自然生境的保护和重建，构建农田与自然半自然生境之间连通廊道、网络或景观镶嵌格局。

除了上述以物种为中心或以景观要素为中心的保护途径，越来越多的自然保护研究显示，生物多样性保护的过程，实际是人与自然利益协同的过程，当自然保护区内居民的生计问题不能够得以解决的时候，也很难实现生物多样性保护的成功。对于农业景观而言，人为活动以及农户对于生物多样性保护的重要性、采取的措施的参与度和认同度更是关系到以生物多样性保护为目标的景观生态规划能否得以落实和取得成效，因此将参与式规划的方法引入到农业景观生物多样性保护规划也是一种重要的途径。此外，随着生态保护和规划方法的创新，一些新的规划思想和方法也可以应用到农业景观生物多样性保护规划中，如近些年我国提出的生态红线方法也可应用到农业景观生物多样性保护规划中。

第二节　生物多样性保护相关的景观要素规划原则

现代景观生态学的发展，为自然保护、生物多样性保护、土地利用规划、景观设计等提供了重要方法、理论基础及思路。本书前文介绍了景观尺度推动农业景观生物多样性的景观格局规划方法，这些方法从较大的空间尺度上制定了农业景观生物多样性的空间格局。但是，在较大尺度空间格局的规划和设计的基础上，需要对景观要素局部特征的规划进行进一步的规划和设计，尤其在农业景观中一些项目尺度的工程、生态农场的规划设计，景观要素局部特征也是需要考虑的重要内容。

美国科学家研究提出一些直接可用于土地利用规划景观要素规划设计的关键原则（Dramstad，1996；Bentrup，2008），本节将与生物多样性保护相关的有关斑块、廊道及景观镶嵌的规划与设计的一般原则进行总结概述，为农业景观生物多样性保护规划设计提供参考。

一、有关斑块面积与数量的一般原则

1. 在景观中尽可能地保持较大面积的生境斑块

景观中保留较大面积的生境斑块对生物多样性的保护具有重要意义，原因有以下多方面。

（1）将一个大的斑块划分为两个小的斑块将会增加边缘生境，从而导致边缘物种种群数量、所占比重更大（这些边缘物种通常是在景观中常见种和泛布种）。

（2）将大的斑块划分为两个小的斑块会导致内部生境的减少，从而导致种群大小和内部物种的数量的减少，而这些内部物种通常具有重要的保护价值。

（3）对于一些物种，大斑块通常比小斑块维持更大规模的种群，使得这些物种在大斑块内局部灭绝的概率较低。

（4）面积极小或生境质量较低的斑块物种局部灭绝的概率更高。

（5）大斑块中拥有更多的生境，因此比小斑块包含更多的物种数量。

（6）将大斑块分割为两个小一些的斑块能够阻碍某些干扰的传播。

（7）大的自然植被斑块在景观中能够保护蓄水层和相互连接溪流网络，维持大多

数具有可存活种群（Viable Populations）的内部物种，能够为大多数需要大面积生境的脊椎动物提供核心生境和庇护所，也是维持近自然干扰动态的唯一结构。

2. 在一些特殊的情况下，规划和保留一些小的斑块

在森林伐木的过程中保留一些小的斑块，可以为很多物种的运动提供垫脚石，也可能包含一些大斑块中没有，或者是一些特殊情况下大斑块中不适宜、不常见的物种，从而为大斑块提供了不同和补充的生态效益。

3. 在景观中尽可能保持较高的斑块数

消除斑块导致生境的丧失，从而可能减少了依存于这些生境类型的种群的大小，也可能减少生境多样性，导致更少的物种；同时消除斑块将会减少复合种群的大小，从而增加局部斑块间灭绝的概率，降低再定居的过程，并减少复合种群的稳定性。因此，景观中要尽可能保持更多斑块数。

4. 保留两个以上大的斑块

在一个大斑块包含景观中该类斑块类型所包含的大多数物种时，至少保持两个大斑块以维持物种丰度。然而，当一个斑块包含物种库中有限的物种比例时，可能至少需要 4~5 个大斑块。

5. 注意保护由多个斑块构成的斑块群

这是因为一些相对广布的物种（Relatively Generalist Species）可能不生活在大的斑块中，而是生活在大斑块附近的由多个小斑块组成的斑块群中，这些斑块群中单个斑块可能不适宜于该物种生存，但多个斑块的组合却适宜该物种的生存。

6. 尽可能避免生境之间的隔离

因为在隔离的斑块中物种局部灭绝的概率更大（注意：隔离指功能的隔离而不仅仅是距离的隔离，也包括被其所镶嵌的基质的生境特征所隔离）；与其他斑块或"大陆"紧密相邻的生境在特定的时间段内比隔离程度高（距离远）的斑块具有更高的被定居和再定居的机会。

7. 保护在系统中有重要贡献和特殊特征的斑块

在确定需要保护斑块时遵循如下依据。

（1）斑块对整个系统的贡献，如斑块位置在景观或区域中与其他斑块的关系或联系。

（2）斑块具有特殊或显著特征，如该斑块是否是稀有的，受威胁的，或者有本地物种出现。

二、有关斑块边缘与边界一般原则

边缘（Edge）指的是斑块的向外的部分，其环境显著不同于斑块的内部。通常，边缘和内部环境仅仅从视觉和感觉上就不同。边界（Boundaries）可能是人为划分的政治或行政的内部和外部界限，它可能与自然生态边界或边缘相对应，也可能不对应。由于人类发展不断入侵自然环境，使得边缘成为人类活动和自然生境之间相互作用的关键点。在景观规划与设计中，可以通过景观建筑师和土地规划者调节斑块的形状实现斑块生态功能的优化和景观规划目标的实现。在斑块边缘和边界的规划设计和管理中，可以

遵循如下原则。

（1）尽可能维持和构建垂直结构或水平结构多样的植被边缘，因为垂直结构或水平结构多样性高的植被边缘其边缘动物物种也更丰富。

（2）在保护区的行政或政治边界与自然生态边界不相符合的时候，边界间的区域通常变得显著不同，可将其作为缓冲带，以减少周围环境对保护区内部生境的影响。

（3）可以利用斑块的边缘作为过滤器以缓解周围环境对斑块内部的影响。

（4）要促进物种沿边缘的运动，可以增加边缘急缓度（Edge Abruptness）；较小的边缘急缓度有利于促进穿越边缘的运动（图7-1）。

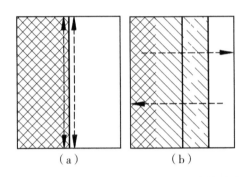

图7-1　边缘急缓度对物种沿边缘运动的影响

（改自 Dramstad *et al.*，1996）

注：（a）边缘变化急促，有利于物种沿边缘运动；（b）边缘变化缓慢，有利于穿越边缘的运动。箭头方向代表物种运动方向。

（5）边界的笔直或者弯曲的状况会影响物种穿越边界的运动，边界笔直有利于促进物种沿边界的运动，弯曲的边界有利于促进穿越边界的运动（图7-2）。

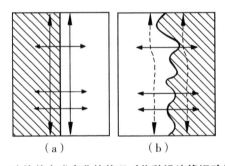

图7-2　边缘笔直或弯曲的状况对物种沿边缘运动的影响

（改自 Dramstad *et al.*，1996）

注：（a）边缘笔直，有利于物种沿边缘运动；（b）边缘弯曲，有利于穿越边缘的运动。实线及实线箭头方向代表有利于物种运动方向。

（6）两个区域间曲线所构成的"微小斑块"边界比直线边界能够提供很多生态益处，包括更好地防控土壤侵蚀和更有利于野生动物利用（图7-3）。

（7）边缘的曲线性（Curvilinearity）和宽度共同决定了景观中边缘生境的总量。

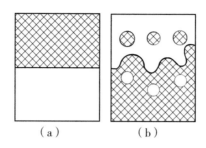

图 7-3　具有不同边界的两个区域

（改自 Dramstad *et al.*，1996）

注：（a）两个区域之间为直线边界；（b）两个区域间有曲线构成的"微小斑块"边界。

（8）内凹和凸角边缘比笔直边缘具有更高的生境多样性，因此有利于维持更高的物种多样性。

三、有关斑块的形状的一般原则

（1）卷曲程度高的斑块会有更高比例的边缘生境，因此会少量增加边缘物种的数量，但是内部物种会由此急剧减少，其中包括那些具有重要保护价值的物种。

（2）斑块的形状越呈回旋状，则斑块与周围基质的相互作用则越强（可能是正面的作用，也可能是负面的作用）。

（3）生态优化的斑块通常具有圆形的核心部分以保护资源，并有一些卷曲状的边界及少量的指状突出以利于物种扩散（图 7-4）。

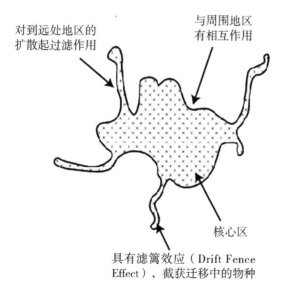

图 7-4　生态优化的斑块

（改自 Dramstad *et al.*，1996）

斑块的长轴方向平行于个体扩散的路线将比垂直于扩散路线的斑块具有较小的被定居或再定居的概率。

四、关于廊道连接度的一般原则

（1）廊道中缺口对于物种运动的影响取决于缺口相对于物种运动尺度的长度，以及廊道与缺口之间对比度，因此廊道缺口的规划与设计要充分考虑目标物种运动能力。

（2）虽然仅仅是结构相似在大多数情况就能够满足内部物种在大斑块之间运动的需要，但是最好保证廊道在植被结构和植物种类上均能保持与大斑块相似。

（3）设计成行的垫脚石（小斑块）能够在廊道和非廊道之间起到促进连通性的媒介作用，对内部物种在斑块间的运动也起到提供媒体的作用。

（4）垫脚石之间距离的设计应当考虑物种的感知，对于具有较高视觉朝向的物种，垫脚石之间距离的设计应当考虑物种能够看到连续的垫脚石的能力。

（5）加强垫脚石的保护。如果作为物种在斑块之间运动的垫脚石的小斑块丧失了，通常会阻碍物种的运动，从而增加斑块之间的隔绝，因此需要重视对垫脚石的保护。

（6）在保持大斑块间线性排列的踏脚石的同时，最好能够在大斑块之间配置一系列踏脚石，以提供替代或额外的路线。

（7）加强河流廊道两侧自然植被的维持，并在两侧保持阶梯状的斑块以为洪水泛滥时提供类似海绵的缓冲区或泥沙沉积区，并为水生生物提供土壤有机物质，为鱼类生境提供原木，为稀有的洪泛滥平原物种提供生境。

（8）最好能够保持河流廊道的连续性，没有大的缺口的、连续的河流廊道对于维持生物生存条件（如凉爽的水温和高的氧含量）是必需的，当缺乏这些条件及其他一些物理条件的时候，一些鱼类物种的种群可存活能力将难以得到保证。

五、关于廊道缺口的一般原则

当景观中连续廊道的缺口或者垫脚石之间的距离超过某一临界宽度，就会对物种的迁移形成障碍，有可能使得某些物种不能穿越。因此，应该采取措施对这些缺口进行修复。在对缺口进行设计时需要考虑如下内容。

（1）缺口与廊道两侧植物群落的差异越大，缺口的宽度应越小，以免造成迁移障碍。

（2）物种体型越小，所能适应的临界缺口宽度通常也越小。

（3）对栖息地有特殊需求的物种，能适应的临界缺口宽度也较小。

（4）对于靠视野决定能否跨越障碍的物种而言，临界缺口宽度可能取决于是否能看到下一个跳板或缺口对面的廊道。

（5）对于河岸廊道而言，应优先恢复下游主河道沿岸的缺口，这样更有利于保护生物多样性。

六、关于廊道宽度的一般原则

宽阔的廊道能提供更大的栖息地面积，减轻边缘效应，并且通常能为物种迁移提供更多机会。廊道的宽度是廊道设计中需要考虑的重要问题，但是对于最佳廊道宽度的确定尚无定论，且对于给定的宽度，廊道的效果会因其长度、栖息地连续性、栖息地质量以及其他因素的不同有所差异。在考虑到上述问题的情况下，总结了不同物种迁移所需廊道的研究数据（图7-5）。黑色长条表示建议的最小廊道宽度，灰色长条表示建议宽度的上限。这些只是大致范围，要获得更准确的数据应该咨询生物学家。

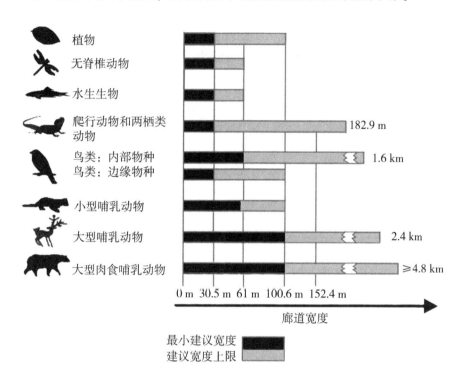

图 7-5　不同生物所需廊道宽度

（改自 Bentrup，2008）

此外，在廊道宽度的规划设计中还可以考虑如下原则：物种体型越大，方便迁移为其提供潜在栖息地所需要的廊道宽度也越大。随廊道长度增加，宽度也应相应增加。较短的廊道比长一些的更可能增加斑块的连通性。栖息地面积有限或者主要被人类活动占据的景观中，廊道通常需要更宽。需要数十年或数百年持续发挥作用的廊道需要更宽。由于气候的变化，需要很长的时间，廊道缓冲带的功能才能显现出来，这包括迁移速度很慢的生物的扩散、基因流动、因气候变化导致的物种分布变化等。

第三节　基于物种的农业景观生物多样性保护景观规划

一、景观物种途径

景观物种是"面积需求大、生境需求多样性高，且对自然生态系统结构和功能有重大影响"的生物物种（Redford *et al.*，2000）。景观物种途径是一种选择少数几个关键的物种，通过满足这些物种的需求，能够同时保护其他物种并保护整个景观的方法。由于景观物种利用的面积足够大，所以可以保证为其进行保护的土地在生态上的多样性，也可以同时满足其他物种所需要的空间和资源需求。由于景观物种利用的面积足够大，也会涉及景观尺度过程，如干扰，维持的异质区域。因此，对景观物种的保护不仅仅能够保护其他生活在同一区域的物种，也可以保护景观的结构以及依赖于这些结构的生态功能。也因为景观物种需要大的面积以及它们对景观结构和功能敏感，它们在时间和空间上的需求使他们特别容易受到人类的改造和利用自然景观的影响。基于景观物种需求的保护规划方法，生物多样性保护规划的步骤如图 7-6 所示（Sanderson *et al.*，2002）。

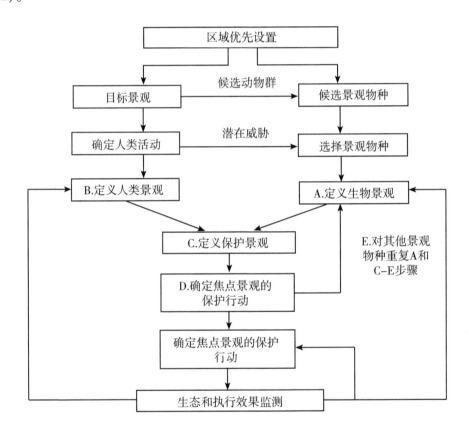

图 7-6 应用景观物种途径保护物种的步骤流程

（引自 Sanderson *et al.*，2002）

（一）定义景观物种种群的生物景观

在目标种群被确定为景观物种之后，确定所选择景观物种种群的景观需求，然后对这些景观要素进行制图，在地图上对这些生物需求的景观要素的位置进行标注，并在 GIS 中以空间数据的形式进行制图。通常将生物需求以不同生境类型的形式（如食物资源、繁殖场所、干旱季节避难场所）表示。

（二）定义人类景观

定义人类景观即确定人类对景观的影响。首先确定有哪些利益相关者，确定目标景观中有利益的个人、组织或者机构，如农户，住在下游的居民等。对于每个利益相关群体，对他们在景观中的活动和利用景观的时间和空间分布进行必要的描述。对景观的利用形式通常包括资源的开采（如伐木、捕猎、采矿等）、居住、农业、交通线路等。同时，也应当考虑景观中政治、行政和文化的分区。与物种需求一样，人类活动在时间和空间上的分布也可以以地图或地理数据图层的形式来展示。

（三）定义保护景观

对生物和人类景观分别进行制图，将二者进行叠加，分离出人类利用和生物需要的景观。如果景观中存在重要的季节差异，可以对不同的季节分别进行分析。

（四）确定将采取保护行动的焦点景观

由于并非所有的人类活动与生物多样性保护互不相容，也并非景观中所有的部分对物种的需求都是必需，需要筛选优先保护的景观要素，以集中关注少数有必要采取保护行动的要素。但是对于人类利用和物种需求的矛盾，需要知道矛盾在什么地方以及什么时候发生，以及他们怎样和景观物种种群相冲突。这个过程可以通过如下的步骤来完成。

（1）评价每个景观要素对物种需求的贡献。这主要基于景观要素对景观物种生物需求的贡献及其在景观中出现的频率来确定。将种群存活必需以及景观中唯一的要素定义为最重要的景观要素，为物种提供关键资源、但在景观中有相似的景观要素可以定义为次重要的景观要素。次重要的景观要素对物种的需求是冗余的，只有一部分是维持种群所需的。第三类景观要素是那些不对物种需求有直接贡献、但对物种与其他必要要素连接度有重要影响的景观要素。

（2）划定最小景观系列。最小景观系列的划定基于景观要素最小面积或数量，或可能基于功能受威胁情况。这类景观我们称之为焦点景观，包括所有的唯一的景观要素、足够数量的满足所有生物需求的次重要景观要素，以及一系列确保景观对于物种连接度的连接单元。

（3）确定每个焦点景观受到的威胁。确定焦点景观之后，需要考虑每个焦点景观要素内部人类活动的作用。首先，评价人类如何威胁这些景观要素对物种需求的满足。然后，在确定受威胁景观要素以及景观受威胁的强度后，重新评估利益相关者以确定哪些利益相关者与对焦点景观范围内景观物种的威胁有关联，并将他们的活动纳入景观保护的评估。

（4）评价焦点景观受威胁的整体水平。一般而言，对唯一景观的威胁是最严重的，应该给予较冗余或连接要素威胁最高的评级。虽然连接要素对物种需求没有直接贡献，但是它比冗余要素更为重要，给予的威胁评分也应该更高。

（五）对其他景观物种重复上述步骤

要实现较为全面的生物多样性的保护，需要考虑和选择多个景观物种。因此，可以进一步选择多个景观物种重复上述步骤，然后通过叠加分析获取综合的评价。

二、基于物种分布模拟模型的农业景观生物多样性规划

了解物种空间分布格局及其影响因素一直是生态学研究的重要因素。随着现代计算机技术、GIS、遥感技术等的发展，近代科学家通过量化物种—环境关系，建立物种分布模型（Guisan & Zimmermann，2000；Araujo *et al.*，2011），探讨以较少人力、物力了解物种个体、物种数量以及多样性的空间分布的可能性，从而可以实现通过模型模拟，对环境变化条件下多样性的分布和变化提供预测和预警，也为生物多样性的保护规划提供了科学依据和技术手段。

在大区域尺度上，物种分布模拟更多基于大尺度的气象、地形、植被信息进行模拟（Guisan & Zimmermann，2000）。在中小尺度上，更多是生境适应性指数模型（Habitat Suitability Index Models）的应用。其根本目的是建立资源环境条件与生境质量或生境适宜性指标的关系，评估某一生物生存生境的生物、非生物属性，通常将生物生境分为不适宜到最优，用 0 到 1 之间的数值来表征生境的适宜程度。最初建立的生境模型，目的是发展一种快速、可靠的方法通过遥感数据和植被图预测物种的发生，实质上是将遥感数据和植被图集合在一起的代数运算。随着软件的发展、数据来源的增加以及计算机技术的发展，对物种环境关系认识的深入，一系列的生境模型得以发展。开始通过建立物种与景观结构特征关系，如景观异质性、生境周围其他生境缀块类型数量、生境多样性指数、生境连接度（Lek-Ang *et al.*，1999；Hirzel *et al.*，2002；Luoto *et al.*，2002；Petit *et al.*，2003；Gibson *et al.*，2004；Matern *et al.*，2007），甚至在模型中引入干扰的影响等，预测和模拟物种的分布。为更加深入全面认识生物多样性空间分布、对环境变化，尤其是景观变化和人类干扰的响应，从而更好地制定生物多样性保护规划奠定了方法基础。随着对农业景观生物多样性保护的重视，对农业景观物种分布模拟的研究也有所增加（Petit *et al.*，2003；Mestre *et al.*，2007），这些研究也为农业景观生物多样性保护规划提供了新的途径。

基于物种模拟模型的景观生态规划可以通过如下的具体步骤进行（图7-7）。

（1）物种分布取样调查及多样性指标的计算。根据所关注的物种或生物类群进行取样调查，分析其多样性。多样性指标可以是物种的发生/缺失、多度数据，也可以是群落多度、物种数、多样性指数指标。

（2）在物种取样的同时，调查物种所在生境的环境指标信息和农业管理的信息（如种植作物类型、土壤属性信息、景观格局指标、农药使用、除草频次等）。

（3）选择合适的统计模型，如逻辑斯蒂模型、广义线性混合模型、非参数乘法回归（Non-Parametric Multiplicative Regression，NPMR）等，构建物种多样性—环境/生境/景观关系模型。

（4）获取景观尺度上各种环境指标、管理措施的空间分布信息，利用构建的物种—环境关系模型，结合 GIS 等工具，生成物种多样性空间分布图。

（5）借助 GIS 工具，通过空间分析，获取物种空间分布状况、物种威胁等状况，结合专家意见和知识等，研究制定物种的保护规划方案。

基于物种分布模型制定的生物多样性保护规划，是在深入了解物种空间分布特征基

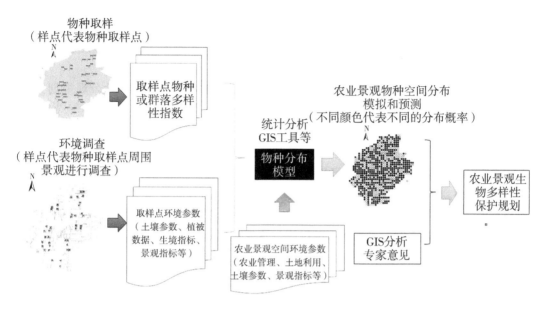

图 7-7　基于物种分布模拟模型的景观规划流程示意

础上的规划，具有空间直观性，可以具备更高的精准性和目的性；结合模型的应用，还可以设置不同土地利用和景观规划情景，或者根据对未来土地利用和景观变化的预测，面向未来制定具有前瞻性的保护规划；也可以利用模型，较为高效地对不同的保护和规划方案进行评估和选择，从而推动最优的保护规划的制定。但是，这一方法需要对物种—环境关系有深入的认识和理解，就要前期大量的知识积累，在很多情况下，对于绝大多数物种难以实现；模型的建立和验证也是较为复杂的过程；虽然具备较高的精确性，可能仅局限于局部区域或针对特定物种和生物类群。虽然如此，基于模型的生物多样性保护规划也是农业景观的生物多样性保护规划的一种重要途径，是重要农区、具有重要生态和保护价值的物种或类群保护规划的科学制定和精准保护的重要方法。

第四节　基于生境的农业景观生物多样性保护景观规划

一、景观稳定性途径

受人类干扰和系统自身进化和演替的影响，景观总是处于动态变化之中。景观的稳定性只是相对于一定时段和空间的稳定性。同时，构成景观的不同的组分稳定性不同，将直接影响景观整体的稳定性。景观要素的空间组合也影响到景观的稳定性，不同的空间构型影响到景观功能的发挥。因此，人们试图寻找或者创造一种最优的景观格局，从中获益最大，并且保证景观的稳定和发展。频繁和高强度的外界干扰，会使景观中的生物受到巨大的影响甚至趋于灭绝。只有在具有一定稳定性的景观或生态系统中，生物才可能良好地生存和发展。根据这一原理，一些东欧国家特别是捷克和斯洛伐克的景观生态学家发展了一种新的生物多样性保护途径——景观稳定性途径，即以生态上的"稳定地带"为中心，在其周围营造新的景观，使其成为一个整体，以缓解并改善由重工业和集约化农业所造成的生物多样性的严重破坏，同时延长哺乳动物和鸟类迁移的关键性廊道的存在时间。

景观稳定途径是一种在不同的尺度将景观分析和技术结合的综合性景观规划方法。它强调景观要素在保护和提高生物多样性中的作用，特别强调水土保护、空气净化和土壤侵蚀控制在"卫生学"的功能（Hygienic Function）。稳定的景观通常是一些自然、半自然的生境，更多的是一些森林、植被丰富的草地或灌木篱墙。景观稳定规划途径的前提是对不同尺度景观的稳定或不稳定的景观要素进行制图，然后根据这些图决定可作为"生物核心区"（Biocentres）和"生物廊道"（Biocorridors）的景观要素网络。通过分析可以确定现存的景观要素网络中需要新建哪些景观要素，或者确定需要复原哪些要素以弥补保护战略中空白点。基本的措施包括保持现有的生态基础设施，然后在保护措施缺乏的区域创建更多的具备保护功能的景观要素（图7-8）。

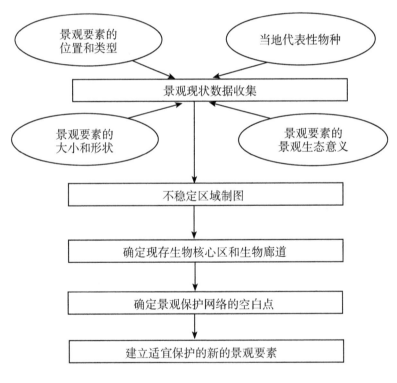

图7-8　景观稳定规划途径模型
（改自 Hawkins 和 Selman，2002）

二、绿色廊道途径

基于廊道的生态功能，美国景观生态学家将景观生态学中的廊道理论运用于生物多样性保护工作中，提出了绿色廊道途径（图7-9）。绿色廊道途径主要基于景观中连续的线性特征对关键性环境的功能（如物种分布和水文过程等）有重要促进作用这一理念发展而来。尽管绿色廊道的设计最初是源于生态需求，但是廊道本身可以满足多种功能需求，如休闲、视觉欣赏、景观通道和污染物缓冲带等，因此通过规划绿色廊道来实现生物多样性保护的方法因其多功能性能够相对于其他方法更易于推行和实施，但是由于其多功能性，其关注的是维护典型的景观要素而非稀有的景观要素，可能一些情况下也限制了其生物多样性保护的功能。

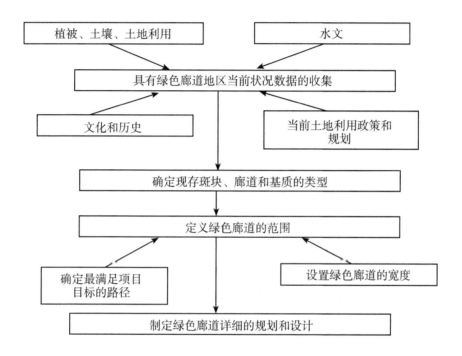

图7-9　绿色廊道途径模型

（改自 Hawkins 和 Selman，2002）

三、生态网络的方法

早期的自然保护区建设的经验显示，单个保护区的设计和研究是不可取的，因为单个的保护区不能有效地处理保护区内连续的生物变化，忽略了整个景观的背景，忽略自然保护区与周围生态系统的作用，仅仅是保护高生物多样性的地区而不是保持地区的生物多样性的自然性和特征，因此被认为不可能很好地实现自然保护。因此，Noss 等（1986）提出了在区域的自然保护区网设计的节点—网络—模块—廊道（Node - Network-Modules-Corridors）模式，强调重视保护区网络的建设。

在农业景观中，农业集约化生产导致农业景观的半自然生境面积减少、生境破碎化、均质化，由此造成农田生物多样性急剧降低和生态服务功能严重受损。仅仅是保护和恢复农业景观的半自然生境也不足以保护和维持农业景观的生物多样性和生态系统服务功能，需要重视农业景观与周围自然生境的连接，保护和维持农业景观与自然景观的生物流。同时，由于气候变化的影响，许多动物类群对繁殖生境、觅食生境和活动区域随季节和气候变化通过迁移扩散而变化。因此，农业景观生物多样性保护也需要融入更大区域的生态网络建设，将不同类群动物的栖息地连接起来，构建区域生物多样性保护的网络，这也正是农业景观生物多样性保护的生态网络途径。

生态网络是由自然或半自然景观元素构成的、连续的、保护区的集合体或网络，其保护、强化或恢复都是为了保证一定的物种、生境、生态系统及景观要素的健康状态。构建生态网络体系的实质是通过区域生态廊道连接区域内相对分散、孤立的景观斑块，从而形成一个连续且完整的生态网络，起到保护生态系统、提高生态系统稳定性、限制区域格局蔓延以及促进区域可持续发展的作用。生态网络基本结构由核心区、廊道、缓冲区和踏脚石组成，廊道之间通常相互连接并形成网络，网络包围着其他景观要素。生态网络的连通性，即廊道连接接点的程度与网络的回路（可提供的环路和可选择路径的程度）一起，反映了一个网络的复杂程度，同时也是评价物种迁移的连接有效性的一个重要指标。

在德国，生态网络规划也有两种方法：一种是基于物种的生态网络规划方法，也即是针对特定目标物种的具体要求来构建生态网络；另一种是多功能的生态网络规划方法，侧重于保护或恢复自然和半自然栖息地，将生境碎片与大型自然保护区、重要自然斑块建立连接，涉及选择生态网络组成部分标准、识别核心斑块、确定连接区域与生态廊道，处理道路基础设施与生态网络间冲突等过程（张阁和张晋石，2018）。在英国的苏塞克斯郡则提出生态网络规划方法中，可以通过6个主要的步骤实现生态网络的规划（图7-10）：①确定和绘制栖息地和相关生境图；②确定由不同栖息地聚合体和生境形成核心区；③确定连接核心区的生态廊道；④确定核心区域和生态功能的连续性，形成生态网络；⑤划定缓冲区和廊道；⑥通过生境创建和使用适宜的土地管理方式来实现对网络外野生动物栖息地的管理。

四、基于土地利用强度的景观规划途径

土地利用强度可以体现在两个方面：一是不同的土地利用类型，如森林通常较农田更少受到人类干扰，表现为更低的土地利用强度。二是同一种类型用地中，也存在有人类干扰强度的不同，如不同的种植作物，其生产管理方式不同，对生物的影响也不同；即使是同一种种植作物，也可以采取不同的生产管理方式，如有机管理和集约化管理，其干扰强度不同，对生物的影响也不同。大量的研究显示，土地利用强度的变化是影响农业景观生物多样性的重要因素，在农业景观中，基于生境制定生物多样性保护计划的时候有时需要充分考虑土地利用强度的影响。以下介绍两种通过土地利用强度规划实现农业景观生物多样性保护的方法。

（一）最佳管理实践（BMP）规划

美国早在20世纪70年代就开始对重视对流域土地利用强度的规划和管理。由于面源污染等环境问题的突出，美国推出最佳管理实践（Best Management Practices，简称BMPs），BMPs指的是为预防或减少土地开发利用的环境负影响所采取的一系列措施与方法，这些避免污染、防止水土流失的方法也同时在保护和维持生物的栖息场所，所鼓

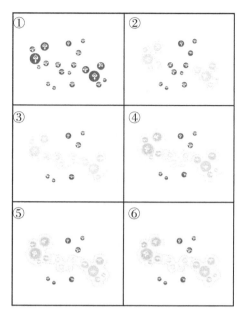

图 7-10 生态网络规划的简化方法
（改自 Sussex Wildlife Trust，2020）

励的水土涵养和减肥减药措施同时有利于生物多样性的维持和保护，可以视作是一种协同生物多样性保护和农业生产的有效措施。目前提出的 BMPs 主要有少耕法、免耕法、限量施肥、综合病虫害防治、防护林、草地过滤带、人工水塘和湿地等。与此相关的控制技术有农田最佳养分管理、有机农业或综合农业管理模式和农业水土保持技术措施等，在很大程度上也是保护农业生物多样性的重要措施。因此，BMPs 的土地利用规划思路，也可应用于农业景观，尤其是流域农业景观的生物多样性保护规划。BMPs 的规划可以有如下主要步骤（威廉.M.马什，2006）。

（1）描述和划定目标管理流域及其子流域的现有开发利用和有待开发利用的情况。

（2）确定并描绘目标管理流域排水系统，沟渠网和其他排水设施，如湖泊、湿地、漫滩和渗流区等。标记重要的栖息地，如作为鸟类栖息地的湿地、鱼类产卵的河流等。

（3）构建水土流失风险评估模型，根据地形、土壤、植被等状况，评估流域的水土流失风险。

（4）根据水土流失风险评估等级，给出土地利用强度评级建议，或对土地的开发利用适宜性给出建议。

（5）根据土地利用强度评级建议或土地的开发适宜性，将土地单元与 BMPs 进行关联，给出不同土地利用单元 BMPs 管理规划建议。

（二）基于土地利用阈值分割的生物多样性保护景观规划

随着生产集约化强度的增加，农业对生物多样性的负面效应也就增加。但是，集约化生产往往意味更高的产量和农户更高的收入，因此平衡土地利用和保护生物多样性也就成为农业景观生物多样性保护需要解决的重要问题。就此，澳大利亚科学家探索了一套基于阈值分割，在规划确定不同集约化强度的土地在景观中比例的基础上，实现对生物多样性保护的景观规划方法（Smith *et al.*，2013），主要有以下步骤。

（1）根据人为干扰和投入，将农业用地分为不同强度等级（例如，分成 4 个等级），并考虑不同土地利用强度用地下资源对于不同类型生物的持久性。在此方法中认为不同土地利用强度的土地提供不同的资源，支持不同的生物。

（2）在已有研究的基础上，制定农业景观中最大限度保留本地生物多样性的关键性原则。以澳大利亚为例，制定了以下相关原则：①随生境面积的下降，物种丰富度指数下降，因此必须最大限度地增加适宜生境的面积，尤其是栖息地面积在景观中面积低于 30% 的时候。②最小化残存自然生境的破碎化程度，因为在生境丧失的情况下，如果再增加边缘和隔离效应，物种的丧失将会极大加速。当残存生境在景观中的比例低于 60% 时景观的连通性呈现指数级下降，而低于 30% 的时候，斑块的隔离距离呈指数级增加。③农业基质对于生物的不利影响可以通过适当的管理，如改进放牧方式、减少牧场的肥料投入等，来尽量减少对生物多样性的影响。

（3）基于相关研究和经验，研究制定生物多样性保护的土地利用强度阈值。如在澳大利亚的研究案例中，为最大限度地保留生物多样性，提出 10：20：40：30 的土地利用准则：① 至少有 10% 的核心自然植被专门管理用于保护那些对生产实践极其敏感物种，这类用地归集为"未利用的自然植被"；②至少 20% 的植被进行低强度生产管理，这类用地归集为"可利用的自然植被"；③ 最多 30% 的区域分配用于集约化生产，这类用地归集为"集约化生产系统"；④ 天然植被（最少 30%）和集约化生产（最多30%）之间保持平衡，剩余的用地（即 40%）规划进行中等强度的生产（中等强度的生产系统，C 类）。

（4）分析项目区当前土地利用强度的状况，评估未来土地利用强度发展的趋势，研究制定项目区不同用地类型的空间分布具体落实，并对不同土地利用强度的土地给出管理和改进建议，如在规划未利用的自然植被区给出如何恢复和利用自然植被的管理建议，对规划为集约化生产系统的用地给出如何改善管理，并尽可能减少对生物多样性的负面影响的管理建议。

基于阈值分割规划土地利用强度为农业景观生物多样性保护规划提供了一种新的思路，其实质是在景观的尺度上划定农业集约化的"安全水平"，在此基础上进行土地利用的空间格局优化。但是，如何科学合理地划定分割阈值仍然是一个难点，即使是澳大利亚的研究，目前也没有严格的验证，未来需要借助模型，或者对大量具有不同土地利用类型和土地利用构型的景观等进行研究来加以验证。

第五节　参与式农业景观生物多样性保护规划

上述的生物多样性保护规划主要基于专家和相关决策部门的研究和意见而制定。长期以来，土地利用规划在实践中很难达到预期水平，甚至引发社会矛盾，其中重要原因之一是土地利用和景观规划随利益相关者需求不同有所差异，决策过程必须考虑不同利益相关者的需求。参与式的思想在 20 世纪 60 年代萌芽，70 年代后在拉丁美洲、东南亚和非洲逐步推广完善，80年代后开始广泛应用于土地/景观规划，20世纪90年代开始，乡村土地利用规划和景观建设中引入了参与式的方法。农业景观生物多样性的保护规划也涉及多方利益，尤其是农户的利益，将参与式的方法也引入农业景观生物多样性保护规划也成为一种生物多样性保护规划的重要方法。

一、参与式规划的概念

参与式规划可以理解为一个各利益相关者之间相互合作进行分析、规划和决策的过程，它强调所有利益相关者都参与到规划过程中，提供给不同利益相关者协商未来土地利用的平台，各方通过对话协商各自不同的利益和目标，并做出一个协调各方的决策。

二、参与式规划的优点

（1）能够保证规划内容符合目标人群的需求。

（2）通过一系列口头和图文表达的方式，帮助参与者共同参与设计其相关的景观，让目标人群说明和分析所关心的问题，积极参与规划项目的设计和实施。

（3）可以充分吸收目标人群的观点甚至知识体系，使得目标人群占据主导地位，可以促进项目的设计和实施更好地符合当地和利益相关者情况，具有更好的可行性。

三、基于参与式的农业景观生物多样性保护规划步骤

这里我们以联合国环境总署在安第斯山脉地区生物多样性保护规划项目的实施过程为例，说明如何采用参与式的方法开展农业景观生物多样性的保护规划。

安第斯山脉地区具有高度的多样性，其生态系统的完整性主要受到来自农业和放牧的威胁。其中，在委内瑞拉安第斯山脉的帕拉莫（海拔3 000 m以上），对生物多样性的威胁主要来自马铃薯农业和大量放牧，这是当地农村经济的基础。从偏远地区的半传统休耕系统到高度依赖农用化学品和灌溉的以市场为导向的集约化农业，农业景观的变化梯度很大。在休耕农业区，农民以多种方式直接利用帕拉莫生物多样性，包括药用、狩猎等。此外，他们还从休耕地的帕拉莫植被的再生中间接受益（这可以部分恢复帕拉莫的植被，促进土壤肥力的恢复）。因此，与大多数使用土地进行马铃薯精耕细作的农民相比，他们与帕拉莫生态系统的功能和多样性有着更直接的联系。此外，传统耕种和集约化农民都依赖帕拉莫（特别是高湿地）的放牧区，因为他们在陡峭的山坡上进行耕作。对这一地区农业景观生物多样性的参与式保护规划通过如下步骤进行。

（1）一方面组建协调小组，成员由具有生态学、地理学、乡村发展、社会医学等多方面背景的成员组成，这是解决生物多样性保护、土地利用战略和人类福祉之间复杂联系问题所必需的。另一方面吸收众多利益相关者，包括社区组织和区域政府机构（市政府、国家公园主管部门、农业部门、环境部分）。

（2）向利益相关者进行项目介绍，让其理解当地生物多样性的意义，当地生物多样性的特有性，让参与者产生主人翁感并认识到其所具有的管理权。

（3）与当地政府和非政府组织建立联盟，这样可以避免重复工作，并有利于促进项目人员与本地利益相关者的有效沟通。

（4）通过召开研讨会，与本地利益相关者就项目区的未来建立共同愿景。

（5）问题分析。绘制简单的图表向利益相关者展示现有的管理措施、人们的福利和生物多样性之间的密切关系。首先进行头脑风暴，分析存在的问题，然后进行优先级划分并建立共识。在帕拉莫的例子中，确定了帕拉莫生态系统的退化和破坏、不同来源（农药、废水等）的污染以及社区缺乏有效的协调和参与、旅游业的环境影响是主要的问题。对于这些主要问题，不同的小组绘制了问题分析树，以识别根本原因和后果。

（6）基准信息获取和参与式制图。获取土地利用、水文、自然植被、动物区系、社会经济条件、服务和基础设施的详细基本信息。利用参与式制图（航空照片和卫星图像分析）获得农民对土地使用管理的看法，尤其能够有效地获取一些不易获取或表征的信息（如放牧模式）。

（7）对行动计划进行技术评估。基于收集到的所有信息，设计行动计划（包括实施策略和利益相关方责任），并在技术圆桌讨论中进行评估。组织许多区域政府和非政府组织（例如国家公园主管部门，环境和农业部门，高校）的代表开展研讨会，基于社区提供详细信息讨论管理和保护战略。讨论还可以促进有建设性的信息交流，并有利于加强农民与地方当局之间的关系。

（8）提出规划建议和工作重点。根据评估的结果，对生物多样性保护性提出规划和建议。在安第斯山脉地区帕拉莫斯的例子中，对生物多样性保护提出规划和建议包括减轻帕拉莫河的退化和破坏，控制污染，控制旅游业对环境的影响，加强国家公园法规和游客管理方面的培训等。

第六节　生态保护红线的方法

一、生态保护红线方法提出的背景

为解决我国生态环境缺乏整体保护，没有形成能够保障国家和区域生态安全和经济社会协调发展空间格局的问题，2011 年《国务院关于加强环境保护重点工作的意见》（国发〔2011〕35 号）明确提出"在重要生态功能区、陆地和海洋生态环境敏感区、脆弱区等区域划定生态红线"。生态红线是为维护国家或区域生态安全和可持续发展，根据生态系统完整性和连通性的保护需求，在重点生态功能区、生态环境敏感区和脆弱区等区域划定的严格管控边界，是国家和区域生态安全的底线，是我国生态环境保护的制度创新。生态保护红线所包围的区域为生态保护红线区，对于维护生态安全格局、保障生态系统功能、支撑经济社会可持续发展具有重要作用。

二、生态保护红线方法的特点

生态保护红线的方法也是一种基于生境的生物多样性保护方法，同时还具备更为广泛的内涵，它不仅仅包含空间红线，还包含面积红线和管理红线，是 3 条红线共同构成的综合管理体系（林勇等，2016）。空间红线是指生态红线的空间范围，划定保证生态系统完整性和连通性的关键区域。面积红线则属于结构指标，给出了土地或资源的数量界限。管理红线是基于生态系统功能保护需求和生态系统综合管理方式的政策红线，对于空间红线内人为活动的强度、产业发展的环境准入以及生态系统状况等方面制定严格且定量的标准。

三、农业景观生物多样性保护的生态红线方法

2014 年 1 月环境保护部①自然生态保护司印发了《国家生态保护红线—生态功能基线划定技术指南（试行）》，指南给出了生态功能红线划定的原则，划定的技术流程，划定的范围，划定的技术方法。参照《国家生态保护红线—生态功能基线划定技术指南（试行）》给出生态功能红线划定的技术流程，建议农业景观中生物多样性保护生态红线划定可参照图 7-11 的步骤执行。

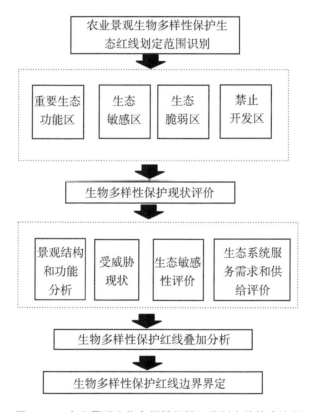

图 7-11　农业景观生物多样性保护红线划定的技术流程

首先，参考地区的社会经济发展规划、农业发展规划和生态环境保护规划，识别农业景观生物多样性保护的重点区域，确定生物多样性保护生态红线划定的重点范围。

其次，对农业景观进行生态系统服务重要性评估以及生态敏感性和脆弱性评估。在农业景观中，森林、湖泊水体、湿地、草地、河岸植被带等景观要素，在涵养水源、保

---

① 中华人民共和国环境保护部，全书简称环境保护部。2018 年国务院机构改革，组建中华人民共和国生态环境部（简称生态环境部），不再保留环境保护部。

护土壤、防风固沙、调节气候、净化环境等同时，也维持着大量的生物多样性，可划定为重要生态功能区。而诸如坡度大于 25°的山地、湖泊沿岸、河流沿岸带、丘陵山区等对农业生产干扰敏感，农田边界带等为农田生物提供重要的栖息地、避难所，可划作敏感区；农牧交错带的草原、喀斯特地区的坡地等处于脆弱生态带，而水源地、风水林等在维持区域生态质量上具有重要作用，可划作生态脆弱区和禁止开发区。在此基础上，明确保护目标与重点，确定生物多样性保护的重点区域。

最后，需要对生物多样性的保护现状进行评价，评价现有景观结构和功能对于农业景观生物多样性保护的利弊，分析生物多样性受威胁的现状、区域的生态敏感状况；需要根据农业生产与发展的需求，分析对于与生物多样性相关的生态系统服务和功能，如传粉、害虫生物控制、水土流失防控、污染物吸附等的需求，发掘生物多样性保护的空白点。然后与已有保护红线进行叠加分析，规划和界定生物多样性保护红线的边界。

虽然目前《国家生态保护红线—生态功能基线划定技术指南（试行）》已经发布，但是对于面积红线和管理的划定，目前相关的探讨还不多，需要大量的研究和探索。

对于面积红线，在农业景观中为了实现生物多样性的保护，需要平衡生产用地和生态用地的比例问题，需要综合考虑景观的生物多样性保护、生产与生态建设和发展需求，因此面积红线的制定也是一个重要的问题。对于如何制定面积红线，国际上有很多探讨。例如，国际生物防治组织（IOBC）建议，如果农业景观中要保证一定的生物害虫控制服务，至少有 5% 的面积的生态用地；在英国白金汉郡一个 900 hm^2 的农场进行长达 6 年的试验中，8% 的农田转化为生态用地后，整个农场的作物产量并没有减少，而且传粉和病虫害控制功能显著提升（Pywell *et al.*, 2015），因此他们认为 8% 的生态用地在经济和生态上都可行的；其他一些欧洲学者则研究建议农业景观中保留 10%~20% 的自然和半自然用地，有利于缓解农业集约化生产对生物多样性的负面影响，降低农业生态系统对气候变化的敏感性（Tscharntke *et al.*, 2005；Billeter *et al.*, 2008；Zingg *et al.*, 2018）。

管理红线的制定在农业景观生物多样性保护的过程中也同样重要。作为人类生产活动频繁的景观，需要对人类行为活动规范和管理才可能实现农业景观生物多样性保护的目标。管理红线可能涉及的方面：规范农业生产管理强度（如农药使用的范围、用量、化肥用量限定），耕作强度（如轮作、休耕等）、农业产业发展（种植制度、农牧渔产业）的选择和配比，农业生产对于耕地质量、水质的要求，农业生产对作物多样性、复种指数等的要求和规范。

总之，由于生态保护红线方法提出的时间并不长，对生态保护红线的理解和划分方法还没有形成统一的标准体系，目前《国家生态保护红线——生态功能基线划定技术指南（试行）》所给出的方法总的来说是比较简单粗放的，仍处于不断探索的阶段。而将这一思想和方法应用到农业景观生物多样性保护中，也需大量的研究和探索。

第八章　国土空间治理和农业景观生物多样性保护

第一节　国土空间治理体系

一、国土空间概念及治理体系

国土空间指国家主权与主权权利管辖下的地域空间，是国民生存的场所和环境，是"山、水、林、田、湖、草、沙、海"等自然资源要素和"城、村、路、矿"等人类社会要素在空间上的集成体现，发挥着生产、生活、生态复合功能（傅伯杰，2021）。国土空间的合理开发和利用是国家空间战略与政策首要考虑目标，是国家实现可持续发展的前提和基础。

随着人口的增长和经济的发展，在过去的几十年间我国经历了大规模的国土空间开发利用，在推进经济发展和人民生活水平提高的同时，也带来了资源耗费、生态破坏、环境恶化、灾害增加等生态环境问题。随着生态文明理念的提出，合理规划和利用国土空间、开展国土空间生态修复成为生态文明建设和推动我国经济可持续发展的重要推手与建设内容。在此背景下，在我国逐渐形成国土空间治理3个主要方向，分别为"三生空间"优化布局、全域土地综合整治及国土空间生态修复。

二、"三生空间"优化布局

（一）"三生空间"的概念

随着人口增长和经济发展，城镇化不断加速，农业用地不断扩张，导致资源约束不断趋紧，生态环境压力日益加大，国土开发利用与保护面临严峻挑战。尤其是快速城镇化发展导致农业和生态空间不断受到挤压，导致城镇开发、农业生产和生态保护之间的矛盾日益突出。在这样的背景下，2012年11月党的十八大报告指出要"促进生产空间集约高效、生活空间宜居适度、生态空间山清水秀"，首次提出"三生空间"的概念。所谓"三生空间"是对生产、生活、生态三类空间的总称。生产空间是指为人类提供物质产品的生产、运输、商贸、公共服务等生产经营活动的国土空间，是一切人类生产经营活动的场所。生活空间是指供人们居住、消费、休闲和娱乐等的国土空间，可以分为城市和乡村两个地域类型空间。生态空间是指为指宏观状态稳定的物种生存繁衍所需的环境空间，是人类生产和生活的保障。

（二）"三生空间"优化布局的内涵与目标

"三生"空间优化布局涉及生产、生活、生态空间的数量管理及空间布局科学划定。2019 年 5 月中共中央、国务院正式发布《关于建立国土空间规划体系并监督实施的若干意见》，提出"建立全国统一、权责清晰、科学高效的国土空间规划体系，将主体功能区规划、土地利用规划、城乡规划等空间规划融合为统一的国土空间规划，整体谋划新时代国土空间开发保护格局，综合考虑人口分布、经济布局、国土利用、生态环境保护等因素，科学布局生产空间、生活空间、生态空间"。因此，"三生空间"优化布局是国土空间规划的最终目的。不同的"三生"空间承载着城市居民对未来城市生活的美好愿景，是民生需求的落实，也是规划实施最直接的空间载体和优化目标，是公众面对发展规划、国土空间规划、区域规划、专项规划等规划政策的空间应用反馈（魏伟和张睿，2019）。

党的十八大报告提出"促进生产空间集约高效、生活空间宜居适度、生态空间山清水秀"的要求，为"三生空间"的优化指明了方向。具体要求如下。

1. 生产空间集约高效

生产空间是用于生产经营活动的主要场所，生产空间是人类创造物质和精神财富的主要功能区，在人类社会的存在和发展中起着决定作用。生产空间集约高效，有利于推动生产力的效率提升和增长，减少对生态环境破坏，为生活空间、生态空间的优化创造物质基础和提供空间保障。生产空间集约高效，就是要做到地尽其利、地尽其用，优化生产空间的组合关系及其空间布局，提升城市生产空间、农业生产空间利用效率。

2. 生活空间宜居适度

生活空间是人们日常生活活动所使用的空间，为人们的生活提供必要的空间条件。生产空间为生活空间的宜居适度提供物质保障，生态空间则给生活空间的宜居适度提供生态安全保障。从人类的角度，生产空间、生态空间本质上都是要为生活空间功能的实现所服务，促进生活空间宜居适度是正确协调"三生空间"关系的重要纽带，也是"三生"空间优化布局的最终目标。生活空间宜居适度除了需要合理的用地规划，还需要必要的生态基础设施建设及来自生态空间的外部环境保障。

3. 生态空间山清水秀

生态空间为生产空间、生活空间提供生态安全保障，主要涉及森林、草原、湿地、河流、湖泊、滩涂、岸线等国土空间。生态空间是保障城市和农业生态系统生态安全、提升居民生活质量不可或缺的组成部分，是支持生产空间和生态空间实现各自功能的前提。只有保证生态空间的重要基础地位，才可能协调人—社会—自然的协调发展。建设山清水秀的生态空间，首先需要敬畏自然、尊重自然，重视自然要素的保护，然后才能在资源环境承载力的框架下，适度、适量开展生产和开发利用等活动。

三、全域土地综合整治

（一）全域土地综合整治的时代背景

近些年，工业化、城镇化和农业现代化的快速发展，使得资源环境约束日益趋紧。传统的单一要素、单一目标、单一手段的土地整治模式难以适应生产经济发展、生态环境保护、人居环境提升的需求。因此，在国土空间规划引领下，进行全域规划、整体设计、综合治理，统筹农用地、低效建设用地和生态保护修复，促进耕地保护和土地集约节约利用，解决一二三产业融合发展用地，改善农村生态环境，助推乡村振兴，成为新形势下土地整治的必然发展方向。

2003 年，时任浙江省省委书记的习近平作出"建设生态省"、实施"千村示范、万村整治"两大战略决策，深刻改变了浙江乡村的生产布局、发展方式和生态环境，开启了全域土地综合整治与生态修复的先行先试探索。在浙江省全域土地综合整治的基础上，2018 年 6 月，中共中央、国务院发布《乡村振兴战略规划（2018—2022 年）》，提出加快国土综合整治，实施农村土地综合整治重大行动，到 2020 年开展 300 个示范村镇建设。随后，自然资源部于 2019 年发布《关于开展全域土地综合整治试点工作的通知》，并相继下发《全域土地综合整治试点实施要点》《全域土地综合整治试点实施方案编制大纲（试行）》等相关文件，标志土地整治进入了以"全域全要素"为核心的新阶段，《全国国土规划纲要（2016—2030 年）》《全国土地整治规划（2016—2020年）》也分别就实施农村土地综合整治作出部署。

（二）全域土地综合整治的内涵

全域土地综合整治是以科学规划为前提，在一定范围内（乡镇或若干村）整体开展农用地整治、建设用地整治和生态保护修复，对闲置低效、生态退化及环境破坏的区域实施国土空间综合治理的活动。全域土地综合整治具有整治区域的全域性和整治内容的全面性两层基本内涵（肖武等，2022）。区域的全域性是指从全域的视角，对农用地整治、农村建设用地整治、乡村生态保护修复等各类活动进行统筹安排，将单一、孤立的土地整治项目转变为集中连片的综合整治项目；内容的全面性体现在对区域范围内所有资源要素，包括农用地、农村建设用地、低效工矿用地、未利用地等，进行综合开发利用，并且推行实施高标准农田建设、耕地质量提升、农田水利建设、生态环境治理以及传统村落历史文化保护（肖武等，2022）。概括起来，相对于传统的土地整治，全域土地综合治理具有如下的特点。

（1）全要素整治。相比于传统土地整治以地块为整治单元、以田水路林等单要素为整治对象，全域土地综合整治不再聚焦局部、单个地块或单一要素，而是将山水林田湖草生命共同体下的土地、河流、森林、产业、交通所有要素放在统一治理空间下，通过综合运用工程技术、农艺技术、生物技术，找准限制因素，全要素统一协同治理。

（2）优化空间结构布局与资源配置。全域土地综合整治以"农用地整理、建设用地整理与乡村生态保护修复"为三大基本内容，力求构建科学高效的"三生"空间，通过归并零散耕地、整理宅基地、治理废弃矿山等，提高耕地连片度、建设用地集约度，优化空间结构布局；通过盘活闲置资源、有效落位设施产业等，优化空间资源配置。

（3）生态修复与功能价值提升。全域土地综合整治重视在要素整合和空间优化的基础上，强调按照山水林田湖草整体保护、系统修复、综合治理要求，结合农村人居环境整治，优化调整生态用地布局，保护和恢复乡村生态功能，维护生物多样性，提高生态系统功能，夯实生态产品产出，有效实现"三生"融合和保护性发展；通过引入资金、人力、技术等，打造现代农业空间和推动一二三产业融合，重视通过农田平整、表土剥离等技术，提升耕地产能，通过整治获得的建设用地指标，进一步拓宽了增收渠道，推动产业增值和社会增值。

四、国土空间生态修复

(一) 国土空间生态修复的内涵和特点

国土空间生态修复是为实现国土空间格局优化、生态系统健康稳定和生态功能提升的目标，按照山水林田湖草是一个生命共同体的原理，对长期受到高强度开发建设、不合理利用和自然灾害等影响造成生态系统严重受损退化、生态功能失调和生态产品供给能力下降的区域，采取工程和非工程等综合措施，对国土空间生态系统进行生态恢复、生态整治、生态重建、生态康复的过程和有意识的活动（吴次芳等，2019）。

国土空间生态修复是在查明国土空间生态系统病症、病因和病理的基础上，进行物种修复、结构修复和功能修复。其对象是受损生态系统，目的是维护国土空间生态系统的整体平衡和可持续发展，采取的路径包括自然修复和社会修复的双重修复；具有修复规模大、区域性强、工程类型多、技术复杂、修复时间长、治理措施综合和综合效益显著等基本特点，是国家可持续发展的重要战略之一。概括而言，国土空间生态修复具有以下基本性质（傅伯杰，2021）。

(1) 系统性。国土空间生态修复包括生态、经济、社会修复等多层含义，注重生态系统整体性、系统性及内在规律，目标是实现区域内生态、经济、社会的协调统一发展。

(2) 整体性。强调"山、水、林、田、湖、草、沙"的整体保护与系统修复，需要多学科交叉与融合，运用生态学理论、整体性思维解决发展与保护之间的矛盾和问题，而非单一手段的治理与修复。

(3) 综合性。不同于以往生态修复聚焦于水、土等单一生态要素或水土流失等单一自然过程，国土空间生态修复对象涵盖国土空间内的所有自然资源，将所有自然资源纳入修复范畴，利用综合的治理手段，推进生命共同体生态修复。

(二) 国土空间生态修复的主要内容

在明确评估诊断国土空间生态系统生态功能受损或退化的现状、原因及机理的基础上，国土空间生态修复的主要内容可以概括为生态安全格局修复、生态基础网络修复、生态景观修复和空间要素综合修复 4 个主要方面（吴次芳等，2019）。

(1) 国土空间生态安全格局修复。国土生态安全是民族生存和国家持续发展的基础，是和谐社会的根本保障。国土空间生态安全格局修复就是针对国土空间格局受损和退化的状态，通过对国土空间的结构优化、土地利用强度的管控、土地用途的合理布局等方面的生态修复措施，为水源涵养、洪水调蓄、生物多样性保护等构建更加持续安全的空间结构，打造国家生态安全防线。

(2) 国土空间生态基础网络修复。生态系统基础网络是维护生命土地安全和健康的关键性空间基础，是城乡居民获得持续的自然生态系统服务的基本保障，包括绿色廊道、河流廊道、遗产廊道等。生态基础网络修复，包括生态基础网络的连续性、树木构成、宽度的修复。

（3）国土空间生态景观修复。国土空间生态景观是自然景观、经济景观和文化景观的多维生态网络复合体，是国土空间表层的生态联系。自然景观主要是地理格局、水文过程、气候条件、生物活力等的复合；经济景观主要是能源、交通、基础设施、土地利用、产业过程等的复合；人文景观主要是人口、体制、文化、历史、风俗、风尚、伦理、信仰等的复合。通过对国土空间生态景观破损的修复，提升国土空间生态景观功能，维护国土空间生态景观的自然性及经济、美学、文化等价值。

（4）国土空间要素综合修复。国土空间是"山、水、林、田、湖、草、沙、海"等自然资源要素和"城、村、路、矿"等人类社会要素在空间上的集成体现。国土空间生态修复需要有效协调各个修复主体的关系，统筹各要素进行综合治理，确保国土空间各生态要素得到系统修复，避免单一生态要素的过度修复，而其他要素修复不足，甚至因单一要素修复受损等现象。

第二节　"三生空间"农业景观生物多样性保护策略

一、"三生空间"优化与农业景观生物多样性保护

（一）"三生空间"优化是生物多样性保护的前提、保障和重要途径

"三生空间"优化布局科学划定生产、生活、生态空间的数量及空间布局，这是对推动生物多样性保护奠定的前提基础和空间保障。通过"三生空间"优化，保持足够数量和山清水秀的生态空间，为生物提供足够数量和质量的栖息地，是实现生物多样性保护的重要前提和保障。"三生空间"的合理划定，其实也是从空间上优化了人类活动强度在空间的布局，从空间上管控了人类干扰对生物多样性的影响。将人类活动对生物多样性的影响控制在尽可能小的空间范围内，是在宏观尺度上推动生物多样性保护的重要途径。

就农业景观生物多样性而言，一方面"三生空间"优化过程中，生态空间的优化，为农业景观生物多样性保护提供了必要的物种源，为农业景观生物多样性的持续存在提供了安全保障。另一方面，生产空间的集约高效，减少了农业用地和农业生产活动对生物多样性的不利影响，也为生物多样性的保护提供了良好保障，同时农业景观的生物多样性保护也是生产空间优化的必不可少的重要内容，是推动生产空间可持续发展必不可少的推力。"三生空间"绝非完全隔绝与分离，而是相互共存的关系，例如，在生态空间、生活空间中也有农业景观这类生产性用地的存在，如城市空间中都市农业、休闲观光园、庭院农业，生态空间中保障居民生计的农业用地等，保护和利用好这部分农业景观中的生物多样性，也是生态空间、生活空间优化的重要内容。

（二）生物多样性保护是"三生空间"优化的重要结果和途径

生物多样性为人类提供可持续发展所必需的各种供给、支持、调节和文化服务，是

生态安全的基础。"三生空间"优化布局"促进生产空间集约高效、生活空间宜居适度、生态空间山清水秀"这一最终目标的实现必然伴随着"三生空间"生态环境质量和生态系统功能的优化以及生态安全的提升。作为生态系统服务的基础和保障、生态环境质量的重要指标，生物多样性保护也是"三生空间"优化的重要结果。另外，保护生物多样性需要划定和保留生物多样性所依赖的国土空间，生产空间的集约高效也意味着需要更加高效、环境友好的生产管理措施，生活空间的宜居需要生物多样性的点缀和调节，因此保护生物多样性某种程度上也是实现"三生空间"优化的有效途径之一。同样，保护农业景观生物多样性作为保护生物多样性的重要组成成分，必然也是"三生空间"优化的重要结果及重要途径。

二、"三生空间"农业景观生物多样性保护策略

（一）生态空间农业景观生物多样性保护策略

根据国务院颁布的《全国主体功能区规划》，我国重点生态功能区内存在大量的农业景观，包括山地丘陵区农业景观、山区农业景观、西部干旱和半干旱灌丛放牧地、部分天然放牧草地，这些农业景观由于地处山区或偏僻地带，人类干扰程度相对于农区较小，一定程度上可以称为半自然生态系统，类似于欧洲的高自然价值农业景观，在生物多样性维持方面也发挥重要作用。这些农业景观受到农业集约化（过度开垦、高强度放牧、化肥农药大量投入）或受到城市化带来的弃耕撂荒的影响，威胁到生物多样性及其传粉、害虫控制、水质净化、水土保持等功能。这就导致，一方面对于农牧用地，为了保持农户生计，不可能完全放弃生产；另一方面，弃耕撂荒地也会导致粮食产量的下降以及适应这些景观的生物多样性丧失。因此对于生态空间内农业景观生物多样性保护建议采取如下策略。

（1）在坚持"自然修复、人工辅助"的原则基础上，最大限度地实现生态修复和生物多样性保护。同时，通过生态补偿机制直接补贴给农户，降低农牧生产集约化程度，维持景观中原有的半自然生境，鼓励农户或是商业公司从事小规模有机食品生产，防止农田撂荒导致的粮食产量下降和一部分适应传统农业景观的生物多样性的丧失，平衡生物多样性保护和农民生计、生产需求。

（2）现有的重点生态功能区退耕还林是主要的生态修复措施，但是以往我国退耕还林的结构和树种单一，生态服务功能低下，亟须因地制宜地开发利用本土植被，构建模拟自然的植被群落（Zheng & Cao，2015）；亟须研发多样化的更加有利于生物多样性保护、生态服务功能提升的技术措施，如单一化林地植被改造、水道缓冲带建设、塘湿地生态修复和管护、鸟类栖息地维护和营造、有益生物栖息地营造等。构建有技术人员指导，以村集体、农民合作组织等为主体的农田生物多样性保护和管护生态补贴和激励制度，保障各种生物多样性保护和管护措施的长效实施，并且在推动生物多样性保护、生态修复的同时，实现农户的收入增长和生计改善。

（3）将农业生物多样性及生态服务的影响监测和评估纳入重点生态功能区生态功能监测和评估，建立农业景观生物多样性评价指标和监测评估方法，将农业景观生物多

样性评价指标纳入生态空间山水林田湖草生态修复各项工程建设中。

（二）生产空间农业景观生物多样性保护策略

对于农业生产空间，由于长期的集约化生产，生物多样性受损严重，并且已经威胁到农业生产稳定性和可持续发展，与此同时，农业发展亟须转型，需要实现在发展生产的同时，保障粮食安全、食品安全、生态安全。因此在农业空间中的农业景观生物多样性保护，一方面要增加和恢复景观中的生物多样性，另一方面在实现增加生物多样性的同时，提升有利于推动农业绿色高效生产、生态环境恢复的生态系统服务功能。对于工业生产空间，也存在工业生产空间生态景观建设满足调节局部气候、防控生产污染以及满足人类对此空间宜居性的需求，因此可以从如下两个方面推动生产空间生物多样性的保护。

（1）充分考虑粮食安全、生态安全、气候调节和污染防控等协同的重要性，保持生产空间适宜比例的生态用地和生态基础设施，防止集约化农业和工业生产带来景观均质化，自然、半自然生境丧失和环境污染等系列问题。

（2）根据农区自然、地理及生态环境问题及不同地区和产业空间生态系统服务提升的需求，研发服务于不同生物多样性类群或者不同生态系统服务功能提升的生态基础设施技术，如在工业生产空间研究空气净化、噪声防控、微气候调节的绿地基础设施建设方案；在黄土高原林果主产区开发传粉昆虫多样性和传粉服务提升的多花带建设技术，在华北主产粮区研究天敌多样性保护和害虫生物控制服务提升的农田缓冲带建设技术，在南方水稻主产区研究防治面源污染、保护生物多样性、提升害虫控制服务的生态化沟渠、农田缓冲带建设技术等。

（三）生活空间农业景观生物多样性保护策略

对于生活空间，需要充分认识生活空间中的农业景观除提供农业产品之外，在生物多样性维持、气候调节、防灾避险、文化教育等方面的功能，从空间结构上尽量保护农业景观，并为生物提供食物来源和栖息地，同时保障城乡生态过程连续性和生态系统完整性。同时，将生物多样性保护融入城镇空间森林、公园、绿道、水网等绿色基础设施网络建设中，融合发展都市农业、观光农业、休闲农业，打造城乡多功能景观，通过推动农文旅产业结合，振兴城乡经济。此外，将生物多样性保护纳入城市建设，通过发展屋顶绿化、庭院绿化、公园绿化等多途径保护，利用生物多样性，改善人居环境，打造城乡绿色宜居空间。

第三节　全域土地综合整治生物多样性保护

一、全域土地综合整治与农业景观生物多样性保护

（一）传统土地整治导致农业景观生物多样性破坏问题严重

以往的土地整治和高标准农田建设过度强调耕地生产功能的提升，忽略生态功能的保护，成为导致我国农业景观生物多样性丧失的重要原因。一方面，以往的土地整治和

高标准农田建设中，存在过度强调建设集中连片农田的问题，导致农业景观同质化，加上单一作物大面积种植，进一步加剧景观和资源的同质化程度，不仅不利于生物多样性保护，并由此导致生态系统健康和功能的降低，使得生态系统应对环境变化和风险的能力下降，影响耕地的产能。另一方面，为过度追求新增耕地面积指标而造成农田半自然生境的破坏，农田中河溪沟渠自然驳岸、小片林地、灌丛、边角地、田埂、池塘等天敌栖息地丧失，农田景观生态系统服务功能受损。例如，有报道显示我国湖北土地整治"竹山低山项目""当阳平原项目""钟祥丘陵项目"的新增耕地往往来源于田埂系数的降低、荒草地的开发、低效林地和园地开发等，土地整治后项目区粮食生产能力均有提高，但很多地方农业景观均质化，传粉、天敌害虫调节、水质净化等生态系统服务功能降低。此外，由于对生态保护的重要性认识不足，过度强调生产功能提升建设，在土地整理和高标准农田建设的过程中的过度工程化和硬化建设措施，在破坏已有生物多样性的同时，也破坏了生物栖息地。

（二）全域土地综合整治需要农业景观生物多样性保护作为支撑

随着党的十八大明确提出大力推进生态文明建设，并将其纳入"五位一体"总体布局，应用生态文明的思想指导国土空间管理成为历史的必然趋势。传统的单一土地整治逐步向全域土地综合整治转型，开展生态型土地整治、建设绿色高标准农田、加强乡村生态保护修复、改善农村人居环境成为全域土地综合整治的重要内容，而这些内容均离不开农业景观的生物多样性保护，需要农业景观生物多样性保护为这些目标的实现提供支撑。

1. 生态型土地整治、建设绿色高标准农田需要整合生物多样性保护

在生态文明理念的引领下，生态型土地整治和绿色高标准农田建设整合了系统观和生命观两大生态学核心思想。将土地整治工作置于生命共同体之中，系统分析不同类型土地、生命要素之间的物流、能流、生物流和信息流的关系，开展国土整治和景观建设。一方面，将整治空间看作更大尺度的生命有机体，具有较高的景观多样性、生态系统多样性、物种多样性及不同尺度系统之间复杂的能流、物流、生物流和信息流，是大尺度生命有机体的基本特征；另一方面，生命体的多样性是生态整治和绿色农田的重要标志和指示特征。因此，生态型土地整合和绿色高标准农田建设必须整合生物多样性保护，尤其包括整合农业景观生物多样性的保护，保护生物多样性赋予系统的生命特征及各种生态系统服务。

2. 乡村生态保护修复、改善农村人居环境需要生物多样性的修复和保护

乡村生态保护修复很大程度上就是生物多样性的修复，修复由于人类过度开发和不合理的生产管理带来的森林植被消失、河流水体污染、田园风光破坏等问题；人居环境的改善，也离不开植被绿化和生态景观的修复。这一过程既是生物多样性修复和保护的过程，也是生物多样性作为生态保护修复和改善生态环境措施应用的过程，同时也是生物多样性作为生态保护修复和人居改善重要指示指标的过程。

二、全域土地综合整治下的农业景观生物多样性保护策略

（一）农用地生态型整治生物多样性保护

1. 耕地质量保护和提升

农用地耕地质量和农业景观生物多样性互为促进。2015 年农业部①颁布了《耕地质量保护与提升行动方案》，到 2020 年，为达到全国耕地质量状况得到阶段性改善的目标，使耕地土壤酸化、盐渍化、养分失衡、耕层变浅、重金属污染、白色污染等问题得到有效遏制，土壤生物群系逐步恢复，提出了重点是"改、培、保、控"四字要领的技术路径。"改"指改良土壤。针对耕地土壤障碍因素，治理水土侵蚀，改良酸化、盐渍化土壤，改善土壤理化性状，改进耕作方式。"培"指培肥地力。通过增施有机肥，实施秸秆还田，开展测土配方施肥，提高土壤有机质含量、平衡土壤养分，通过粮豆轮作套作、固氮肥田、种植绿肥，实现用地与养地结合，持续提升土壤肥力。"保"指保水保肥。通过耕作层深松耕，打破犁底层，加深耕作层，推广保护性耕作，改善耕地理化性状，增强耕地保水保肥能力。"控"指控污修复。控施化肥农药，减少不合理投入数量，阻控重金属和有机物污染，控制农膜残留。

结合农业景观生物多样性保护的目标，通过景观途径实现耕地质量保护和提升对生态过程的高度重视，要从田块尺度提升到景观尺度，从过程阻控、受体保护和受体污染生态修复方面，推进耕地保护和质量提升。具体措施可以包括：①通过粮豆轮作套作、种植绿肥和覆盖作物，固氮肥田，持续提升土壤肥力。②土地保护和休耕，本质是暂时停止耕地的生产活动，同时也可以通过在休耕地种植豆科植物和绿肥，提升土壤质量、为生物提供栖息地。③采用带状种植，在田块中以大致相同的宽度安排不同的作物，进行条带状的作物种植，可以减少水土流失、土壤风蚀和空气污染颗粒物扩散，以增加水分下渗，改善地力，同时也有利于改善周边水域的水质，提高水域作为水生生物生境的效果，同时提高景观多样性。条带作物选择豆科植物还可起到提升土壤肥力的作用，选择牧草、蜜源植物等，还可以进一步促进农田传粉昆虫、天敌生物多样性保护，提升耕地的传粉服务、害虫控制等生态系统服务功能。

2. 农用地布局优化和田园生态景观建设

农用布局优化，不仅需要考虑土地资源的适宜性特征，而且需要考虑社会经济需求和农村经济产品的比较价格特征。农用地优化布局重点需要考虑如下几个方面：①土地适宜性评价。联合国粮食及农业组织（FAO）早在 1976 年推出《土地评价纲要》。多目标土地适宜性评价的方法就是建立土地利用类型与影响土地质量的主导因素之间的关系，按照土地的特性及《土地评价纲要》所规定的方式划分土地适宜性类型。②农用地需求结构研究。在土地适宜性评价的基础上，依据社会经济对农用地需求规模和结构，确定农用地需求与利用结构。其中，解决土地权属分散与农田破碎化问题是当前城市化快速发展、农业从业人口大幅降低情况下亟须解决的问题。但是，在推动土地集约

---

① 中华人民共和国农业部，全书简称农业部。2018 年国务院机构改革，将农业部职责整合，组建中华人民共和国农业农村部，简称农业农村部。

化、规模化应用的同时，也应当防范过度集约化和均质化带来的生物多样性丧失等问题。③农用地利用规划。农用地规划就是在土地适宜性评价的基础上，结合农用地需求特征，确定不同类型农用地的面积与结构，在实现农用地生态保护的基础上实现农用地资源利用的社会经济效益最大化。

同时，随着对生态环境保护的重视，农用地整治过程中需要加强农田生态基础设施建设，推进田园生态系统建设成为提升农业景观生物多样性和生态系统服务、促进农业可持续发展的重要途径，也是防范农用地过度规模化和集约化带来的生态弊端的重要途径。可通过以下措施来改善农田生态环境，构建田园生态景观：①加强农田中现有自然与半自然生境的保护：农田中现有的水系、坑塘、林地、灌木丛、草地等自然与半自然生境，是蛙类、鸟类、蜘蛛、野生蜂等多种生物的栖息地和避难所，是农田生物多样性重要源地。所以开展农田生态环境保护首先需要加强农田中现有自然与半自然生境的保护。②避免土地整治过程的过度硬化，开展沟路林渠等农田基础设施的生态化建设。路面可采用碎石路面、泥结石类路面、轮迹路面、素土路面等多种形式，以增加田间道路的渗透性，道路两侧依据实地情况建设 2~4 m 植被缓冲带。沟渠宜开展生态沟渠建设，避免过度硬化，以达到控制水土流失，消减面源污染负荷，保护生物多样性的目的。农田防护林建设应参考当地自然植物群落，利用当地乡村植物，构建乔灌草结合、疏密相间的防护林带。

3. 加强高标准农田生物多样性保护生态基础设施建设

针对过去高标准农田建设中"重生产、轻生态和质量"的问题，未来应该加强通过生物多样性保护重建和提升农田生态系统服务功能，尤其重视提升高产稳产所需的田间气候调节、传粉服务、害虫生物控制、污染物吸附等生态系统服务功能。通过绿色高标准农田建设，以及结构复杂、植物物种多样的农田防护林、生态缓冲带、农田边界带、生态沟渠等生态基础设施建设，打造具有高异质性、高复杂性的农田景观，完善高标准农田建设过程中生物多样性保护和生态系统服务，提升建设标准和评估指标，推动高标准农田采取更加绿色、可持续的生产模式。

（二）土地复垦生态型建设

土地复垦，是指对生产建设活动和自然灾害损毁的土地采取整治措施，使其达到可利用状态的活动。土地复垦要求分阶段逐步恢复和重建受损土地的生态系统，恢复土地生产力和生态景观服务能力，并强化生态系统管理，因地制宜地确定复垦用途，防止恢复后的土地再次受损。

依据土地复垦工程工艺和阶段划分，生态型土地复垦包括地貌重塑、土壤重构、生态植被重建、生态系统重建和设施配套五大工程。

（1）地貌重塑工程是针对矿山地形地貌特点，通过有序排弃和土地整形等措施，重新塑造新地貌，最大限度地抑制水土流失，消除和缓解影响植被恢复和土地恢复利用的限制性因子，从而促进植被修复和土地合理利用，也推动生物多样性的修复和保护。

（2）土壤重构工程是以损毁土地的土壤恢复或重建为目的，应用工程措施以及物理、化学、生物、生态工程措施，重新构造适宜的土壤剖面与土壤肥力条件，在较短时间内恢复和提高重构土壤的生产力和环境质量。

（3）生态植被重建工程是在地貌重塑和土壤重构基础上，针对不同土地损毁类型和程度，进行不同损毁土地类型物种选择、植被配置、栽植及管护，使重建的植物群落持续稳定，是土地复垦生态型建设的重点。从功能的角度，植被的选择可以考虑其气候调节功能、水土保持功能、水质和空气净化功能、栖息地功能、缓冲和庇护功能。从视觉方面，需要考虑植被的美学价值、标志价值、屏蔽价值等；从社会的角度，需要展现地域性、历史性、教育性、娱乐性、产业性（农业或林业）等；从精神的角度，需要考虑神秘性、趣味性、审美性等。生态植被营建的过程中，还需要重点注意：保护和恢复原有自然、半自然生境，特别是具有年代美和地域特色的植被群落；尽可能模拟地域植被群落，植被重建要尽可能采用乡土物种，有意识采用蜜源植物或食源植物，构建乔灌草结合的群落式植被结构，提升区域生物多样性，并通过林地、植物篱连通不同类型植被和生态用地，尽可能形成连通的生态网络。

（4）生态系统重建的重点是保护和提高生物多样性，重建生态系统食物链网和生态过程。具体措施有：恢复、保护和管理独特的或正在减少的本基地陆地和水生生态系统；将水生或陆地系统还原到原来的状态或与原来系统的条件相当的状态，并且通过提供鱼类和野生动物的生存条件和维护生态系统内的稳定来提高生物多样性；控制侵入性植物和动物物种及有毒草种；为抗干扰能力差的物种提供具有足够规模且免受干扰的栖息地；使用本土物种，采取适宜的播种密度，创建适宜的生物栖息地条件。一般而言，采取促进恢复和管理稀有栖息地的保护措施，包括栅栏、人流控制、灌丛管理、种植树和灌木。通过改变栖息地的内部结构、植物生长条件或管理方式，可以给当地带来以下几个方面的效应：①增加了生物多样性；②使当地的生态环境得到了有效改善；③通过人类活动保护了稀有的栖息地；④通过恢复和保护植物群落，为珍稀的、濒临灭绝的动物提供了更好的生存条件。

（5）设施配套工程是在保证复垦土地地表稳定前提下，对不同复垦方向的土地配套灌溉、排水、道路和电力等基础设施，以提高复垦土地综合生产能力和抵御自然灾害能力，从而有效提升复垦土地质量。结合生物多样性保护，设施配套工程建设应当加强生态化建设，如灌溉、排水渠尽可能采用生态型建设模式，道路修建应当加强道路绿化带建设，并注意绿化带的结构和物种配置的多样性等。

（三）宜居村庄生态型整治

宜居村庄建设是区域土地综合整治的重要内容，也是乡村振兴战略的重要建设目标。结合农业景观生物多样性保护，宜居村庄生态型整治可以从如下几个方面开展工作。

（1）加强特色自然、文化要素的保护。在对当地生态景观特征、自然资源、基础设施等调研的基础上，加强对具有本土景观要素的保护，保留自然植被、地形等特色景观，尽可能保护当地自然生态系统及尽可能多的生境/植被。同时，也加强对具有文化特色的传统建筑或传统民居进行保护，保护特色文化景观。

（2）加强聚落空间和建筑物周围的绿化和植被建设，形成多样的生境，降低空气污染物，调节空气温度，提高生态景观服务功能；保护乡村古树名木；促进地方公园、休闲场所、开放空间的可达性、植被覆盖及植被多样性；合理设计街区花园、庭院、温室、农场等，提升其作为生物栖息地的功能和作用。

（3）保护和加强山水格局、地貌、湿地、溪流、植被及其边界的独特特征，加强自然水道生态修复；保护和恢复乡村河湖、湿地生态系统，积极开展农村水生态修复，连通河湖水系，恢复河塘行蓄能力，推进退田还湖还湿、退圩退垸还湖；推进荒漠化、石漠化、水土流失综合治理，实施生态清洁小流域建设。

（4）对位于生存条件恶劣、生态环境脆弱、自然灾害频发等地区的村庄以及人口流失特别严重的村庄，通过易地扶贫搬迁、生态宜居搬迁、农村集聚发展搬迁等方式，实施村庄搬迁撤并，统筹解决村民生计、生态保护等问题。

第四节　国土空间生态修复和农业景观生物多样性保护

一、农业景观生物多样性保护在国土空间生态修复中的作用

如前所述，当前国土空间生态修复不再局限于局部项目的整治和治理，而是运用系统、生态、生命综合体的观点来指导国土空间生态修复工作，强调系统治理"山水林田湖草"生命共同体；不再仅仅关注人类生产、生活直接相关的田、水、路、林、村等要素，强调耕地的保护及其数量、质量提升，也开始重视和强调生产、生活以外的自然、半自然生态空间要素；不再侧重工程的技术和措施，开始重视、加强生物技术和措施。因此，农业景观生物多样性保护对国土综合整治和生态修复具有重要意义。

（1）农业景观生物多样性所提供的生态系统服务是国土综合整治和生态修复的重要建设目标，农业景观生物多样性保护与国土综合整治和生态修复在目标上具有一致性，良好的生物多样性是国土整治和生态修复成果的重要表征。

（2）农业景观生物多样性保护和国土空间生态修复在空间上具有重合性。农业景观生物多样性也是重要的自然资源，是国土空间的重要组成部分；农业景观受人类干扰活动最为频繁、与人民生活关联最为密切，是国土空间生态修复中最亟须修复、改善和提升的空间。

（3）农业景观生物多样性保护的过程也是在生态理念下进行国土空间生态修复的过程，农业景观生物多样性保护的大量方法、理论为国土空间生态修复提供可供借鉴的方法和途径。

二、国土空间生态修复下农业景观生物多样性面临的挑战

当前我国国土空间生态修复中农业景观生物多样性保护仍然面临巨大挑战。

1. 对农业景观生物多样性重要性认识不足，政策缺失

作为生物多样性最为丰富的国家之一，我国也拥有丰富的农业景观生物多样性。但是与欧美等发达国家生物多样性保护战略相比，我国国土资源管理和功能保护仍处于区划中，并未对农业景观生物多样性重要功能有充分认识，导致已有的生物多样性保护政策主要针对于自然生境，对面积占陆地面积50%以上的农业用地却缺乏有效的生物多样性保护措施，也缺乏对农业景观生物多样性保护的生态补贴策略（李黎等，2019）。

2. 集约化土地利用和开垦导致农业景观生物多样性丧失严重，生态系统服务丧失

近几十年，伴随集约化的土地利用，自然/半自然用地不断开垦，主要农业农田景观中自然/生态用地缺失，农作物品种单一，农田基础设施过度硬化、防护林营建树种和结构单一、景观高度均质化，同时，过量使用农业化学品带来水、土、气污染，导致农业景观生物多样性丧失严重。据报道，我国遗传资源不断丧失和流失，一些农作物野生近缘种的生存环境遭受破坏，栖息地丧失，野生稻原有分布点中的 60%～70% 已经消失或萎缩，部分珍贵和特有的农作物、林木、花卉、畜、禽、鱼等种质资源流失严重；一些地方传统和稀有品种资源丧失（生态环境部，2019）。伴随着生物多样性的丧失，农业景观的生态系统服务功能也严重受损，导致病虫害暴发、耕地质量下降，并进一步加剧水体和空气污染，严重威胁农业生态系统稳定性和农村生态安全。

3. 粮食可持续生产迫切需要通过生物多样性保护，提升农田景观生态服务功能，实现农业生产方式转型

我国当前生态环境危机突出，由于空气、水、土壤等重要生产环境要素污染问题突出，耕地质量下降，导致食品安全问题不断突出，长远来看甚至威胁粮食的可持续生产。尽管国家已经将耕地保护和高标准农田建设作为保障粮食安全的重要措施，但是农田可持续、稳产、高产还需要开发、加强、提升农业生物多样性所提供的诸如新品种、作物传粉、生物控制、养分分解、物质循环、气候调节等生态系统服务。而当前的耕地保护和高标准农田建设都未充分考虑生物多样性的建设和保护内容，未将生物多样性提供的生态系统服务纳入相应的考核指标。因此，迫切需要将保护生物多样性及提高生态系统服务纳入粮食安全相关的耕地保护和高标准农田建设中，推动农业生产方式的转型，实现更加绿色、高效的农业生产。

4. 社会发展下生物多样性面临新的威胁，需要完善和创新修复对策

在未来的很长一段时间内，经济发展将加快城乡一体化的进程，城乡空间景观将面临新一轮的重构。随着民众生态环境意识和生活水平的提升，生物多样性作为生态系统服务基础和生态系统稳定性的保障，城乡空间生物多样性的保护显得尤为重要，需要研究制定相应的管理对策。同时，伴随农村人口的减少，耕地面临进一步集约化管理的趋势，为方便机械化操作，存在地块进一步扩大、农田边界等半自然生境进一步减少、景观均质化、农业景观生物多样性和生态系统服务功能下降的趋势，需要发展相应的应对策略。此外，虽然过去几十年我国生态修复工程取得了巨大的成果，但是这些年也不断发现存在一些问题，如退耕还林后树种单一或者采用非本地物种导致生物多样性恢复不理想甚至降低生物多样性的情况（Zhang & Cao，2015），针对这些问题，需要完善相应的生态修复策略，探索新的生态修复理念和技术方案。

三、国土空间生态修复下农业景观生物多样性保护策略

（一）强化国土空间农业产品功能区生态保护和生态景观修复

2010 年，国务院关于印发了《全国主体功能区规划》，该规划是我国国土空间开发的战略性、基础性和约束性规划。按开发内容，规划将国土空间分为城市化地区、农产品主产区和重点生态功能区，城市化地区是以提供工业品和服务产品为主体功能的地

区，也提供农产品和生态产品；农产品主产区是以提供农产品为主体功能的地区，也提供生态产品、服务产品和部分工业品；重点生态功能区是以提供生态产品为主体功能的地区，也提供一定的农产品、服务产品和工业品。依据规划，重点生态功能区主要分布在西部（其中包含自然保护地），没有纳入以农用地为主、同样维持较高生物多样性的东部和南部地区，因此总体来说，对于农区的生态保护和生态产品供给能力的认识和保障是不足的。因此，对于农产品主产区，需要重视生态用地的建设和生态产量供给能力的提升，实施农区生态景观修复，具体措施有：①农业开发要充分考虑对自然生态系统的影响，积极发挥农业的生态、景观和间隔功能，严禁有损自然生态系统的开荒以及侵占水面、湿地、林地、草地等农业开发活动。②在确保区域内耕地和基本农田面积不减少的前提下，继续在适宜的地区实行退耕还林、退牧还草、退田还湖，在农业用水严重超出区域水资源承载能力的地区实行退耕还水。③加强农产品功能区农田防护林带、农田边界带、田间生态岛屿等有利于生物多样性保护和生态系统服务提升的生态基础设施，尤其需要国家层面上，针对农区生态基础设施建设、生态产品供给的生态补偿和激励政策，鼓励农业生产兼顾生物多样性，并对农业生产者进行相应的生态补偿。

（二）优化和细化国土空间农业功能区土地利用格局和开发强度

根据《全国主体功能区规划》，提出构建"七区二十三带"为主体的农业战略格局，明确构建以东北平原、黄淮海平原、长江流域、汾渭平原、河套灌区、华南地区、甘肃省和新疆维吾尔自治区等农产品主产区为主体，以基本农田为基础，以其他农业地区为重要组成的农业战略格局。同时也对各主要农业功能区的主要种植作物进行了重点规划，例如，在东北平原农产品主产区，要建设优质水稻、专用玉米、大豆和畜产品产业带，在黄淮海平原农产品主产区，要建设优质专用小麦、优质棉花、专用玉米、大豆和畜产品产业带等。这些规划主要考虑了生产规划，有必要结合农业绿色发展和生物多样性保护需求，在区域尺度上就土地利用格局和开发强度作进一步的优化和细化。

（1）结合各主要农业区土壤肥力和施肥现状以及局地生态敏感状况，细化和优化施肥和农药利用强度，推进减肥、减药和统防统控，提升各农业区绿色生产水平，尤其是在重要水源地、生态敏感区推行适度集约化和生态/有机农业生产，可能的情况下加强生态缓冲带建设和增加生态用地比例。

（2）进一步优化各主要农业区种植制度和土地利用强度，因地制宜推进耕地修养。在东北冷凉区、北方农牧交错区、黄淮海地区和长江流域等区域因地制宜推广粮豆、粮草（饲）、粮油等轮作模式，在地下水超采区等区域适度开展休耕或改种低耗水作物。

（三）加强生物多样性生态修复技术的研发和应用

生物多样性保护不仅是国土空间生态修复的重要目标，也是国土空间生态修复的重要手段，因此亟须研究、开发生物多样性生态修复的关键技术。

（1）物种选育技术。以修复生物多样性为目标，基于物种的分布和区系，结合修复场地的土壤和地形地貌，初步筛选适生生物，结合试验方法进行进一步筛选和优化。

（2）物种繁育技术。动物繁殖以有性生殖为主，植物繁殖以扦插、组培等无性繁殖为主，注意优良种源区种质资源收集、保存、利用，进行动植物良种的引进、试验、繁殖和示范，并在适宜区域进行推广，尤其注意乡土物种的引种和驯化。

（3）基质修复技术。包括物理基质改造技术和生物堤岸技术。前者常见于改善水动力的河道基底构建、滩涂湿地改造以及污染土壤修复，后者改变堤岸建设必须采用混凝土、砾石的传统做法，主要利用生态砖或新型基底材料作为堤岸材料，通过与生物群落共同作用，达到土地加筋稳固、水土保持、生物多样性修复等工程目标综合方案。

（4）生物群落重建技术。包括植被配置技术和微生物区系重建。植物配置技术泛指植物镶嵌技术、工程绿化技术、景观设计与快速绿化技术等内容的集成。微生物区系恢复与重建技术主要包括：在不经搅动、挖出土壤基底的情况下，通过向土壤中补充氧气、营养物来扩大微生物的种群密度；利用常规的微生物手段，即通过选择性培养基分离具有特定功能的微生物，再通过富集培养、多次分离纯化，并经过扩大培养、复配得到大量高效微生物；将土著微生物群落通过长期驯化得到具有一定降解能力的微生物菌群，或是通过基因工程手段构建能够引入修复区域的高效工程菌。

（5）生物多样性管理技术。重点在于自然保护区的设计、保护和管理技术。

（四）建立完善国土空间农业景观生态廊道和生态网络

针对我国生物多样性主要针对自然生境，主要自然保护区主要集中在西部，且自然保护地之间缺少必要的生态廊道，保护区域生态孤岛趋势明显，制约生物多样性保护成效，同时在东部广大农区存在保护地缺乏、生物多样性保护措施不足等系列问题，需要从国土空间上加强区域生物多样性网络的规划和建设，在已有的"两屏三带"基础上，优化生态廊道识别技术，强化生态廊道构建及维护，通过生态廊道建设，构建生态功能区—农区生态基础设施网络—生态廊道—自然保护区等多要素构成的点、线、面相结合、贯穿全域的生物多样性保护格局，构建国土空间的生物多样性保护网络。

第九章 生物多样性保护景观规划与建设案例

第一节 地块尺度景观管理

一、作物多样性促进生物多样性和生态系统服务

(一) 间套作促进养分利用和土壤微生物多样性

中国农业大学李隆课题组在甘肃的研究显示，通过植物之间的互作，特别是磷活化能力强作物活化土壤难溶性磷并有利于磷活化能力弱的作物从土壤中吸收磷，例如蚕豆和玉米间作，能增加整个系统作物的生产力（图9-1）。同时，间套作相对于单作而言，其土壤具有更高的土壤微生物多样性及不同的微生物群落结构，这种土壤微生物多样性和群落结构的改变可能是促进间套作下产量提高的原因（Song et al.，2007）。

图9-1 作物多样性种植（间套作）体系
（李隆 摄）

(二) 混合种植促进产量和病虫害防治

云南是中国重要的烟草种植地区，种植面积超过40万 hm^2。当地农民在夏季种植烟草，在冬季种植小麦或大麦。烟草的收获通常在8月中旬，然后让田地休耕3个月，小麦或大麦的种植直到11月才开始。7月中旬在烟草田里种植玉米，11月收获，在这

一时期可以种植其他作物。

　　云南农业大学朱有勇课题组研究在增加作物多样性的同时推动农田病虫害的控制，这在减少农药使用的同时，也有利于对其他农田生物的保护（Li *et al.*，2009）。通过与云南省10个县的农民和推广人员合作，采用生长季节重叠或根据其高度差异对作物进行混合播种的方式，建立了烟草—玉米、甘蔗—玉米、马铃薯—玉米和小麦—蚕豆的4种混播模式，将4种混合播种方式分别与对应单作进行比较。图9-2展示出了种植安排。

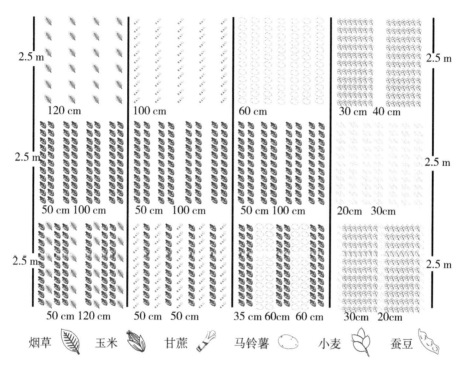

图9-2　不同混作和单作的作物配置格局

（改自 Li *et al.*，2009）

　　课题组在云南省红河哈尼族彝族自治州弥勒市、楚雄彝族自治州姚安县进行烟草—玉米的间作，2006年和2007年，当地农民分别在325 hm²和4 162 hm²农田中采用了这种模式。结果表明，烟草的产量在两个模式中均相当。间作导致2006年和2007年玉米产量分别为5.88 t/hm²、5.91 t/hm²，分别为单一种植玉米产量的84.7%和84.5%，土地等效比为1.84和1.83。两种模式中烟草棕色叶斑病的严重程度相当，但与单作物对照相比，2006年和2007年，间作地块北部的玉米叶枯病分别下降了17.0%和19.7%。同时，2006年和2007年分别由当地农民在云南省红河哈尼族彝族自治州弥勒市、石屏县以及临沧市永德县的80 hm²和1 582 hm²农田采用甘蔗—玉米模式种植。结果表明，单一种植和间作地块之间的甘蔗产量相当。间作玉米分别在2006年和2007年额外多了4.77 t/hm²和4.72 t/hm²的产量，分别为单一种植玉米产量的64.0%和63.2%，土地等效比为1.63和1.64。两种系统中甘蔗眼斑病的严重程度相当，但与2006年和2007年相比，间作地块北部玉米叶枯病分别下降了 55.9% 和 49.6%。这种玉米病害减少可能是间作早期降水量减少的结果。此外，通过与云南省曲靖市宣威县、会泽县以及昭通市等地区的农民合作，课题组分别在 2004 年和 2005 年间在 1 685 hm² 和 5 658 hm² 的农田耕作马铃薯—玉米。这两年的间作玉米产量是同样面积单一种植玉米产量的 147%。这两年的间作马铃薯产量分别是同样面积单一种植的马铃薯产量的 115% 和 120%，土地等效比为 1.31 和 1.33。与单一作物相比，2004 年和 2005 年间作模式里马铃薯晚疫病严重程度分别下降了 32.9% 和 39.4%，而间作地块的北部玉米叶枯病减少了 30.4% 和 23.1%。

二、农林复合促进生物多样性和休闲观光

农林复合系统对于解决耕地资源紧缺，提高土地、阳光等资源利用效率，改善农业生态环境、促进农村经济发展等方面具有重要的实践意义和理论价值。在生态环境保护方面，农林复合种植提供多种生态服务功能，如增加土壤有机质含量、固定大气中的氮、促进养分循环、改变小气候和优化系统效率，同时还可大幅度提高农业生产。农林业还可以通过提供一个结构复杂的栖息地维持不同的物种。通过间作方式，农林复合系统可以在同等条件下促进水肥、光热资源协调利用以及病虫杂草防治等多种服务互补优化。

自 20 世纪 80 年代，北京市房山区蒲洼地区开始大面积种植核桃林以促进农业生产。现在，核桃林是当地重要种植模式，每年收入约 230 万元。"十二五"期间，为推动发展，政府开始大力发展旅游业，其中，"蒲洼乡花台风景区"引入大量观赏及食用性菊花品种与核桃林复合种植（图 9-3）。

图 9-3 北京市房山区花台乡核桃—菊花间作

（刘云慧 摄）

对房山区核桃—菊花间作复合种植模式开展评估，对比核桃单作、核桃菊花间作与自然生境中步甲多样性。结果显示，核桃单作林和核桃—菊花间作林的步甲活动密度和物种丰富度指数并没有比自然生境低，其中，2012 年核桃单作林中的物种丰富度指数比自然生境中的更高（图 9-4）。同时，核桃种植系统和自然类型生境的步甲群落组成具有显著的差异（图 9-5），即将自然生境转化成核桃种植系统不仅没有降低当地的 α 多样性，而且在一定程度上通过增加当地的景观异质性而增加了当地步甲的 β 多样性，说明农林复合系统提高农业产量的同时，在维持生物多样性方面有着重要作用。

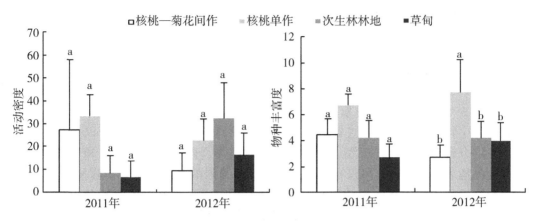

图 9-4 不同生境类型中步甲整体群落及的物种多样性

（Zhang *et al.*，2017）

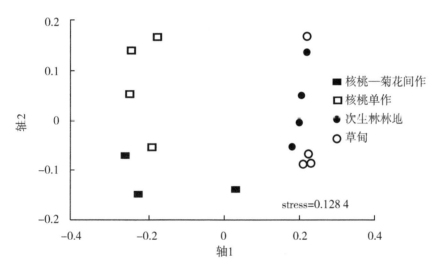

图 9-5 基于 Euclidean Distance 方法的 NMDS 分析

（Zhang *et al.*，2017）

此外，间作最主要的作用就是通过比单作更有效地利用土地而提高产能。核桃—菊花间作系统主要是为了促进当地观光旅游产业，同时获得最大的农业产业效益。随着研究区在 2012 年开放观光旅游业以来，核桃林中间作的菊花除具有食用和药用等价值以外，更增加了观光经济效益。因此，相较于研究区的次生演替林地和山地草甸，核桃单作林和核桃间作林并没有降低当地物种的活动密度和物种丰富度，但改变了物种原始生境中的群落组成结构。同时，核桃—菊花间作体系作为不损害当地生物多样性的一种种植方法，对改善当地生产和经济效益有着显著帮助。

三、地块内开花植物管理促进生物控制和传粉服务

在现代农业景观中，改善昆虫授粉状况的最佳途径是增加田间的植物，尤其是开花

植物多样性，常见的方式有新建开花植物播种带或在作物田内每隔一行种植多花植物带。

20世纪90年代，对华盛顿东部的葡萄园来说，控制葡萄害虫意味着大量使用杀虫剂。当时葡萄种植者每个季节每英亩（1英亩 ≈ 4 046.86 m²）使用超过7磅（1磅≈0.454千克）的农药活性成分，且大部分农药是广谱农药，极可能杀死很多益虫。进入21世纪后，葡萄种植者希望能够减少对农药的依赖，并希望减少葡萄果实及葡萄酒中化学农药的残留。华盛顿州立大学的科学家为他们开发了以生物为基础的害虫综合管理系统，包括添加种植蔷薇属的植物、保留乡土的灌木和树木或种植非本地的地表开花植物，用以有效吸引和保护葡萄园的天敌，这些措施使得20世纪初葡萄园常见的蜘蛛螨和粉蚧的暴发不再那么频繁。目前，在美国的葡萄酒工业的葡萄种植中，种植本地开花植物带为有益生物提供栖息地、提升有益生物多样性成为常见的措施。

单一作物可能为传粉昆虫提供脉冲式的食物来源，如杏仁、油菜或西瓜，可以提供数周的丰富食物。但在这些主要作物开花前后，农田会存在传粉昆虫食物来源供给不足的问题，导致季节性的食物短缺。因此，在田间种植开花植物或建立多样化的种植系统可以为传粉者提供持续的食物来源。例如，在智利就在蓝莓中种植开花树篱带，为传粉者提供替代的食物来源，维持传粉者群落在农田中的持续存在。在我国的山东省威海地区，一些农户在苹果园有意识地撒播油菜，在苹果开花季来临之前，油菜提前开花，起到吸引蜜蜂的作用，为后期苹果授粉提供了保障（图9-6）。

图9-6 山东省威海地区农户在苹果园撒播油菜吸引蜜蜂帮助授粉
（刘云慧 摄）

四、作物特殊配置促进天敌多样性和害虫防治

在农田中根据不同害虫和天敌的习性以及植物本身的特征，有针对性地设计特殊的作物种植格局，以吸引天敌，增加地块内天敌多样性，同时实现对害虫的有效控制，也

是地块内生物多样性保护的重要方式。常见的配置有条带式（在大田的中央、两侧或单侧）、四周环绕式和单株棋盘式等。

在肯尼亚，国际昆虫生理与生态中心提出了一种"推—拉"体系，以减少玉米螟危害，增加牧草产量（骆世明，2010）。他们在玉米地中间作豆科植物或糖蜜草（*Melinis minutiflora*），并围绕玉米种植禾本科牧草（象草或苏丹草）（图9-7）。玉米螟一般不在禾本科植物上产卵，但在象草上产卵。玉米螟在象草上产卵孵化后的幼虫死亡率达到80%，而在玉米上只有20%；象草在被玉米螟咬食后会产生一些黏液，粘住幼虫使其死亡。玉米边缘种植象草后，玉米螟被寄生蜂寄生的比例从单种的4.8%增加到18.9%。玉米间作糖蜜草后，玉米螟被寄生的比例从单作的5.4%提高到20.7%。进一步的研究显示，象草和苏丹草有吸引玉米螟的挥发物，而糖蜜草有驱赶玉米螟的挥发物，且这些分泌物还能同时吸引天敌，有利于增加地块天敌多样性。多个地点的推广验证显示，这一种植系统可以增加17%的玉米产量，且种植豆科植物可以改良土壤，禾本科植物可以带动畜牧业发展。

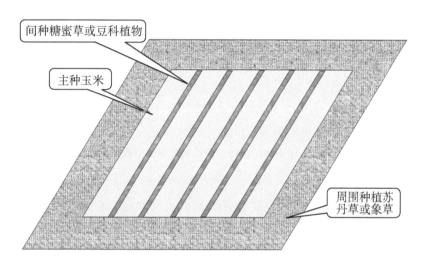

图9-7　肯尼亚玉米间作豆科植物或糖蜜草及围绕种植禾本科牧草
（苏丹草或象草）的种植格局示意

五、地块内苜蓿带建设促进天敌性和害虫防治

在新疆维吾尔自治区阿克苏地区新和县塔什力克乡阿其墩村，棉花为主要种植作物，播种面积占耕地面积的40%左右。棉蚜为当地的最主要的棉花害虫，常造成4%~8%的棉花损失。由于棉花播种面积的扩大，棉蚜发生趋势逐渐加重。

中国科学院张润志课题组（张润志，1999）在棉田靠近防护林带的地方种植苜蓿带，利用苜蓿多年生的特性，为农田中天敌生物提供稳定的生存环境和避难所，增加天敌的多样性，促进棉田中蚜虫的生物防治（图9-8）。调查分析显示，苜蓿带中生存有大量的昆虫，这些昆虫为棉蚜的天敌提供了猎物。当6月上旬棉蚜进入棉田开始为害棉花的时候，苜蓿带中已经繁殖出大量的昆虫，昆虫总量（不包括天敌昆虫）达到 52.54 万头/hm²，此时棉田的昆虫总量仅有 7.57 万头/hm²；两者比较，苜蓿带的昆虫总量为棉田昆虫总量的 6.94 倍。在这些昆虫当中，苜蓿带中数量最大的是苜蓿彩斑蚜 [*Therioaphis maculata* (Buckton)]，占昆虫总量的 71.39%；棉田中数量最大的是棉蚜，占昆虫总量的 67.77%。

6 月中旬，经过棉蚜的大量繁殖，棉田中的昆虫总量已经远远超过苜蓿带，达到 105.93 万头/hm²，为苜蓿带昆虫总量 74.78 万头/hm² 的 1.42 倍。在棉田中，棉蚜占绝对优势，其数量为 97.76%；而在苜蓿带中，数量占据优势的还是苜蓿彩斑蚜，占 44.02%。由于 6 月上旬苜蓿带中大量昆虫的发生，自然吸引和繁育了大量的天敌。6 月中旬，在苜蓿带中主要天敌类群瓢虫类、草蛉类和食蚜蝇类的数量合计达到 54.45 万头/hm²；而此时棉田中这 3 类天敌的数量仅为 3.99 万头/hm²。苜蓿带与棉田比较，棉蚜的主要天敌（瓢虫类、草蛉类和食蚜蝇类）总数量达到 13.65 倍，其中瓢虫类 27.89 倍，草蛉类 11.69 倍，食蚜蝇类 3.16 倍。

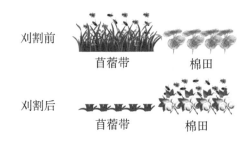

刘割前　苜蓿带　棉田
刘割后　苜蓿带　棉田

图 9-8　棉田和防护林之间种植苜蓿带治理棉花蚜虫

因此，通过刘割苜蓿带迫使天敌进入棉田捕食棉蚜，可以起到对棉田棉蚜很好的控制效果。调查分析显示，6 月是棉蚜数量激增的重要阶段，在对苜蓿带进行 3 次刘割后，周围棉田棉蚜数量有明显下降，天敌数量的调查结果显示，从刘除边缘苜蓿带的第二天开始，棉田中瓢虫类、草蛉类和食蚜蝇类 3 类天敌的数量均有明显上升。

第二节　地块间尺度生态设施建设

一、欧洲地块间野花带建设

集约化农业的发展改变了农业景观生物栖息地的质量，也改变了栖息地的数量，使得农区生物多样性持续下降。但是农业地区仍然是许多物种的栖息地，维持着适应了人类所影响的特殊环境的植物和动物，因此也有必要采取措施保护这些物种的多样性。同时，改善农业景观的生境质量，提升生物多样性，将有利于提升害虫生物控制、水质净化等生态系统服务，减少农业对化学投入的依赖和环境污染，进一步促进生物多样性保护，实现农田生态性的良性运转。

为了避免加强农业造成的消极影响，支持粗放的农业生产，20 世纪 80 年代欧盟在共同农业政策框架下引入了农业环境计划（Agro-environmental Scheme）。今天农业环境计划已经是欧洲乡村发展计划的一部分，是欧盟的成员国强制实施的计划。然而各成员国可以在给定的框架内以不同形式实施这个措施。播种野花带被欧洲不同的国家广泛作为增强并且支持物种多样性的措施，是增加农业用地多样性的重要的方法（Haaland et al., 2011）。建立野花带的总体目标是增加物种的多样性以及某种特定物种类群，如昆虫、鸟和植物的多度，这对集约化农区尤为重要。这些野花带通常通过提供成虫的食物资源，如多蜜的植物，有目的地提高特定功能群生物（如传粉者和害虫天敌）的多度，此外，鸟类也能从具有昆虫和野花种子数量多的野花带中受益。

野花带通常通过在可耕地上播种野花的种子混合物建立。农民负责播种和经营，但欧盟各国政府会根据农业环境计划的规章补偿农户购买种子的花费、管护的费用以及由于占用耕地导致的生产收入损失。野花带的组成会根据混合种子的应用、样带的大小、计划持续时间以及管理而变化，也会在不同国家之间存在差异。种植野花带的时候使用乡土物种很重要。样带的宽度可以从几米到24 m，一些时候会用野花斑块替代野花带，野花可以沿着农田边缘种植，也可以种在农田中心，不过通常有对最小播种总面积的要求。一些计划只持续1~2年，一些则会持续5~7年。野花带的管理措施也可以根据情况进行调整，但是通常禁止使用杀虫剂、除草剂和肥料。如果出现某些问题植物，也可以根据情况使用除草剂。

除了在保护生物多样性方面的作用，野花带对于提升乡村优良环境和景观效果方面具有重要的潜能。多功能性野花带能够为集约化的农业景观带来更多的休闲、景观及社会效应。在城郊地区，由于娱乐和野生动物栖息地缺乏，野花带与绿带（建立在耕地上的道路，有植被覆盖、适合散步，可能有其他娱乐作用）结合被用于增加生物多样性、提升景观效果及休闲娱乐作用。

在瑞典最南方的省份斯堪尼亚，野花带被用于不同功能，包括娱乐、美学和科学研究。这些野花带大多数是草和野花的混合种植带，同时也种植大量的绿道，这些种植绿道大部分用于居民散步和骑马休闲。尽管建设政策中要求绿道也要能保护和增加生物多样性，但研究结果也显示，绿道维持的蝶类、蜂类等物种的多样性远远低于野花带。由于集约型农业的景观同时也受到城市发展的压力，能够用于发展休闲娱乐或生物多样性目标的耕地相当稀缺。因此创造能够更好地服务休闲娱乐和生物多样性保护的绿道也是可取的选择。图9-9显示的是几种具有多功能绿道的设计方案。当步行者和骑行者使用相同的道路网络时，可以将植物或者野花带种植在绿道的中间，将两组人分开。用于分割绿道功能的植物带的宽度可以根据娱乐经验或者根据游客类型来确定。在这种绿色廊道中，娱乐价值和多样性都会得到加强。

二、英国农业环境保护政策中的生物多样性景观管理措施

（一）英国农业环境保护政策简介

英国农业生态环境保护政策的颁布和实施可以概括为3个主要阶段。第一阶段始于20世纪80年代晚期，其目的是应对集约化农业生产对传统景观和农作系统的威

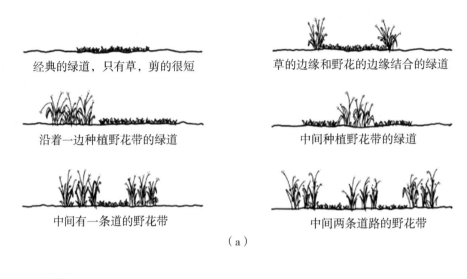

（a）

（b）

图 9-9　多功能绿道的几种设计方案

（张启宇　绘）

注：（a）为没有灌木丛的绿道；（b）为有灌木丛的绿道。

胁，保护和提高具有景观、生物多样性和文化重要性的地区和区域。这一期间主要的政策是环境敏感区政策（Environmentally Sensitive Area，ESA），主要针对一些特定的地区，如唐斯南部（the South Downs，英格兰南部和西南部的有草丘陵地），英格兰湖区（Lake Distict）。Pennine Dales 制订了一些自愿参与的环境保护计划，其目标主要是维持或恢复这些地区传统的、具有区域特色的景观要素，如干草草地（Hay Medow）、物种丰富的草原、树篱和石墙，主要强调对景观和生物多样性的保护。1987—1994 年，政策覆盖的区域不断增加，截至 1994 年总共划定了 22 个环境敏感区（ESA）。

　　第二阶段以 1994 年出台的乡村管理计划（Countryside Stewardship Scheme，CSS）为标志。这一阶段的主要目标是通过管理景观、野生生物生境、历史特征和公用通道，改善乡村的自然美学及多样性。与前一阶段不同，乡村管理计划并不局限于保护特定的景观，而是在所有的乡村实施（虽然也有所侧重）。CSS 是基于评分系统、采取自愿参与和接受的形式。CSS 的保护目标比 ESA 更为广泛，包括改善公众区域、保护历史古迹（如古代的纪念碑）以及保护景观和生物多样性。在这一阶段 ESA 主要由英国农业部或其下属机构管理执行，而 CSS 由乡村委员会管理。1994—1998 年，英国还先后出台了生境计划（Habitat Scheme）、乡村小道计划（countryside Access scheme）、高沼地计划（Moorland scheme）以及一系列小型的针对性环境保护计划。同一时期，英国还有一些支持有机管理和转换的项目，如有机帮助项目（Organic Aid Scheme）和有机农作项目（Organic Farming Scheme），主要对传统农业向有机农业转换提供资助和补贴，这些政策虽然直接目标不是保护环境，但是伴随有机农业的实施和化学农药用量的减少，也在一定程度上促进了对乡村生态环境的保护。

第三阶段主要以 2005 年英国开始实施环境管理政策（Environmental Stewardship，ES）为标志。环境管理政策整合了之前的环境敏感区政策和乡村管理技术，综合了之前两个计划的优点，并且统一由自然英格兰（Natural England）来管理执行。ES 较之前的乡村环境保护计划更具有多目标性，保护的目标包括景观、生物多样性、公共道路、历史环境、资源（水和土壤）以及气候变化。ES 分为两级：入门级管理（Entry Level Stewardship）和高级管理（Higher Level Stewardship）。此外，ES 项目也还有其对应的有机政策，分别称之为有机入门级管理政策（Organic Entry Level Stewardship）和高级管理政策（Organic Higher Level Stewardship）。ES 的入门级管理的主要特点是覆盖面广、但管理深度较浅，整个英国范围内的农民和土地管理者都可以申请，且这一政策主要涉及针对乡村范围内广泛面临的问题，如农田鸟类数量的下降、水污染的扩散以及景观和生境的片段化。

（二）英国主要农业生态环境措施举例

英国农业环境政策为农户提供了不同层次的农业保护措施，农户可以根据自身农场及可实施的状况进行选择，并根据选择的实施措施得到相应的补贴。以下是一些可供选择的管理选项，但是这些管理选项和补贴金额可能在不同年份有改动，农户需要随时咨询顾问及登录自然英格兰网站以了解最新的信息。

1. 入门级管理措施举例

入门级农业环境管理措施（表 9-1）包括一般入门级措施（ELS）及有机入门级措施（OELS），这里挑选地块间的管理措施加以介绍。

表 9-1　入门级农业管理措施举例

	可供选择的技术措施	单位	ELS 得分	OELS 得分
边界结构相关管理选项	树篱管理（树篱两侧）	100 m	22	22
	树篱管理（树篱单侧）	100 m	11	11
	高级树篱	100 m	42	42
	沟渠管理	100 m	24	24
	石墙保护和维持	100 m	15	15

（续表）

	可供选择的技术措施	单位	ELS 得分	OELS 得分
有关树木和林地的管理选项	保护耕地田间的树木	株	12	12
	保护草地上的树木	株	8	8
	维持林地的栅栏	100 m	4	4
	管理林地边缘	hm²	380	380
历史和景观结构相关管理选项	管理具有考古价值景观结构上的矮树木	hm²	120	120
	管理草地上具考古价值的结构	hm²	16	16
缓冲带和农田边界的管理选项	耕地/轮作地中 2 m 宽的缓冲带	hm²	300	400
	耕地/轮作地中 4 m 宽的缓冲带	hm²	400	500
	耕地/轮作地中 6 m 宽的缓冲带	hm²	400	500
	集约/有机草场上 2 m 宽的缓冲带	hm²	300	400
	集约/有机草场上 4 m 宽的缓冲带	hm²	400	500
	集约/有机草场上 6 m 宽的缓冲带	hm²	400	500
	改善/有机草场中水塘的缓冲带	hm²	400	500
	耕地/轮作地中水塘的缓冲带	hm²	400	500

2. 高级管理措施举例

高级管理措施见表 9-2。

表 9-2　高级管理措施举例

	可供选择的技术措施	单位	补贴（英镑）
树篱的管理选项	具有高环境价值的树篱管理（树篱两侧）	100 m	54
	具有高环境价值的树篱管理（树篱单侧）	100 m	27
林地、乔木和灌木的管理选项	在农田或集约化草地里的古老乔木	每棵树	25
	维护/恢复林下牧场和稀树草地	hm²	180
	维护/恢复林地	hm²	100
	新建/维护/恢复自然演替区和灌木	hm²	100
草地的管理选项	维护/恢复物种丰富的半自然草地	hm²	200
	新建物种丰富的半自然草地	hm²	280
	维护/恢复哺育期涉禽所需的湿草地	hm²	335

（续表）

	可供选择的技术措施	单位	补贴（英镑）
湿地的管理选项	维护具有高野生动物价值的池塘（不到100 m²）	每个池塘	90
	维护具有高野生动物价值的池塘（超过100 m²）	每个池塘	180
	新建芦苇河床	hm²	380
	维护/恢复芦苇河床	hm²	60
	新建沼泽	hm²	380
	维护/恢复沼泽	hm²	60

三、北京都市型现代农业农田基础设施建设

为推动都市型现代农业多功能发展，提高农业综合生产能力、生态景观服务能力和农村社会服务能力，北京市在京承高速公路顺义段进行了都市型现代农业农田基础设施建设。针对沟渠缺乏护坡和地表裸露，防护林存在残缺断带、结构和树种单一，林下、农田和道路边界地表裸露等现象导致的生态景观服务功能下降，开展了沟路林渠生态景观化建设，以恢复和提高生物多样性保护、面源污染阻控、生态景观效果等生态系统服务功能。主要设计和建设要点如下。

（1）在保持原有形态疏通的情况下，在干沟可能出现水流较急和转弯的地方，开展植生型防渗砌块护坡技术，构建蜂窝状水泥板或网格生态护坡，防治过度硬化；采用生态护坡技术，并结合多功能缓冲带建设，推进生态景观化渠道建设，防治面源污染（图9-10）。

图9-10　透水性排水渠采用植草砖种植缀花地被
（宇振荣　摄）

（2）改造和提升道路应维持原有道路结构，结合缓冲带建设，加大生态景观化和护坡建设，乔灌草相结合，提升道路绿化、控制可吸入颗粒物、增加景观多样性等生态景观服务功能（图9-11）。

图9-11　砂石路配置两侧灌木植物篱
（宇振荣　摄）

（3）开展不同类型农田缓冲带建设，恢复和提高农业景观生态系统服务功能（图9-12和图9-13）。

（a）　　　　　　　　　　　　　　　（b）

图9-12　不同类型农田缓冲带建设
（宇振荣　摄）
注：（a）为缓坡种植缓冲带；（b）为排水渠护坡、植物篱、缀花地被种植。

（4）推进生态景观型、生态园林型和生态经济型农田防护林建设，构建以林网为核心的生态廊道和绿色基础设施（图9-14）。

四、成都村庄生态基础设施建设

2012年，成都市在总结过去近10年新农村建设经验做法的基础上，按照城乡建设用地增减挂钩政策的要求，紧紧依托农村土地综合整治，开展新农村示范建设。按照

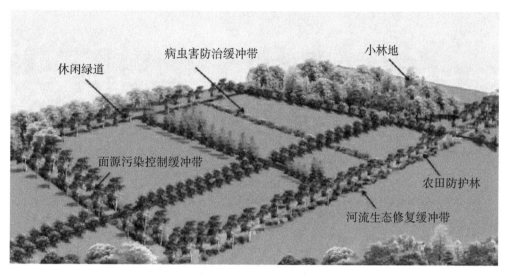

图 9-13　项目区不同缓冲带建设鸟瞰

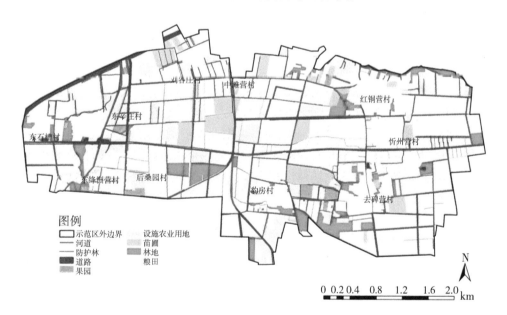

图 9-14　以林网为核心的生态廊道和绿色基础设施分布

"宜聚则聚、宜散则散"和生态、形态、文态、业态"四态合一"理念来规划和建设新农村，摸索出了一条适宜成都市新农村建设的道路。这种规划建设理念总结提升为幸福美丽新村建设模式，也即在乡村建设的过程中，加强社区庭院建设及农户屋前屋后绿色空间的保护和建设，注重保护成都平原传统的林盘，打造具有本土特色的村庄绿色基础设施，在促进村庄生物多样性保护的同时，推动村庄多功能景观建设（图 9-15）。

图 9-15 微田园风光

注：尊重农民生活习惯，房前屋后种植"小菜园""小花园""小果园"，方便生活、美化环境。

第三节 景观尺度景观规划和生态建设

一、基于生物多样性和生态系统服务的苏州生态农场景观规划

（一）背景及项目区概况

项目区位于江苏省苏州市，是我国南方水稻主产区，拥有悠久的水稻种植历史。由于地处太湖沿岸的生态敏感区，加之近年来对生态文明、绿色发展和乡村振兴政策的重视，打造"农文旅"融合的生态农业成为当地农业发展的重要方向，受到当地政府的高度重视。同时，近些年土地从农户流转到村镇集体企业使得规模化的管理和生产成为可能，这为将生物多样性融入农场建设和发展，以及通过提升生物多样性相关的生态系统服务发展绿色生产提供了良好机遇。

项目区以典型的农业景观为主，距太湖最短直线距离仅约 560 m。农场区域总面积 42 300 m²。区域内共记录植物物种 69 种，隶属 28 科 57 属。其中，除种植作物外，草本优势物种为狗尾草、马唐、铁苋菜等常见农田杂草，乔灌木以人工种植的石楠和香樟为主。发现入侵物种大狼把草、反枝苋等 9 种，多为南方广泛分布的外来入侵杂草。

在进行生态农场设计之前，项目区在生物多样性的保护上存在以下不足。

（1）品种相对单一。水稻种植以当地常规品种南粳 46 号为主，没有引入其他品种或作物进行多样化种植以增加物种或遗传多样性。

（2）植被覆盖不足，部分土地裸露。该区域以种植水稻和芡实为主，农田在冬季基本处于撂荒状态，造成了土地资源的浪费和用地养地的不协调。且河岸植被覆盖度不足，沟渠边坡植被覆盖度低，部分土壤裸露，不利于生物多样性维持和污染物过滤。

（3）农田边界半自然生境丧失。农田边界植被以农户零散种植的蔬菜为主，且农药和化肥过量施用，存在传统集约化耕种常见的面源污染风险。

（4）基础设施过度硬化。农场内以水泥路为主，快速通过的车辆造成青蛙等活动

性较大的有益生物在通过道路时死亡；此外，农场进水沟渠已全部硬化处理，不利于水生生物生存和水质改善。

（二）设计和建设目标

受当地企业委托，计划打造"农文旅"融合的水稻生态农场，建设新型生态农场的示范基地，具体设计和建设目标如下。

（1）提高农业生物多样性。贯彻有机生产理念，践行生物多样性保护理念，提升以农作物品种为主的遗传多样性和以害虫天敌、传粉昆虫、乡土植物为主的物种多样性，提升生态系统和景观多样性，支持更丰富的害虫控制、自然授粉、文化美学等生态景观服务功能，构建结构复杂化、格局网络化、功能多样化的生态农业景观。

（2）提高粮食安全生产的稳定性。将农场建设成为有机水稻的种植示范基地，成为专业前沿的有机水稻示范品牌，最终打造出高品质的有机水稻品牌，同时成为展示农业新成果、新技术的平台和窗口。

（3）保护田园景观，维护乡情归属。以竹竿栅栏整理边地，为当地居民预留社区菜园，尊重乡民土地情结和生活习惯，提高作物多样性，改善土地养分循环，保护乡村特色景观。

（4）打造多功能农业景观，推动一二三产业融合发展。挖掘农业生物多样性的生态效益与经济效益，实施生态景观化建设，提升以休闲文化为主的生态服务功能，建设多功能化的生态农业科普教育场所。

（三）规划原则

（1）可持续生产的原则。过量的依赖外界化学投入的生产模式不仅从资源的角度是不可持续的，而且从环境的角度来说，过量的有毒有害物质的使用也是不持续的。可持续的生产应该尽可能地减少系统的投入，改善土壤的养分资源状况，减少系统对外界的污染物输出。

（2）生物多样性原则。生物多样性是生态系统稳定、生态服务和可持续发展的基础，在人类影响的景观中，应当尽可能地保护和维持生物多样性，模拟自然生态系统中生物构成和生物间相互作用，通过发挥生物自身生态服务功能、维持复杂的生物群落结构及其相互作用来满足系统对养分、病虫害控制等需要，形成良好的内部调控和循环过程，保障系统各要素之间的平衡和系统的稳定性，从而实现可持续发展的目的。

（3）景观时空异质性原则。景观异质性是指在一个景观系统中景观要素类型、组合及属性在空间或时间上的变异性，包括时间异质性和空间异质性，也是生物多样性的重要体现之一。景观要素的空间和时间格局状况对生态系统的水土、生物、养分等有重要调控作用，通过对景观要素时空格局的调控和优化，可以优化系统的功能和稳定性。且异质化景观可以有效保证系统功能的稳定性、多样性。

（4）多功能性原则。项目的实施不仅需要改善项目区的生态环境质量，降低对外界环境的污染，提高系统的可持续性和稳定性，推动可持续发展和粮食安全生产，还需要能够有效提高项目区景观美学功能，推动项目区的休闲观光旅游；同时，项目区生态理念和技术的应用，也要能够推动项目区作为生态农场建设模板的作用，更好地发挥教育示范功能。

（5）和谐发展的原则。项目区的建设和发展不仅要考虑人与自然的和谐发展，采用可持续的生产管理方式，平衡人类需求和自然保护的关系，也要考虑当地农民的土地情结、生产生活需要和生态环境保护的协同，构建和谐的生产生活空间。

（四）设计方案内容

在上述建设目标和原则的指导下，在农场的设计中，从水稻农场与周围景观关系的构建、水稻种植景观、有益生物栖息地保护和重建以及其他建设工程几个方面开展了设计（图9-16）。

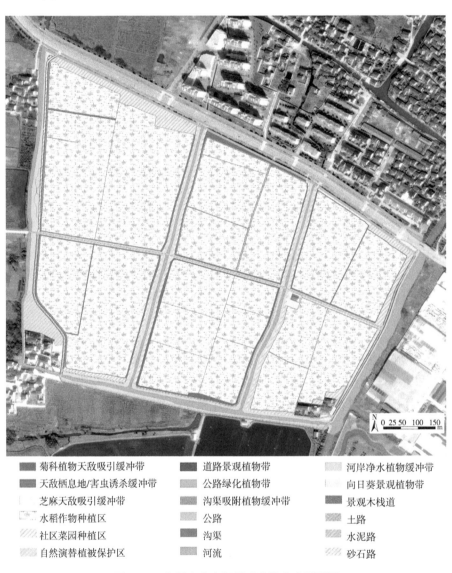

菊科植物天敌吸引缓冲带	道路景观植物带	河岸净水植物缓冲带
天敌栖息地/害虫诱杀缓冲带	公路绿化植物带	向日葵景观植物带
芝麻天敌吸引缓冲带	沟渠吸附植物缓冲带	景观木栈道
水稻作物种植区	公路	土路
社区菜园种植区	沟渠	水泥路
自然演替植被保护区	河流	砂石路

图9-16 水稻生态农场景观建设方案平面图

1. 水稻农场与周围景观关系的构建

为了与周围环境相协调，本着功能性、防控污染、生产和生态协调的原则，在项目区西侧地块河岸与沟渠处设计了水质净化工程（表9-3）。该工程通过建设不同形式的缓冲带，在吸附农田流失污染物、提高水网生态效益的同时，也可为有益生物提供栖息地，兼顾保护生物多样性、提升景观美学效果和休闲游憩功能。具体设计的工程内容如下。

表9-3 项目区水质净化工程内容

类型	组成	功能
河岸净水植物缓冲带	绣线菊、紫花苜蓿、千屈菜、美人蕉等草本植物与原有乔木、灌木共同组成，形成乔木、灌木、草本植物结合的植物群落	强化净水能力，兼顾护坡，减少水土流失
沟渠吸附植物缓冲带	紫花苜蓿	利用紫花苜蓿根茎发达，能有效吸附氮元素且是多年生草本植物的特性，在排水沟边界种植以净化农田排水沟水质、防控农业面源污染
植物浮板	唐菖蒲或香蒲	利用其对氮、磷元素有较好吸附效果的特性，有效改善水质

2. 水稻种植景观设计

（1）水稻品种搭配。根据作物多样化的原则，通过水稻不同品种的间作，达到防治水稻病害、减少或不使用农药的效果。在项目区设计的水稻种植区域，依据专家和农户访谈获取的信息，选择当地主栽、农户接受度较高的水稻品种南粳46，该品种米质香软，但株高较低，易染稻瘟病。为降低稻瘟病暴发风险，设计选择与另一当地常规水稻品种常优粳6号间作。常优粳6号对稻瘟病有一定抗性且两个水稻品种生育期基本相同，播种和收获时间类似。这两个品种间作可以有效防控稻瘟病的发生。

（2）冬季轮作绿肥建设工程。根据时空异质性和多功能性原则，为解决水稻生产过程中轮作体系不完善和种植制度单一的问题，同时增加土壤有机质并为天敌提供越冬场所，在水稻收获后，种植冬季生态景观绿肥作物十字花科的油菜和豆科的紫云英。这样既可以在早春作为景观植物起到提升景观美学效果的作用，也可以随后还田，作为绿肥提升土壤肥力，减少稻田对化肥投入的需求。

3. 有益生物栖息地保护和重建

有益生物栖息地的设计主要利用原有的边角地、农田边界区域，占设计区域（除公路外）总面积约10.5%，达到生态用地设计标准。在注重保护生物多样性的同时，也通过增加植物多样性，重建生态系统的食物网，促进害虫防治，并兼顾景观美学和休闲观光功能的提升。

（1）天敌吸引植物和害虫诱杀植物缓冲带。为提高农场害虫生物防控能力，降低生产过程中对于杀虫剂的依赖性，依据不同生态防控原理，设计以下植物缓冲带（表9-4、图9-17和图9-18）。

表 9-4　项目区植物缓冲带建设内容

类型	组成	功能
天敌吸引植物缓冲带	向日葵、芝麻和波斯菊为主的菊科植物	在道路边界、沟渠边界为主的边角土地种植开花植物，为天敌生物提供食物，吸引天敌聚集，增加田间天敌种群数量
天敌栖息地植物带	黑麦草、高羊茅	在田埂种植丛生型草本植物，为蜘蛛、步甲等易受翻耕、农药使用等农事操作影响的天敌生物提供栖息地和越冬场所
害虫诱杀植物带	香根草	在田埂上种植香根草，利用其引诱水稻害虫二化螟在其植株上集中产卵，而幼虫在香根草上无法完成生活史的特性，实现对于稻田害虫二化螟的诱杀

图 9-17　道路旁天敌吸引植物缓冲带

（满吉勇　摄）

图 9-18　田埂天敌栖息地植物带

（满吉勇　摄）

（2）自然演替植被保护区。农场东南部有一片荒草地，自然演替有当地常见的农田植被物种，同时也维持了常见的农田节肢动物。在农场的设计中，保持了本地块的原状，设计不加任何人工干扰，以利于本土植被和动物群落的演替和形成，推动本土生物群落的保护。

（3）有益生物保护工程。为增加稻田生态系统对有益生物的保护，为有益生物建设人工栖息地和生物通道，设计建设有益生物保护工程，如表 9-5 所示。

表 9-5　有益生物保护工程

类型	组成	功能
传粉蜂保护工程	在项目区中央水泥路两侧安置 3 处人工蜂巢	吸引野生独居蜂到农田附近定居，促进对项目区开花植物多样性的维持
青蛙、鸟类、蝙蝠保护工程	在主要道路边树枝上，设计人工鸟巢安置点 4 个；在东西两侧河边乔木、灌木覆盖率较高的区域设计 3 个蝙蝠巢穴；在东西两侧水泥路设计 4 处青蛙通道	降低农事操作对青蛙、鸟类和蝙蝠的干扰，提高虫害防控能力

4. 其他建设工程

（1）休闲、教育、文化提升工程。在项目区天敌吸引、天敌栖息地等缓冲带项目建设的基础上，增加向日葵景观植物带和以开花草本植物为主的道路景观植物带，设计车行观光路线和步行观光线各 2 条，贯穿主要景点，以提升项目区景观效果，并方便农场开展以农事体验为主的休闲观光活动和以介绍生态农场设计理念及生物多样性保护措施为主的科普教育活动，提高生态农场综合效益。

（2）特色"社区菜园"景观设计。为协调生态农场建设与周围居民的关系，满足当地居民对土地的眷恋情结，同时避免随意开垦种植带来的负面影响，将农场中不适宜种植水稻的农田边界区域经设计后部分交由当地农户以"社区菜园"的形式种植。该设计为农户提供多样性的、非集约化的作物种植模式。菜园种植自愿参与且不收取地租，但要求农户按照农场相关施肥和用药要求进行生态化管护。

（3）乡土半自然要素保留工程。鉴于项目区少量保留的土路和砂石路是传统的乡土景观，体现当地的乡村特色，同时在生态功能方面也优于完全硬质铺装的道路，为能够更好地维持生物多样性、吸附农田污染物、利于雨水的截留和下渗，设计对土路和砂石路进行保留，不作额外的建设。

二、官厅湖的生态治理

（一）背　景

官厅水库位于北京市西北部，总库容量 41.6 亿 m^3，水库占地面积 280 km^2，流域总面积为 46 768 km^2，是北京市重要的供水水源地之一，同时具有调蓄径流、防洪减灾的作用。流域内有洋河、桑干河两大支流，洋河主要由东洋河、西洋河、南洋河、洪塘河、清水河等支流汇合而成，流经河北省怀安、万全、宣化、怀来；桑干河与主要支流壶流河在石匣里汇流，流经河北省阳原、蔚县、宣化、涿鹿、怀来。官厅水库流域同时具有较高的生物多样性保护价值，区域内动物种类繁多，其中世界自然保护联盟物种名录收录的极危、濒危、易危物种 8 种，国家一级保护动物 5 种，国家二级保护动物 26 种。库区流域也是东亚—澳大利西亚鸟类迁飞区的重要鸟类栖息地，成为候鸟迁徙路上的"加油站"。

20 世纪 70 年代，由于水库上游工业污水的排放，水库受到污染，引起国务院的重视，并陆续开展污染治理工作，成为我国环境保护工作的起步。80 年代以后，流域源头北部山区采石造成山体破损和水土流失，永定河源头周边村庄养殖及污水直排污染水体，水库滩区被大量无序开垦为玉米地致使化肥和农药施用量大，造成严重的面源污染，库区岸带缓冲带生态系统退化，不完整、连通性差、生境破碎等问题持续存在。1997 年，由于水体污染问题未得到彻底解决，官厅水库退出饮用水源地体系。近年，随着京津冀协同发展战略的实施，永定河综合治理和生态修复项目联手启动了一连串工程，开展了官厅水库流域山水林田湖草生态保护修复，为官厅水库流域生态恢复带来了机遇。

（二）治理措施

1. 水库上游的污染物的源头控制与治理

从系统观点出发，对水库流域内的污染源进行综合整治。一是分别对餐饮、畜牧养殖等违规污染点集中治理，依法拆除跑马场、鱼馆、农家院等，清理垃圾 15 万 t，清退网箱养鱼 30 多家，关停了 30 个威胁较大的山上采石场，对环湖房地产项目进行管控，拆、腾、退出建设用地。二是矿山修复治理。对南北山责任主体灭失矿山及关闭矿山进行植被恢复，或者全面按照绿色矿山标准进行生产建设。

2. 水源区生态修复

开展植被修复和河泡连通工程，在官厅水库北岸、永定河入库口区域 3 万亩（1 亩≈667 m²）范围内，栽培苜蓿等地被植物 1 万亩，栽植乔灌木 900 多株，构建湿地水泡 500 多亩，构建以水源涵养为主的乔—灌—草—湿复合生态系统，提升水源涵养功能。进行河流生境连通性及自然形态恢复。疏通洋河、桑干河和永定河河道，恢复河流顺畅的流通性。采用生态工程手段，运用纵向设计和微地形改造技术，恢复河流的自然形态，恢复过程中注重河道空间的多样性和河道结构空间的异质性，形成自然河流的蜿蜒形态、深潭与浅滩兼具的格局。

3. 水库滩区农业结构调整

对官厅水库滩区 10 万亩农药化肥施用量大的玉米地等，从农民手中流转集中，形成以葡萄种苗培育、种植、酿酒一体化的经营模式，实现产业结构优化调整升级，既提高经济收入，又减少化肥施用量，极大地降低了流域内面源污染。

4. 环库缓冲带建设

建设环库 30~100 m 缓冲带共 20 km²，缓冲带由退耕、退渔等环湿地和乔灌草植被带等构成，有效净化了入库地表径流。选择狗芽根、盐地碱蓬、地肤、狗尾草等草本植物群落，以多年生禾草芦苇为建群种，结合香蒲、蔗草等轻盐渍化植物构建湿生草本植物群落，种植紫穗槐、紫藤等耐湿灌木，乔木则采用沙柳、栾树、白桦等本地树种，避免单一树种。

5. 湖滨区生态修复

在水库滨带区，充分利用现有的缓坡和浅水区，经过人工微地形调整，形成更多适宜不同类型水鸟栖息的生境。选择水流较缓、水位稳定的区域，进行水生植物和湿生植物的成片恢复，形成水面和植被交互区域。同时在已被破坏的区域，恢复滩涂湿地，构造适宜多种水鸟栖息、觅食和繁殖的不同类型的栖息地，为鸟类另辟适宜生境。在植物带构建的工程中，有意识地恢复球茎类植物和浆果类植物，为鸟类提供食物；在洋河、桑干河汇合为永定河的区域，对现有宽阔河湾进行地形整理，扩大水域面积，形成雁鸭类栖息地。在重点水质控制区设置人工浮岛，增加鸟类落脚点；对现状芦苇和香蒲湿地进行恢复和质量提升，将已开挖的坑塘分别恢复成具有一定水面的雁鸭类和鹭类栖息地；在靠近水库岸边的滩涂区域进行植被和水鸟栖息地恢复。

（三）治理成效

通过一系列治理，官厅湖流域每年减少化肥使用量 2 892.4 t，减少农药使用量 16.45 t，减少 COD 排放量 347.46 t，减少 NH_3-N 排放量 69.49 t，河湖水系面源污染改善，生态系统净化能力增强，水安全提升，官厅水库水质得到持续改善。2019 年断面达到 Ⅰ 类水质标准目标要求。同时，生态完整性和生物多样性提高。库区植被系统、湿地系统、河泡系统连通性极大加强，生态缓冲过滤带功能显现，生态完整性增强。修复后植物种类达 318 种，出现成片的轮叶狐尾藻和金鱼草生长。动物种类达 252 种，其中鸟类 191 种，遗鸥、凤头䴙䴘、灰鹤、赤麻鸭、天鹅等野生鸟类的种群数量不断增加，东方白鹳等珍稀鸟类在迁飞过程中也在此停留。此外，在官厅湖生态得到改善的同时，也带来区域经济效益的增加，库区旅游业收入持续增加，2019 年水库所在的怀来县旅游收入达 23 亿元，同比增长 12%。

三、泛欧洲生态网络建设

（一）背 景

由于集约化农业的快速发展，欧洲各国政府注意到，伴随集约化农业导致的景观变化，生物多样性总体也呈现下降趋势。造成这种局面的原因是集约化农业带来的自然或半自然栖息地的减少以及许多大面积的地区由于农业的发展被分割成越来越孤立的岛屿，一些国家的湿地面积已经下降了一半以下，地中海森林只占原始面积的 10%，沿海和高山地区受到威胁，草地、沼泽和森林的面积也在下降。

为了有效地履行生物多样性公约，欧盟委员会主持制订了泛欧生态网络（The Pan-European Ecological Network，PEEN）计划，推动欧洲地区有效地保护生物多样性。泛欧生态网络通过 3 个子项目实施完成，中欧和东欧项目于 2002 年完成，东南欧项目于 2006 年完成，西欧项目也于 2006 年完成。

（二）泛欧洲生态网络的组成

泛欧生态网络由 3 个功能互补、相辅相成部分组成：①核心区，具有最优的数量和质量空间；②缓冲区，用以保护核心区域和廊道免受潜在的外部破坏性影响；③确保核心区之间具有适合的相互连通的廊道。

1. 核心区和缓冲区

核心区中重要的代表是欧洲自然和半自然生境类型及这些栖息地和物种种群赖以生存的景观。缓冲区目的是保护泛欧洲生态网络的核心区域和走廊免受潜在的破坏性外部因素的影响。缓冲区通常会为其他用途的土地提供相当广阔的用地范围，而缓冲区本身可能会提供重要的保育效益。

除了 Natura 2000 和翡翠网络（Emerald Networks）之外，整个欧洲也有其他几个保护区网络，如拉姆萨尔遗址和生物圈保护区网络。每一个网络中都有特定的背景和目的，包括保护特殊遗产地、保护具有高生态和功能价值的地点，或致力于科学研究和可持续发展的地点。它们都有助于更好地保护整个欧洲的自然栖息地。此外，欧盟各国多年来都建立了自己的保护区，在整个欧洲，有近 800 种不同的保护类型，对应于 75 000 多个国家级保护区。

2. 廊　道

旨在确保物种种群有足够的机会进行扩散、迁移和遗传交流，广义的廊道指能够联系物种的栖息地资源、不同于周围基质的景观结构。欧盟重视通过创建生态走廊对自然栖息地进行破碎化整理来恢复生物多样性，具体的措施有恢复自然的水流运动，通过生态桥梁恢复动物在高速公路上的流动性，保护粗放管理的农业系统并在集约化单一作物景观中重新种植树篱等。

可持续农林业廊道：包括通过农林业实践维护或建立生态走廊，通过树篱、树木繁茂的小径和溪流或"农田的草地边缘"等线性元素，使得野生动物在核心保护区之间觅食、繁殖和散布成为可能。可持续农业政策建立廊道，是大多数欧洲国家在农业政策改革中自然和景观保护的重要措施。在丹麦，种植和维护树篱几乎完全是传统活动。绿篱种植补贴确保可以建立长的线性景观要素（大约 20 km），并且种植过程是集体组织的。在英国，种植树篱或改善现有树篱的质量均可获得补贴，种植多样化树种并使用特殊的绿篱修剪技术也可以获得补贴，这些措施有助于保护和恢复更大范围内生物之间的联系。目前欧盟的农业环境政策鼓励在农业环境中引入更多的生物廊道。

交通基础设施和生态设施：野生动物和交通基础设施之间经常发生冲突。最突出的问题之一是动物和车辆之间发生碰撞的风险。针对这一问题，最早采取的措施是通过将运输基础设施限制在动物（尤其是大型哺乳动物物种）无法进入的区域来降低这种风险。然而，这降低了野生动物的流动性，同时使动物无法克服高速公路或铁路的障碍。栖息地的丧失是公路和铁路运输基础设施对自然环境的主要直接影响之一。欧洲提出了如下的应对之策。

（1）开发野生动物廊道。当保护环境的需要变得突出时，开始出现了野生动物通道。野生动物通道的种类各不相同，其大小和有效性程度各不相同。如今，欧洲国家在高速公路上建造宽达 100 m 的"生态桥梁"，一些市政当局会在夜间封锁当地道路，以便两栖动物等安全通过。一些国家引入了环境碎片整理计划，旨在通过连接通信路线来恢复生物连续体。

（2）水生栖息地的破碎化修复。运河和水坝等线性交通基础设施对水生栖息地的破碎化具有不同类型的影响，在河流廊道内和不同的水生环境之间造成了不连续性，甚至还可能导致水生环境的消失或改变。水坝和水闸是洄游鱼类逆流而上的主要障碍，这种情况下安装允许鱼类通过的设施，通常称为鱼道，可减少或抵消此类洄游障碍。

（3）使用线性基础设施建立走廊。公路和铁路运输基础设施有时可以在野生动植物迁徙中发挥积极作用。虽然新的基础设施对环境有负面影响，但对公路、铁路和河流交通的影响进行适当管理有助于在某些方面促进生物多样性。欧盟鼓励在边缘、中央保留地、堤防和沟渠采取生态的方法维持，使得其成为可以容纳野生动植物群的重要区域；鼓励在高速公路和铁路路堤附近的绿地采取生态管理模式，如避免使用除草剂和大范围割草、在许多动物繁殖的春季禁止进行灌木清除等，使得道路绿地也成为野生动植物的迁移廊道。

主要参考文献

曹虎，2013. 山东滨州灌溉渠道及其环境景观设计研究——以张肖堂东干渠及其环境景观设计为例 [D]. 苏州：苏州大学.

曹虎，魏胜林，唐剑，等，2012. 农业灌溉渠道水体生态修复与景观设计的思考 [J]. 安徽农业科学 (26)：88-89.

陈李林，林胜，尤民生，等，2011. 间作牧草对茶园螨类群落多样性的影响 [J]. 生物多样性，19 (3)：353-362，399-400.

陈欣，唐建军，王兆骞，1999. 农业活动对生物多样性的影响 [J]. 生物多样性，7 (3)：234-239.

陈又清，李巧，王思铭，2009. 紫胶林—农田复合生态系统地表甲虫多样性——以云南绿春为例 [J]. 昆虫学报，52 (12)：1319-1327.

戴漂漂，张旭珠，肖晨子，等，2015. 农业景观害虫控制生境管理及植物配置方法 [J]. 中国生态农业学报 (1)：9-19.

单宏年，2008. 农林复合经营的生态效益研究 [J]. 现代农业科技 (6)：203-204.

董艳，董坤，汤利，等，2013. 小麦蚕豆间作对蚕豆根际微生物群落功能多样性的影响及其与蚕豆枯萎病发生的关系 [J]. 生态学报，33 (23)：7445-7454.

方松林，2017. 不同园林植物对土壤重金属的吸收及修复效应 [J]. 江苏农业科学，45 (14)：210-214，222.

冯伟，潘根兴，强胜，等，2006. 长期不同施肥方式对稻油轮作田土壤杂草种子库多样性的影响 [J]. 生物多样性，14 (6)：461-469.

傅伯杰，2021. 国土空间生态修复亟待把握的几个要点 [J]. 中国科学院院刊，36 (1)：64-69.

傅伯杰，陈利顶，马克明，等，2006. 景观生态学原理及其应用 [M]. 北京：科学出版社.

傅伯杰，陈利顶，马克明，等，2011. 景观生态学原理及其应用 [M]. 2 版. 北京：科学出版社.

蹇述莲，李书鑫，刘胜群，等，2022. 覆盖作物及其作用的研究进展 [J]. 作物学报，48 (1)：1-14.

蒋志刚，马克平，韩兴国，1997. 保护生物学 [J]. 杭州：浙江科学技术出版社.

冷平生，2011. 园林生态学 [M]. 2 版. 北京：中国农业出版社.

李虹，黄文，武春媛，等，2017. 环境友好型跨年度轮作及香蕉—花生间作对土壤微生物多样性提升效果 [J]. 现代农业科技 (20)：64-65，67.

李慧玲，郭剑雄，张辉，等，2016. 茶园间作不同绿肥对节肢动物群落结构和多样性的影响［J］. 应用昆虫学报，53（3）：545-553.

李昆，2015. 两类特征河流主要修复措施的生态效应研究［D］. 长春：东北师范大学.

李阔，许吟隆，2017. 适应气候变化的中国农业种植结构调整研究［J］. 中国农业科技导报，19（1）：8-17.

李黎，吕植，2019. 土地多重效益与生物多样性保护补偿［J］. 中国国土资源经济，32（7）：12-17.

李隆，2016. 间套作强化农田生态系统服务功能的研究进展与应用展望［J］. 中国生态农业学报（中英文），24（4）：403-415.

李青梅，张玲玲，刘红梅，等，2020. 覆盖作物多样性对猕猴桃园土壤微生物群落功能的影响［J］. 农业环境科学学报，39：351-359.

李小飞，韩迎春，王国平，等，2020. 棉田间套复合体系提升生态系统服务功能研究进展［J］. 棉花学报，32（5）：11.

李晓文，胡远满，肖笃宁，1998. 景观生态学与生物多样性保护［J］. 生态学报，19（3）：399-407.

李炎，2006. 间套作种植体系对地下蚯蚓生物多样性的影响［D］. 北京：中国农业大学.

李正跃，M. A. 阿尔蒂尔瑞，等，2009. 生物多样性与害虫综合治理［M］. 北京：科学出版社.

林勇，樊景凤，温泉，等，2016. 生态红线划分的理论和技术［J］. 生态学报，36（5）：1244-1252.

刘广勤，贾永霞，赵金元，等，2009. 果园覆盖作物鼠茅的生物学特性及国内外研究进展［J］. 落叶果树，41（4）：11-15.

刘晓冰，宋春雨，STEPHEN J H，等，2002. 覆盖作物的生态效应［J］. 应用生态学报（3）：365-368.

娄安如，1994. 生物多样性与我国的农林业复合经营［J］. 生态农业研究（4）：16-19.

卢宝荣，朱有勇，王云月，2002. 农作物遗传多样性农家保护的现状及前景［J］. 生物多样性（4）：409-415.

卢志兴，李可力，张念念，等，2016. 紫胶玉米混农林模式对地表蚂蚁多样性及功能群的影响［J］. 中国生态农业学报，24（1）：81-89.

路姗姗，许景伟，李传荣，等，2009. 农村庭院绿化模式的环境效应及其综合评价研究［J］. 中国农学通报，25（9）：78-82.

骆世明，2010. 农业生物多样性利用的原理与技术［M］. 北京：化学工业出版社.

马广仁，2017. 国家湿地公园湿地修复技术指南［M］. 北京：中国环境出版社.

潘丽娟，张慧，刘爱利，2015. 重庆市道路网络影响景观破碎化的阈值分析［J］. 生态科学，34（5）：45-51.

潘鹏亮，2016. 增加作物多样性对病虫害和天敌发生的影响［D］. 北京：中国农业大学.

彭萍，李品武，侯渝嘉，等，2006. 不同生态茶园昆虫群落多样性研究［J］. 植物保护（4）：67-70.

秦伯强，2007. 湖泊生态恢复的基本原理与实现［J］. 生态学报，7（11）：4848-4858.

沈君辉，聂勤，黄得润，等，2007. 作物混植和间作控制病虫害研究的新进展［J］. 植物保护学报，34（2）：209-216.

生态环境部，2019. 中国生物多样性保护行动计划（2011—2030）［M］. 北京：中国环境出版社.

宋备舟，王美超，孔云，等，2010. 梨园芳香植物间作区节肢动物群落的结构特征［J］. 中国农业科学，43（4）：769-779.

苏本营，陈圣宾，李永庚，等，2013. 间套作种植提升农田生态系统服务功能［J］. 生态学报，33（14）：4505-4514.

孙雁，周天富，王云月，等，2006. 辣椒玉米间作对病害的控制作用及其增产效应［J］. 园艺学报，33（5）：995-1000.

覃潇敏，郑毅，汤利，等，2015. 施氮对玉米/马铃薯间作根际土壤酶活性和硝化势的影响［J］. 云南农业大学学报（自然科学），30（6）：886-894.

田罡铭，2021. 不同作物填闲对连作辣椒产量及土壤生态环境的影响［D］. 哈尔滨：东北农业大学.

田军华，曾敏，杨勇，等，2007. 放射性核素污染土壤的植物修复［J］. 四川环境，26（5）：93-96.

田晴，李敏，吴凤芝，2018. 基于高通量测序的不同填闲作物对黄瓜连作土壤微生物群落结构的影响［J］. 中国蔬菜（10）：60-68.

田耀加，梁广文，曾玲，等，2012. 间作对甜玉米田主要害虫与天敌动态的影响［J］. 植物保护学报，39（1）：1-6.

田永强，高丽红，2012. 填闲作物阻控设施菜田土壤功能衰退研究进展［J］. 中国蔬菜（18）：26-35.

王晶晶，李娜，张身嗣，2017. 覆盖作物白三叶对蓝莓园杂草的生物防除效果［J］. 北方园艺（3）：138-140.

王晶晶，李正跃，陈斌，2009. 作物间作套种多样性控虫增产机制的研究概述［M］//云南省昆虫学会2009年年会论文集. 311-320.

王军，傅伯杰，陈利顶，1999. 景观生态规划的原理和方法［J］. 资源科学，21（2）：71-76.

王俊，薄晶晶，付鑫，2018. 填闲种植及其在黄土高原旱作农业区的可行性分析［J］. 生态学报，38（14）：5244-5254.

王俊，刘文清，2020. 旱作农田绿肥填闲种植系统中的生态权衡问题［J］. 西北大学学报（自然科学版），50（5）：695-702.

王昆，2018. 基于适宜性评价的生产—生活—生态（三生）空间划定研究［D］. 杭州：浙江大学.

王明亮，刘惠芬，王丽丽，等，2020. 覆盖作物对茶园节肢动物群落多样性影响［J］. 农业资源与环境学报，37（3）：326-331.

王绍清，1995. 莲套稻的效益评价及栽培技术［J］. 江西农业科技（5）：17-18.

王万磊，2008. 麦田生物多样性对麦蚜的控制效应［D］. 泰安：山东农业大学.

威廉. M. 马什，2006. 景观规划的环境学途径［M］. 朱强，黄丽玲，俞孔坚，等，译. 北京：中国建筑工业出版社.

魏伟，张睿，2019. 基于主体功能区、国土空间规划、三生空间的国土空间优化路径探索［J］. 城市建筑，16（15）：45-51.

温平，岳春红，徐万苏，等，2017. 混农林业对鸟类多样性的影响——以四川理县甘家堡为例［J］. 四川林业科技，38（5）：136-140.

邬建国，2007. 景观生态学——格局、过程、尺度域等级［M］. 2版. 北京：高等教育出版社.

吴次芳，等，2019. 国土空间生态修复［M］. 北京：地质出版社.

吴凤芝，王学征，2007. 设施黄瓜连作和轮作中土壤微生物群落多样性的变化及其与产量品质的关系［J］. 中国农业科学，40（10）：2274-2280.

吴玉红，蔡青年，林超文，等，2009. 地埂植物篱对大型土壤动物多样性的影响［J］. 生态学报，29（10）：5320-5329.

席亚东，向运佳，吴婕，等，2015. 间套作对辣椒炭疽病、花生叶斑病的影响［J］. 西南农业学报，28（1）：150-154.

肖笃宁，李秀珍，高峻，2003. 景观生态学［M］. 北京：科学出版社.

肖笃宁，李秀珍，高峻，等，2010. 景观生态学［M］. 2版. 北京：科学出版社.

肖舒，2017. 三种植物对锰尾矿污染土壤修复的盆栽试验［D］. 长沙：中南林业科技大学.

肖武，侯丽，岳文泽，2022. 全域土地综合整治的内涵、困局与对策［J］. 中国土地（7）：12-15.

徐福荣，汤翠凤，余腾琼，等，2010. 中国云南元阳哈尼梯田种植的稻作品种多样性［J］. 生态学报，30（12）：3346-3357.

许勇，2009. 野花组合在园林中的应用［J］. 现代农业科技，23：241-246.

杨非，王建清，张亚平，等，2018. 农田排水河道的生态修复工程设计与实际效果［J］. 中国给水排水，34（18）：105-109.

杨进成，刘坚坚，安正云，等，2009. 小麦蚕豆间作控制病虫害与增产效应分析［J］. 云南农业大学学报，24（3）：340-348.

杨英，赵彦琦，田采霞，2013. 铝厂附近农田土壤氟污染现状及防治措施研究［J］. 环境科学与管理，38（5）：75-78.

于潇雨，卢志兴，李巧，等，2019. 咖啡种植模式对蚂蚁多样性的影响［J］. 生态与农村环境学报，35（12）：1601-1609.

于晓章，Trapp Stefan，2004. 氰化物污染的植物修复可行性研究（英文）[J]. 生态科学（2）：97-100.

俞婧，2010. 土地整理中路沟渠生态缓冲精细型设计 [D]. 杭州：浙江大学.

俞孔坚，李迪华，段铁武，1998. 生物多样性保护的景观规划途径 [J]. 生物多样性，6（3）：205-212.

宇振荣，李波，2017. 生态景观建设理论和技术 [M]. 北京：中国环境出版社.

曾辉，陈利顶，丁圣彦，2017. 景观生态学 [M]. 北京：高等教育出版社.

张阁，张晋石，2018. 德国生态网络构建方法及多层次规划研究 [J]. 风景园林，4：85-91.

张庆费，郑思俊，田旗，2010. 植物修复环境新发现的土壤修复植物——东南景天 [J]. 园林（3）：71.

张润志，梁宏斌，田长彦，等，1999. 利用棉田边缘苜蓿带控制棉蚜的生物学机理 [J]. 科学通报，44（20）：2175-2178.

张鑫，王艳辉，刘云慧，等，2015. 害虫生物防治的景观调节途径：原理与方法 [J]. 生态与农村环境学报（5）：617-624.

张志罡，孙继英，付秀芹，等，2007. 稻田不同种植模式对蜘蛛群落的影响 [J]. 中国植保导刊，27（6）：4.

赵淑清，方精云，雷光春，2000. 确定大尺度生物多样性优先保护的一种方法 [J]. 生物多样性，8（4）：435-440.

赵羿，李月辉，2001. 实用景观生态学 [M]. 北京：科学出版社.

郑亚强，杜广祖，李亦菲，等，2018. 间作甘蔗对玉米根际微生物功能多样性的影响 [J]. 生态学杂志，37（7）：2013-2019.

中国生态学会，2018. 2016—2017 景观生态学学科发展报告 [M]. 北京：中国科学技术出版社.

周海波，陈巨莲，程登发，等，2009. 小麦间作豌豆对麦长管蚜及其主要天敌种群动态的影响 [J]. 昆虫学报，52（7）：775-782.

周可金，黄义德，武立权，2003. 南方丘陵山区茶稻间作复合系统生态效应的研究 [J]. 安徽农业大学学报，30（4）：382-385.

朱强，俞孔坚，李迪华，2005. 景观规划中的生态廊道宽度 [J]. 生态学报，25（9）：2406-2412.

朱有勇，2007. 遗传多样性与作物病害持续控制 [M]. 北京：科学出版社.

朱有勇，2012. 农业生物多样性控制作物病虫害的效应原理与方法 [M]. 北京：中国农业大学出版社.

ABRAHAM CT, SINGH SP, 1984. Weed management in sorghum legume intercropping systems [J]. Journal of Agricultural Science, 103：103-115.

AHERN J, 1995. Greenways as a Planning Strategy [J]. Landscape and Urban Planning, 33：131-155.

ALTIERI MA, DOLL JD, 1978. The Potential of Allelopathy as a Tool for Weed Management in Crop Fields [J]. PANS, 24 (4): 495-502.

ANDOW DA, 1991. Vegetational diversity and arthropod population response [J]. Annual Review of Entomology, 36 (1): 561-586.

BALIDDAWA CW, 1985. Plant species diversity and crop pest control. An analytical review [J]. International Journal of Tropical Insect Science, 6: 479-487.

BARR CJ, BRITT CP, SPARKS TH, et al., 1995. Hedgerow management and wildlife: A review of research on the effects of hedgerow management and adjacent land on biodiversity [M]. Warwickshire/Cumbria: ADAS/ITE contract report to MAFF.

BASCOMPTE J, SOLE RV, 1996. Habitat fragmentation and extinction thresholds in spatially explicit models [J]. Journal of Animal Ecology, 65: 465-473.

BATÁRY P, BÁLDI A, KLEIJN D, et al., 2011. Landscape–moderated biodiversity effects of agri – environmental management: a meta – analysis [J]. Proceedings Biological Sciences, 278 (1713): 1894.

BATÁRY P, DICKS LV, KLEIJN D, et al., 2015. The role of agri – environment schemes in conservation and environmental management [J]. Conservation Biology, 29 (4): 1006-1016.

BENNETT AF, RADFORD JQ, HASLEM A, 2006. Properties of landmosaics: Implications for nature conservation in agricultural environments [J]. Biological Conservation, 133: 250-264.

BENTRUP G, 2008. 保护缓冲带: 缓冲带、廊道和绿色廊道设计指南 [EB/OL]. [2012-3-10]. http://www.unl.edu/nac/bufferguidelines/docs/GTRSRS-109_ Chinese-rev-minimized.pdf.

BERTRANDC, BAUDRY J, BUREL F, 2016. Seasonal variation in the effect of landscape structure on ground – dwelling arthropods and biological control potential [J]. Basic and Applied Ecology, 17: 678-687.

BIANCHIFJJA, BOOIJ CJH, TSCHARNTKE T, 2006. Sustainable pest regulation in agricultural landscapes: A review on landscape composition, biodiversity and natural pest control [J]. Proc. R. Soc. London B, 2006: 1715-1727.

BIGGER M, 1981. Observations on the insect fauna of shaded and unshaded Amelonado cocoa [J]. Bulletin of Entomological Research, 71 (1): 107-119.

BILLETER R, LIIRA J, BAILEY D, et al., 2008. Indicators for biodiversity in agricultural landscapes: A pan-european study [J]. Journal of Applied Ecology, 45 (1): 141-150.

BLAAUW BR, ISAACS R, 2014. Larger patches of diverse floral resources increase insect pollinator density, diversity, and their pollination of native wild flowers [J]. Basic and Applied Ecology, 15 (8): 701-711.

BLANCKAERT I, 2004. Floristic Composition, Plant Uses and Management Practices in Homegardens of San Rafael Coxcatlán, Valley of Tehuacán – Cuicatlán, Mexico

[J]. Journal of Arid Environments, 57 (2): 179-202.

BLONDEL J, 2006. The 'design' of mediterranean landscapes: A millennial story of humans and ecological systems during the historic period [J]. Hum. Ecol., 34: 713-729.

BOLLER EF, HÄNI F, POEHLING H, 2004. Ecological Infrastructures: Ideabook on functional biodiversityat the farm level Temperate Zones of Europe [M]. Winterthur, Switzerland: Mattenbach AG.

BOMMARCO R, KLEIJN D, POTTS SG, 2013. Ecological intensification: Harnessing ecosystem services for food security [J]. Trends in Ecology and Evolution, 28: 230-238.

BOWLER DE, BENTON TG, 2005. Causes and consequences of animal dispersal strategies: Relationship individual behavior to spatial dynamics [J]. Biological Reviews, 80: 205-225.

BROSI BJ, ARMSWORTH PR, DAILY GC, 2008. Optimal design of agricultural landscapes for pollination services [J]. Conservation Letters, 1 (1): 27-36.

BROWN GG, OLIVEIRA LJ, 2004. White grubs as agricultural pests and as ecosystem engineers [C]. Rouen, France: Abstract for 14th International Colloqium on Soil Zoology and Ecology.

BROWN JH, KODRIC - BROWN A, 1977. Turnover rates in insular biogeography: effects of immigration on extinction [J]. Ecology, 58: 445-449.

BRÉVAULT T, BIKAY S, MALDES JM, et al., 2007. Impact of a no - till with mulch soil management strategy on soil macrofaunal communities in a cotton cropping system [J]. Soil Tillage Res., 97: 140-149.

BUREL F, BAUDRY J, 2003. Landscape ecology: Concepts, methods and applications [M]. USA: Enfield (NH).

BUREL F, BAUDRY J, BUTET A, et al., 1998. Comparative biodiversity along a gradient of agricultural landscapes [J]. Acta Oecologica, 19 (1): 47-60.

BUSKIRK JV, WILLI Y, 2004. Enhancement of farmland biodiversity within set-aside land [J]. Conservation Biology, 18: 987-994.

CAI H, YOU M, LIN C, 2010. Effects of intercropping systems on community composition and diversity of predatory arthropods in vegetable fields [J]. Acta Ecologica Sinica, 30 (4): 190-195.

CAI HJ, LI ZS, YOU MS, 2007. Impact of habitat diversification on arthropod communities! A study in the fields of Chinese cabbage, Brassica chinensis [J]. Insect Science, 14: 241-249.

CARVALHEIRO LG, VELDTMAN R, SHENKUTE AG, et al., 2011. Natural and within - farmland biodiversity enhances crop productivity [J]. Ecology Letters, 14 (3): 251-259.

CLERGUE B, AMIAUD B, PERVANCHON F, 2005. Françoise Lasserre-Joulin & Plantureux S. Biodiversity: Function and assessment in agricultural areas: a review [J]. Agronomie, 25 (1): 6119-6125.

CONCEPCIÓN ED, DÍAZ M, BAQUERO RA, 2008. Effects of landscape complexity on the ecological effectiveness of agri-environment schemes [J]. Landscape Ecology, 23: 135-148.

COOK SM, KHAN ZR, PICKETT JA, 2007. The use of push-pull strategies in integrated pest management [J]. Annual Review of Entomology, 52: 375-400.

COUNCIL OF EUROPE, 2000. European landscape convention [M]. Florence.

CRANMER L, MCCOLLIN D, OLLERTON J, 2011. Landscape structure influences pollinator movements and directly affects plant reproductive success [J]. Oikos, 121: 562-568.

DAILY G, 1997. Nature's services [M]. Washington, DC: Island Press.

DALAL RC, 1974. Effects of intercropping maize with pigeon peas on grain yield and nutrient uptake [J]. Experimental Agriculture, 10 (3): 219-224.

DIAS PC, 1996. Sources and sinks in population biology [J]. Tree, 11: 326-329.

DIEKOTTER T, BILLETERA R, CRIST TO, 2008. Effects of landscape connectivity on the spatial distribution of insect diversity in agricultural mosaic landscapes [J]. Basic and Applied Ecology, 9: 298-307.

DOHERTY TS, DRISCOLL DA, 2017. Coupling movement and landscape ecology for animal conservation in production landscapes [J]. Proceeding of Royal Society B, 285: 20172272.

DRAMSTAD WE, OLSON JD, FORMAN RTT, 1996. Landscape ecology principles in landscape architecture and land-use planning [M]. Harvard University Graduate School of Design, Island Press, and the American Society of Landscape Architects.

DUFOUR R, 2000. Farmscaping to enhance biological control [EB/OL]. [2021-8-2]. https://attra.ncat.org/product/farmscaping-to-enhance-biological-control.

EKROOS J, JAKOBSSON A, WIDEEN J, et al., 2015. Effects of landscape composition and configuration on pollination in a native herb: A field experiment [J]. Oecologia, 179 (2): 509-518.

EYZAGUIRRE PB, LINARES OF, 2004. Home gardens and agrobiodiversity [M]. Washington DC: Smithsonian Books.

FANG SZ, LI HL, SUN QX, et al., 2010. Biomass production and carbon stocks in poplar-crop intercropping systems: A case study in northwestern Jiangsu, China [J]. Agroforestry Systems, 79: 213-222.

FAO, 1999. The global strategy for the management of farm animal genetic resources executive brief [M]. Rome: FAO.

FAO, 2020. FAO Statistical Service [EB/OL]. [2020-5-18]. Rome: Faostat. http：//faostat. fao. org.

FIJEN TP, SCHEPER JA, BOEKELO B, *et al.*, 2019. Effects of landscape complexity on pollinators are moderated by pollinators' association with mass－flowering crops [J]. Proceedings of the Royal Society B, 286 (1900): 20190387.

FINCH SJ, 1988. Field windbreaks: Design criteria [J]. Agriculture Ecosystems & Environment, 1988, 22: 215-228.

FOLEY JA, DE FRIES R, ASNER GP, *et al.*, 2005. Global consequences of land use [J]. Science, 309: 570-574.

FOLEY JA, RAMANKUTTY N, BRAUMAN KA, *et al.*, 2011. Solutions for a cultivated planet [J]. Nature, 478 (7369): 337-342.

FORMAN RTT, 2001. Land mosaics: The ecology of landscapes and regions [M]. Cambridge: Cambridge University Press.

FORMAN RTT, BAUDRY J, 1984. Hedgerows and hedgerow networks in landscape ecology [J]. Environmental Management, 8: 495-510.

FORMAN RTT, GODRON M, 1986. Landscape ecology [M]. New York: Wiley & Sons.

FORMAN RTT, LAND M, 1995. The ecology of landscapes and regions [M]. Cambridge: Cambridge University Press.

FORMAN RTT, SPERLING D, BISSONETTE JA, *et al.*, 2003. Road ecology: science and solutions [M]. Washington DC: Island Press.

FRESCO LO, WESTPHAL E, 1988. A hierarchical classification of farm systems [J]. Experimental Agriculture, 24 (4): 399-419.

FRY G, 1995. Landscape ecology and insect movement in arable ecosystems [M]. Glen DM.

GABRIEL D, THIES C, TSCHARNTKE T, 2005. Local diversity of arable weeds increases with landscape complexity [J]. Perspectives in Plant Ecology, Evolution and Systematics, 7 (2): 85-93.

GARIBALDI LA, CARVALHEIRO LG, LEONHARDT SD, *et al.*, 2014. From research to action: enhancing crop yield through wild pollinators [J]. Frontiers in Ecology & the Environment, 12 (8): 439-447.

GARIBALDI LA, STEFFAN-DEWENTER I, KREMEN C, *et al.*, 2011. Stability of pollination services decreases with isolation from natural areas despite honey bee visits [J]. Ecology Letters, 14: 1062-1072.

GIBBS JP, 1998. Amphibian movements in response to forest edges, roads, and streambeds in southern New England [J]. Journal of Wildlife Management, 62: 584-589.

GIBSON LA, WILSON BA, CAHILL DM, *et al.*, 2004. Spatial prediction of rufous bristlebird habitat in a coastal heathland: A GIS-based approach [J]. Journal of Applied Ecology, 41: 213-223.

GiESKE MF, ACKROYD VJ, BAAS DG, *et al.*, 2016. Brassica cover crop effects on nitrogen availability and oat and corn yield [J]. Agron. J., 108: 151-161.

GREEN DG, 1994. Connectivity and complexity in landscapes andecosystems [J]. Pacific Conservation Biology, 1: 194-200.

GREIG-SMITH PW, THOMPSON HM, HARDY AR, *et al.*, 1995. Incidents of poisoning of honeybees (*Apis mellifera*) by agricultural pesticides in Great Britain 1981-1991 [J]. Crop Protection, 13: 567-581.

GUISAN A, ZIMMERMANN NE, 2000. Predictive habitat distribution models in ecology [J]. Ecological Modelling, 135: 147-186.

HAALAND C, NAISBIT RE, BERSIER L, 2011. Sown wildflower strips for insect conservation: A review [J]. Insect Conservation and Diversity, 4: 60-80.

HADLEY AS, BETTS MG, 2012. The effects of landscape fragmentation on pollination-dynamics: Absence of evidence not evidence of absence [J]. Biological Reviews, 87 (3): 526-544.

HAMILTON A, 2012. PlantConservation: An Ecosystem Approach [M]. London: Routledge.

HANSKI I, 1989. Metapopulation dynamics: Does it help to have more of the same? [J]. Trends in Ecology and Evolution, 4: 113-114.

HARDT RA, FORMAN RTT, 1989. Boundary form effects on woody colonization of reclaimed surface mines [J]. Ecology, 70: 1252-1260.

HASSANALI A, HERREN H, KHAN ZR, *et al.*, 2008. Integrated pest management: The push-pull approach for controlling insect pests and weeds of cereals, and its potential for other agricultural systems including animal husbandry [J]. Philosophical Transactions Biological Sciences, 363 (1491): 611.

HAWKINS V, SELMAN P, 2002. Landscape scaleplanning: exploring alternative land use scenarios [J]. Landscape and Urban Planning, 60: 211-224.

HERTZOG LR, MEYER ST, WEISSER WW, *et al.*, 2016. Experimental manipulation of grassland plant diversity induces complex shifts in aboveground arthropod diversity [J]. PLoS One, 11 (2): 1-16.

HIGGINS P, 2010. Biodiversity loss under existing land use and climatechange: an illustration using northern South America [J]. Global Ecology & Biogeography, 16 (2): 197-204.

HIGH C, SHACKLETON CM, 2000. The comparative value of wild and domestic plants in home gardens of a South African rural village [J]. Agroforestry Systems, 48 (2): 141-156.

HINSLEY SA, BELLAMY PE, 2000. The influence of hedge structure, management and landscape context on the value of hedgerows to birds: A review [J]. Journal of

Environmental Management, 60 (1): 33-49.

HIRZEL AH, HAUSSER J, CHESSEL D, et al., 2002. Ecological-niche factor analysis: How to compute habitat-suitability maps without absence data? [J]. Ecology, 83: 2027-2036.

HOEKSTRA JM, BOUCHER TM, RICKETTS TH, et al., 2005. Confronting a biome crisis: global disparities of habitat loss and protection [J]. Ecology Letters, 8: 23-29.

HOLZSCHUH A, DORMANN CF, TSCHARNTKE T, et al., 2011. Expansion of mass-flowering crops leads to transient pollinator dilution and reduced wild plant pollination [J]. Proceedings of the Royal Society B, 278: 3444-3451.

HOLZSCHUH A, DUDENHOEFFER J, TSCHARNTKE T, 2012. Landscapes with wild bee habitats enhance pollination, fruit set and yield of sweet cherry [J]. Biological Conservation, 153: 101-107.

HOLZSCHUH A, STEFFAN-DEWENTER I, TSCHARNTKE T, 2009. Grass strip corridors in agricultural landscapes enhance nest-site colonization by solitary wasps [J]. Ecological Applications, 19: 123-132.

HUIS AV, 1981. Integrated pest management in the small farmer's maize crop in Nicaragua [D]. Wageningen: Landbouw hoogeschool.

HUSSON O, MICHELLON R, CHARPENTIER H, et al., 2008. Le contrôle du striga par les sytèmes SCV (Semis Direct sur Couverture Végétale permanente) [M] // Manuel Pratique du Semis Direct à Madagascar, vol 1. Madagascar: GSDM.

IPBES, 2019. Summary for policymakers of the global assessment report on biodiversity and ecosystem services of the Intergovernmental Science-Policy Platform on Biodiversity and Ecosystem Services [M]. Bonn, Germany: IPBES secretariat.

IQBAL J, CHEEMA ZA, AN M, 2007. Intercropping of field crops in cotton for the management of purple nutsedge (*Cyperusrotundus* L.) [J]. Plant and Soil, 300 (1-2): 163-171.

JONES GA, GILLETT JL, 2005. Intercropping with sunflowersto attract beneficial insects in organic agriculture [J]. Florida Entomologist, 8 (1): 91-96.

JU Q, OUYANG F, GU SM, et al., 2019. Strip intercropping peanut with maize for peanut aphid biological control and yield enhancement [J]. Agriculture, Ecosystems and Environment, 286: 106682.

KENNEDY CM, LONSDORF E, NEEL MC, et al., 2013. A global quantitative synthesis of local and landscape effects on native bee pollinators in agroecosystems [J]. Ecology Letters, 15: 584-599.

KIZOS T, KOULOURI M, 2005. Economy, demographic changes and morphological transformation of the agri-cultural landscape of Lesvos, Greece [J]. Human Ecol. Rev., 12: 183-192.

KOKALIS-BURELLE N, RODRIGUEZ-KABANA R, 1994. Effects of pine bark extracts and pine bark powder on fungal pathogens, soil enzyme activity, and microbial populations [J]. Biol. Control., 4: 269-276.

KOVÁCSHOSTYÁNSZKI A, FÖLDESI R, MÓZES E, et al., 2016. Conservation of pollinators in traditional agricultural landscapes-new challenges in Transylvania (Romania) posed by EU accession and recommendations for future research [J]. Plos One, 11 (6): e0151650.

KREMEN C, WILLIAMS NM, THORP RW, 2002. Crop pollination from native bees at risk from agricultural intensification [J]. Proceedings of the National Academy of Sciences of the United States of America, 99 (26): 16812-16816.

KROMP B, 1999. Carabid beetles in sustainable agriculture: A review on pest control efficacy, cultivation impacts and enhancement [J]. Agriculture Ecosystems and Environment, 74: 187-228.

KRUPINSKY JM, BAILEY KL, MCMULLEN MP, et al., 2002. Managing plant disease risk in diversified cropping systems [J]. Agron. J., 94: 198-209.

LANDIS DA, WRATTEN SD, GURR GM, 2000. Habitat management to conserve natural enemies of arthropod pests in agriculture [J]. Annual Review of Entomology, 45: 175-201.

LE PROVOST G, BADENHAUSSER I, LE BAGOUSSE-PINGUET Y, et al., 2020. Land-use history impacts functional diversity across multiple trophic groups [J]. PNAS, 117 (3): 1573-1579.

LEK-ANG S, DEHARVENG L, LEK S, 1999. Predictive models of collembolan diversity and abundance in a riparian habitat [J]. Ecological Modelling, 120: 247-260.

LEVINS R, 1969. Some demographic and genetic consequences of environmental heterogeneity for biological control [J]. Bulletin of the Entomological Society of America, 15: 237-240.

LEVINS RE, 1970. Lectures on mathematics in the life sciences [M] //Some Mathematical Questions in Biology. Providence, Rhode Island, USA: American Mathematical Society.

LI C, HE X, ZHU S, et al., 2009. Crop diversity for yield increase [J]. Plos One, 4 (11): e8049.

LI L, LI SM, SUN JH, et al., 2007. Diversity enhances agricultural productivity via rhizospher phosphorus facilitation on phosphorus-deficient soils [J]. Proceedings of the National Academy of Sciences USA (PNAS), 104: 11192-11196.

LI L, ZHANG LZ, ZHANG FS, 2013. Crop mixtures and the mechanisms of overyielding [M] //Levin S A. Encyclopedia of Biodiversity [M]. 2nd. Waltham, MA: Academic Press, 382-395.

LINDBORG R, BENGTSSON J, BERG A, et al., 2008. A landscape perspective on conservation of semi-natural grasslands [J]. Agric Ecosyst Environ, 125 (1): 213-222.

LIU YH, AXMACHER JC, LI L, *et al.*, 2007. Ground beetle (*Coleoptera carabidae*) inventories: A comparison of light and pitfall trapping [J]. Bulletin of Entomological Research, 97: 577-583.

LIU YH, AXMACHER JC, WANG CL, *et al.*, 2010. Ground beetles (Coleoptera: Carabidae) in the intensively cultivated agricultural landscape of Northern China-implications for biodiversity conservation [J]. Insect Conservation and Diversity, 3: 34-43.

LIU YH, AXMACHER JC, WANG CL, *et al.*, 2012. Ground beetle (Coleoptera: Carabidae) assemblages of restored semi-natural habitats and intensively cultivated fields in Northern China [J]. Restoration Ecology, 2: 234-239.

LIU YH, ROTHENWÖHRER C, SCHERBER C, *et al.*, 2014. Functional beetle diversity in managed grasslands: effects of region, landscape context and land use intensity [J]. Landscape Ecology, 29: 529-540.

LIU YH, YU ZR, GU WB, *et al.*, 2006. Diversity of carabids (Coleoptera, Carabidae) in the desalinized agricultural landscape of Quzhou county, China [J]. Agriculture, Ecosystems & Environment, 113 (1-4): 45-50.

LU YC, WATKINS KB, TEASDALE JR, *et al.*, 2000. Cover crops in sustainable food production [J]. Food Reviews International, 16 (2): 121-157.

LUOTO M, KUUSSAARI M, TOIVONEN T, 2002. Modelling butterfly distribution based on remote sensing data [J]. Journal of Biogeography, 29: 1027-1037.

LYE G, PARK K, OSBORNE J, *et al.*, 2009. Assessing the value of Rural Stewardship schemes for providing foraging resources and nesting habitat for bumblebee queens (Hymenoptera: Apidae) [J]. Biological Conservation, 142: 2023-2032.

MACARTHUR RH, EO WILSON, 1967. The theory of island biogeography [M]. Princeton: Princeton University Press.

MACDONALD DW, TATTERSALL FH, SERVICE KM, *et al.*, 2007. Mammals, agri-environment schemes and set-aside-what are the putative benefits? [J]. Mammal Review, 37 (4): 259-277.

MALÉZIEUX E, 2012. Designing cropping systems from nature [J]. Agronomy for Sustainable Development, 32 (1): 15-29.

MANDELIK Y, WINFREE R, NEESON T, *et al.*, 2012. Complementary habitat use by wild bees in agro-natural landscapes [J]. Ecological Applications, 22 (5): 1535-1546.

MASON CF, ELLIOT KL, CLELLAND S, 1987. Landscape changes in a parish in essex, eastern england, since 1838 [J]. Landscape & Urban Planning, 14 (3): 201-209.

MEA（Millennium Ecosystem Assessment），2005. Ecosystems and Human Well-being：Desertification Synthesis ［C］. World Resources Institute, Washington, D. C. http：//www. millenniu-massessment. org/documents/document.

MEEK B, LOXTON D, SPARKS T, *et al.*, 2002. The effect of arable field margin composition on invertebrate biodiversity ［J］. Biological Conservation, 106：259-271.

MENDEZ VE, LOK R, SOMARRIBA E, 2001. Interdisciplinary Analysis of Homegardens in Nicaragua：Micro-Zonation, Plant Use and Socio-Economic Importance ［J］. Agroforestry Systems, 51：85-96.

MENSAH R, KHAN M, 2000. Behaviour, Biology and Seasonal Abundance of Apple Dimpling Bug on Commercial Cotton Crops ［M］. Australian Cotton Growers Research Association.

MENSAH R, SINGLETON A, 2002. Use of Food Sprays in cottonSystems：What do we know? ［M］. Australian Cotton Growers Research Association.

MENSAH RK, 1999. Habitatdiversity：Implications for the conservation and use of predatory insects of *Helicoverpa* spp. in cotton systems in Australia ［J］. International Journal of Pest Management, 45：91-100.

MENSAH RK, SEQUEIRA RV, 2004. Habitat manipulation for insect pest management in cotton cropping systems ［M］// Gurr GM, Wratten SD, Altieri MA. Ecological Engineering for Pest Management：Advances in Habitat Manipulation for Arthropods. Collingwood. Australia：Csiro Publishing.

MILLER K, CHANG E, JOHNSON N, 2001. Defining common ground for the Mesoamerican Biological Corridor ［M］. Washington DC：World Resources Institute.

MILNE BT, JOHNSTON KM, FORMAN RTT, 1989. Scale-dependent proximity of wildlife habitat in a spatially-neutral Bay model ［J］. Landscape Ecology, 2：101-110.

MURDOCH WW, PETERSON CH, EVANS FC, 1972. Diversity and pattern in plants and insects ［J］. Ecology, 53（5）：819.

MÜLLER A, DIENER S, SCHNYDER S, *et al.*, 2006. Quantitative pollen requirements of solitary bees：Implications for bee conservation and the evolution of bee-flower relationships ［J］. Biological Conservation, 130（4）：604-615.

NEGRI V, CASTELLINI G, TIRANTI B, *et al.*, 2007. Landraces are structured populations and should be maintained on farm ［C］//Proceedings of the 18th Eucarpia genetic resources section meeting, 23-26.

NIÑEZ V, 1987. Household gardens：Theoretical and policy considerations ［J］. Agricultural Systems, 23（3）：167-186.

NOSS R, HARRIS LD, 1986. Nodes, networks, and MUMs：Preserving diversity at all scales ［J］. Environment Management, 10：299-309.

NOSS RF, COOPERRIDER AY, 1994. Saving natures legacy: Protecting and restoring biodiversity [M]. Washington D. C. : Island Press.

OECD (Organisation for Economic Co – operation and Development), 2001. Environmental indicators for agriculture, vol. 3: Methods and results [M]. Paris: Publications Service, OECD.

OHMART CP, STEWART LG, THOMAS JR, 1985. Effects of nitrogen concentrations of Eucalyptus blakelyi foliage on the fecundity of *Paropsis atomaria* (Coleoptera: Chrysomelidae) [J]. Oecologia, 68: 41-44.

OLASANTAN FO, LUCAS EO, EZUMAH HC, 1994. Effects of intercropping and fertilizer application on weed – control and performance of cassava and maize [J]. Field Crops Research, 39 (2-3): 63-69.

OTIENO M, SIDHU CS, WOODCOCK BA, *et al.*, 2015. Local and landscape effects on bee functional guilds in pigeon pea crops in kenya [J]. Journal of Insect Conservation, 19 (4): 647-658.

OTIENO M, WOODCOCK BA, WILBY A, *et al.*, 2011. Local management and landscape drivers of pollination and biological control services in a kenyan agro–ecosystem [J]. Biological Conservation, 144 (10): 2424-2431.

PALANG H, ANTROP M, ALUMAE H, 2005. Rural landscapes: past processes and future strategies [J]. Landscape & Urban Planning, 70 (1-2): 1-191.

PAPILLON Y, GODRON M, 1997. Distribution saptiale du lapin de garenne (*Oryctolague cuniculus*) dans le Puy – de – Dôme: lápport des analyses de paysaged [J]. Gibier et Faune Sauvage, Game Wildlife, 14: 303-324.

PASEK JE, 1988. Influence of wind and windbreaks on local dispersion of insects [J]. Agriculture, Ecosystems and Environment, 22/23: 539-554.

PERRIN RM, 1976. Pest management in multiple cropping systems [J]. Agro–Ecosystems, 3 (76): 93-118.

PETIT S, HAYSOM K, PYWELL R, *et al.*, 2003. Habitat–based models for predicting the occurrence of ground–beetles in arable landscapes: two alternative approaches [J]. Agriculture, Ecosystems and Environment, 95: 19-28.

PLIENINGER T, VAN DER HORST D, SCHLEYER C, *et al.*, 2014. Sustaining ecosystem services in cultural landscapes [J]. Ecology and Society, 19 (2): 59.

POTTS GR, 1997. Cereal farming, pesticides and grey partridges [M] //PAIN D J, PIENKOWSKI M W. Farming and Birds in Europe. London: Academic Press. 150-177.

POTTS SG, VULLIAMY B, DAFNI A, *et al.*, 2003. Linking bees and flowers: How do floral communities structure pollinator communities? [J]. Ecology, 84 (10): 2628-2642.

PULIDO-SANTACRUZ P, RENJIFO LM, 2010. Live fences as tools for biodiversity conservation: a study case with birds and plants [J]. Agroforestry Systems, 81: 15-30.

PULLIAM HR, JB DUNNING, J LIU, 1994. Demographicprocesses: Population dynamics on heterogeneous landscapes [M] //MEFFE G K, CARROLL C R. Principles of Conservation Biology. Sunderland, Massachusetts: Sinauer Associates, Inc.

PYWELL RF, HEARD MS, WOODCOCK BA, *et al.*, 2015. Wildlife-friendly farming increases crop yield: evidence for ecological intensification [J]. Proceedings of the Royal Society B: Biological Sciences, 282 (1816): 20151740.

RADFORD JQ, BENNETT AF, 2004. Thresholds in landscapeparameters: occurrence of the white-browed treecreeper Climacteris affinis in Victoria, Australia [J]. Biological Conservation, 117: 375-391.

RAND TA, TYLIANAKIS JM, TSCHARNTKE T, 2006. Spillover edge effects: The dispersal of agriculturally subsidized insect natural enemies into adjacent natural habitats [J]. Ecology Letters, 9 (5): 603-614.

RATNADASS A, FERNANDES P, AVELINO J, *et al.*, 2012. Plant species diversity for sustainable management of crop pests and diseases in agroecosystems: A review [J]. Agronomy for Sustainable Development, 32 (1): 273-303.

REDFORD KH, SANDERSON EW, ROBINSON JG, *et al.*, 2000. Landscape Species and their conservation: Report from a WCS meeting, May 2000 [C]. Wildlife Conservation Society, Bronx, NY.

RICKETTS TH, REGETZ J, STEFFAN - DEWENTER I, *et al.*, 2008. Landscape effects on crop pollination services: Are there general patterns? [J]. Ecology Letters, 11 (5): 499-515.

RICOU C, SCHNELLER C, AMIAUD B, *et al.*, 2014. A vegetation-based indicator to assess the pollination value of field margin flora [J]. Ecological Indicators, 45: 320-331.

RISCH SJ, 1981. Insect herbivore abundance in tropical monocultures and polycultures: An experimental test of Two hypotheses [J]. Ecology, 62 (5): 1325-1340.

RODRIGUEZ-KABANA R, KOKALIS-BURELLE N, 1997. Chemical and biological control [M] //Hillocks RJ, Waller JM. Soilborne diseases of tropical crops. Wallingford: CAB International, 397-418.

ROFF DA, 1974. The analysis of a population model demonstrating the importance of dispersal in a heterogeneous environment [J]. Oecologia, 15: 259-275.

ROOT RB, 1973. Organization of a plant-arthropod association in simple and diversehabitats: The fauna of collards (*Brassica olercea*) [J]. Ecological Monographs, 43 (1): 95-124.

SANDERSON EW, REDFORD KH, VEDDER A, *et al.*, 2002. A conceptual model for planning based on landscape species requirements [J]. Landscape & Urban Planning,

58 (1): 41-56.

SAUCKE H, ACKERMANN K, 2006. Weed suppression in mixed cropped grain peas and false flax (*Camelina sativa*) [J]. Weed Research, 46 (6): 453-461.

SAUNDERS DA, HOBBS RJ, MARGULES CR, 1991. Biological consequences of ecosystem fragmentation: A review [J]. Conservation Biology, 5: 18-32.

SCHERR SJ, MCNEELY JA, 2008. Biodiversity conservation and agricultural sustainability: towards a new paradigm of 'ecoagriculture' landscapes [J]. Philosophical Transactions of the Royal Scociety B, 363: 477-494.

SCHROTH G, KRAUSS U, GASPAROTTO L, *et al.*, 2000. Pests and diseases in agroforestry systems of the humid tropics [J]. Agroforestry Systems, 50: 199-241.

SCOPEL E, DA SILVA FAM, CORBEELS M, *et al.*, 2004. Modelling crop residue mulching effects on water use and production of maize under semi-arid and humid tropical conditions [J]. Agronomie, 24: 383-395.

SEDELL JR, REEVES GH, HAUER FR, *et al.*, 1990. Role of refugia in recovery from disturbances: Modern fragmented and disconnected river systems [J]. Environmental Management, 14: 711-724.

SEKERCIOGLU CH, LOARIE SR, BRENES FO, *et al.*, 2007. Persistence of forest birds in the Costa Rican agricultural countryside [J]. Conservation Biology, 21 (2): 482.

SEQUEIRA RV, PLAYFORD CL, 2002. Trends in *Helicoverpa* spp. (Lepidoptera: Noctuidae) abundance on commercial cotton in central Queensland: Implications for pest management [J]. Crop Protection, 21 (6): 439-447.

SIEMANN E, 1998. Experimental tests of effects of plant productivity and diversity on grassland arthropod diversity [J]. Ecology, 79 (6): 2057-2070.

SIMON HA, 1962. The architecture of complexity [J]. Proceeding of the American Philosophical Society, 106: 467-482.

SIMPSON JB, 1974. Glacial migration of plants: Island biogeography evidence [J]. Science, 185: 698-700.

SIVITER H, KORICHEVA J, BROWN M, *et al.*, 2018. Quantifying the impact of pesticides on learning and memory in bees [J]. Journal of Applied Ecology, 55 (6): 2812-2821.

SKOVGARD H, PATS P, 1997. Reduction of stemborer damage by intercropping maize with cowpea [J]. Agriculture Ecosystems & Environment, 62 (1): 13-19.

SMITH FP, PROBER SM, HOUSE APN, *et al.*, 2013. Maximizing retention of native biodiversity in australian agricultural landscapes - the 10 : 20 : 40 : 30 guidelines [J]. Agriculture Ecosystems & Environment, 166 (15): 35-45.

SMITH HA, KOENIG RL, MCAUSLANE HJ, *et al.*, 2000. Effect of silver reflective mulch and a summer squash trap crop on densities of immature Bemisia argentifoliion organic bean [J]. Journal of Economic Entomology, 93: 726-731.

SONG YN, MARSCHNER P, LI L, *et al.*, 2007. Community composition of ammonia-oxidizing bacteria in the rhizosphere of intercropped wheat (triticum aestivum l.), maize (zea mays l.), and faba bean (vicia faba l.) [J]. Biology & Fertility of Soils, 44 (2): 307-314.

STEFFAN-DEWENTER I, MÜNZENBERG U, BUERGER C, *et al.*, 2002. Scale-dependent effects of landscape context on three pollinator guilds [J]. Ecology 83: 1421-1432.

SUN H, TANG Y, XIE JS, 2008. Contour hedgerow intercropping in the mountains of China: A review [J]. Agroforestry Systems, 73: 65-76.

SWIFT MJ, ANDERSON JM, 1993. Biodiversity and ecosystem function in agroecosystems [M] //Schultze E, Mooney H A. Biodiversity and Ecosystem Function. New York: Spinger, 57-83.

THIES C, TSCHARNTKE T, 1999. Landscape Structure and Biological Control in Agroecosystems [J]. Science, 285: 893-895.

THORUP-KRISTENSEN K, 1993. Root development of nitrogen catch crops and of a succeeding crop of broccoli [J]. Acta Agriculturae Scandinavica B-Plant Soil Sciences, 43 (1): 58-64.

TILMAN D, WEDIN D, KNOPS J, 1996. Productivity and sustainability influenced by biodiversity in grassland ecosystems [J]. Nature, 379: 718-720.

TRICHARD A, ALIGNIER A, BIJU-DUVAL L, *et al.*, 2013. The relative effects of local management and landscape context on weed seed predation and carabid functional groups [J]. Basic & Applied Ecology, 14 (3): 235-245.

TRINH LN, WATSON JW, HUE NN, *et al.*, 2003. Agrobiodiversity conservation and development in vietnamese home gardens [J]. Agriculture, Ecosystems & Environment, 97 (1): 317-344.

TSCHARNTKE T, BATÁRY P, DORMANN CF, 2011. Set-aside management: How do succession, sowing patterns and landscape context affect biodiversity? [M]. Agriculture, Ecosystems and Environment, 143: 37-44.

TSCHARNTKE T, CLOUGH Y, WANGER TC, *et al.*, 2012. Global food security, biodiversity conservation and the future of agricultural intensification [J]. Biological Conservation, 151: 53-59.

TSCHARNTKE T, KLEIN AM, KRUESS A, *et al.*, 2005. Landscape perspectives on agricultural intensification and biodiversity - ecosystem service management [J]. Ecology Letters, 8: 857-874.

TSCHARNTKE T, STEFFAN-DEWENTER I, KRUESS A, *et al.*, 2002. Contribution of small habitat fragments to conservation of insect communities of grassland-cropland landscapes [J]. Ecological Applications, 12: 354-363.

TSCHARNTKE T, TYLIANAKIS JM, RAND TA, *et al.*, 2012. Landscape moderation of biodiversity patterns and processes-eight hypotheses [J]. Biological Reviews, 87 (3): 661-685.

TURNER MG, GARDNER RH, O'NEILL RV, 2001. Landscape ecology in theory and practice: Pattern and process [M]. New York, USA: Springer-Verlag.

UNCCD (United Nations Convention to Combat Desertification), 2017. Global Land Outlook [M]. Bonn. https://knowledge. unccd. int/sites/default/files/2018 – 06/ GLO%20 English_ Full_ Report_ rev1. pdf.

VANDERMEER J, PERFECTO I, 1995. Breakfast of biodiversity: The truth about rainforest destruction [M]. Oakland: Food First Books.

VARGAS R, GÄRTNER S, ALVAREZ M, *et al.*, 2013. Does restoration help the conservation of thethreatened forest of Robinson Crusoe Island? The impact of forest gap attributes on endemic plantspecies richness and exotic invasions [J]. Biodiversity and conservation, 22 (6-7): 1283-1300.

VERES A, PETIT S, CONORD C, *et al.*, 2013. Does landscape composition affect pest abundance and their control by natural enemies? A review [J]. Agriculture Ecosystems & Environment, 166 (1753): 110-117.

VILLA F, ROSSI O, SARTORE F, 1992. Understanding the role of chronic environmental disturbance in the context of island biogeographic theory [J]. Environmental Management, 16: 653-666.

WAHUA T, MILLER DA, 1978. Effects of Shading on the N2-Fixation, Yield, and Plant Composition of Field – Grown Soybeans [J]. Agronomy journal, 70 (3): 387-392.

WALTERS DR, BINGHAM IJ, 2007. Influence of nutrition on disease development caused by fungalpathogens: Implications for plant disease control [J]. Ann. Appl. Biol., 151: 307-324.

WANG W, LIU Y, CHEN J, *et al.*, 2009. Impact of intercropping aphid – resistant wheat cultivars withoilseed rape on wheat aphid (*Sitobion avenae*) and its natural enemies [J]. Acta. Ecologica. Sinica., 29 (3): 186-191.

WEHLING S, DIEKMANN M, 2009. Importance of hedgerows as habitat corridors for forest plants in agricultural landscapes [J]. Biological Conservation, 142 (11): 2522-2530.

WEIBULLAC, BENGTSSON J, NOHLGREN E, 2000. Diversity of butterflies in the agricultural landscape: The role of farming system and landscape heterogeneity [J]. Ecography, 23: 743-750.

WELSH RC, 1990. Dispersal of invertebrates in the agricultural environment [M] // BUNCE R G H, HOWARD D C. Species Dispersal in Agricultural Habitats. London, UK: Belhaven Press.

WESTPHAL C, STEFFAN-DEWENTER I, TSCHARNTKE T, 2003. Massflowering crops enhance pollinator densities at a landscape scale [J]. Ecol. Lett., 6: 961-965.

WIENS JA, 1997. Metapopulation dynamics and landscape ecology [M] //HANSKI IA, GILPIN ME. Metapopulation Biology, Genetics and Evolution. San Diego: Academic Press.

WILLIAMS NM, KREMEN C, 2007. Resource distributions among habitats determine solitary bee offspring production in a mosaic landscape [J]. Ecological Applications, 17 (3): 910-921.

WILSON JD, WHITTINGHAM MJ, BRADBURY RB, 2005. The management of crop-structure: A general approach to reversing the impacts of agricultural intensification on birds? [J]. Ibis, 147: 453-463.

WINFREE R, WILLIAMS N, GAINES H, et al., 2008. Wild bee pollinators provide the majority of crop visitation across land-use gradients in new jersey and pennsylvania, USA [J]. Journal of Applied Ecology, 45 (3): 793-802.

WITH KA, 2019. Essentials of landscape ecology [M]. NewYork: Oxford University Press.

WOOD TJ, HOLLAND JM, GOULSON D, 2015. Pollinator-friendly management does not increase the diversity of farmland bees and wasps [J]. Biological Conservation, 187: 120-126.

WOODCOCK BA, WESTBURY DB, POTTS SG, et al., 2005. Establishing field margins to promote beetle conservation in arable farms [J]. Agriculture, Ecosystems and Environment, 107: 255-266.

WU PL, AXMACHER JC, LI XD, et al., 2019. Contrasting effects of natural shrubland and plantation forests on bee assemblages at neighboring apple orchards in Beijing, China [J]. Biological Conservation, 237: 456-462.

WUNDERLE JM, 1998. Avian resource use in Dominican shade coffee plantation [J]. Wilson Ornithological Society, 110: 271-281.

YIN R, HE Q, 1997. The spatial and temporal effects of paulownia intercropping - the case of Northern China [J]. Agroforestry Systems, 37: 91-109.

ZAWISLAK J, ADAMCZYK J, JOHNSON DR, et al., 2019. Comprehensive survey of area-wide agricultural pesticide use in Southern United States row crops and potential impact on honey bee colonies [J]. Insects, 10, 280: doi: 10. 3390/ insects10090-280.

ZHANG R, LIANG H, TIAN C, et al., 2000. The biological mechanism of controlling cotton aphid (Homoptera: Aphididae) by the marginal alfalfa zone surrounding cotton field [J]. Chinese Sci. Bull., 45, 355-357.

ZHANG W, RICKETTS TH, KREMEN C, et al., 2007. Ecoystem services and dis-services to agriculture [J]. Ecological Economics, 64: 253-260.

ZHANG X, ZHAO G, ZHANG X, *et al.*, 2017. Ground beetle (Coleoptera: Carabidae) diversity and body-size variation in four land use types in a mountainous area near Beijing, China [J]. Coleopterists Bulletin, 71 (2): 402-412.

ZHANG XZ, AXMACHER JC, WU PL, *et al.*, 2020. The taxon-and functional trait-dependent effects of field margin and landscape composition on predatory arthropods in wheat fields of the North China Plain [J]. Insect Conservation and Diversity, doi: 10. 1111/icad. 12403.

ZHENG HR, CAO SX, 2015. Threats to China's biodiversity by contradictions policy [J]. AMBIO, 44 (1): 23-33.

ZHU YY, CHEN HR, FAN JH, *et al.*, 2000. Genetic diversity and disease control in rice [J]. Nature, 406 (6797): 718-722.

ZINGG S, GRENZ J, HUMBERT JY, 2018. Landscape-scale effects of land use intensity on birds and butterflies [J]. Agriculture, Ecosystems & Environment, 267: 119-128.

ZOMER RJ, TRABUCCO A, COE R, *et al.*, 2009. Trees on farm: Analysis of flobal extent and geographical patterns of agroforestry [M]. Nairobi: ICRAF. Working Paper no. 89. World Agroforestry Centre.

ZONNEVELD IS, 1995. Land ecology [M]. Amsterdam, TheNetherlands: SPB Academic Publishing.